医院建筑设计指南

医院建筑设计指南

[荷] 科尔·瓦格纳 (Cor Wagenaar)

[荷] 努尔·曼斯 (Noor Mens)

[荷] 古鲁·马尼亚 (Guru Manja)　　　　　著

[荷] 科莱特·尼梅杰 (Colette Niemeijer)

[德] 汤姆·库特耐特 (Tom Guthknecht)

齐 奕　　译

中国建筑工业出版社

著作权合同登记图字：01-2019-3690号

图书在版编目（CIP）数据

医院建筑设计指南／（荷）科尔·瓦格纳等著；齐奕译. —北京：中国建筑工业出版社，2022.5
书名原文：Hospital—A Design Manual
ISBN 978-7-112-27052-1

Ⅰ.①医… Ⅱ.①科… ②齐… Ⅲ.①医院—建筑设计—指南 Ⅳ.①TU246.1-62

中国版本图书馆CIP数据核字（2021）第270060号

Hospitals—A Design Manual
Cor Wagenaar, Noor Mens, Guru Manja, Colette Niemeijer, Tom Guthknecht
ISBN 978-3-03821-473-1
© 2018 Birkhäuser Verlag GmbH, Basel
Part of Walter de Gruyter GmbH, Berlin/Boston

Chinese Translation Copyright © China Architecture & Building Press 2022
China Architecture & Building Press is authorized to publish and distribute exclusively the Chinese edition. This edition is authorized for sale throughout the world. No part of the publication may be reproduced or distributed by any means, or stored in a database or retrieval system, without the prior written permission of the publisher.

本书中文翻译版由瑞士伯克豪斯出版社授权中国建筑工业出版社独家出版，并在全世界销售。

本书出版得到国家自然科学基金项目（51908360）以及深圳市科技计划项目（ZDSYS20210623101534001）资助

责任编辑：戚琳琳　孙书妍
责任校对：王　烨

医院建筑设计指南
〔荷〕科尔·瓦格纳（Cor Wagenaar）
〔荷〕努尔·曼斯（Noor Mens）
〔荷〕古鲁·马尼亚（Guru Manja）　　　　　著
〔荷〕科莱特·尼梅杰（Colette Niemeijer）
〔德〕汤姆·库特耐特（Tom Guthknecht）

齐　奕　译
＊
中国建筑工业出版社出版、发行（北京海淀三里河路9号）
各地新华书店、建筑书店经销
北京锋尚制版有限公司制版
北京富诚彩色印刷有限公司印刷
＊
开本：965毫米×1270毫米　1/16　印张：17¼　字数：623千字
2023年3月第一版　　2023年3月第一次印刷
定价：**238.00**元
ISBN 978-7-112-27052-1
（38740）

译者序

时光荏苒，白驹过隙。2018年，本人在查阅医院建筑外文资料时偶然发现科尔·瓦格纳等几位作者出版的新书《医院建筑设计指南》(*Hospitals—A Design Manual*)，随即从国外买到英文原版书。通读后颇为惊喜，书籍涵盖了巨大的信息量、广阔的时间跨度、丰富的前沿案例，是一本上乘的医疗建筑设计专业书籍。同年12月，有幸在深圳大学建筑与城市规划学院线下听到科尔教授做题为"医院建筑2030"的精彩讲座，被其渊博的学识、专业的态度、风趣的谈吐所打动。随即本人提议可否将此书译成中文，让更多读者了解医院的发展历史与设计前沿，教授欣然应允。由此，本人开启了本书的翻译之旅。

医疗建筑，作为一种与人类健康息息相关的建筑类型，从早期的收容院到后来的医疗机器，从强调"治疗"到关注"疗愈"的场所营造；医疗建筑伴随医学范式的更迭、治疗理念的更新、医疗技术的发展，其空间模式、工艺流程、环境场景等均发生了巨变。但是，有一点从未变化，那就是"以人为中心"的设计理念。希望本书可为读者提供一个更为广阔的时空向度，让大家看到医院并非冰冷枯燥的建筑类型，恰恰相反，它是一种有文化沉淀、有人性关怀，且与疾病健康议题紧密相连的建筑类型。

本书不同于其他一些医疗建筑专业书籍——偏重理论或侧重实践，而是两者兼而有之。总结下来主要有如下几个特点：一是系统的类型谱系梳理。作者发挥理论与历史学术优势，将医疗建筑的演变过程与内在逻辑进行了系统全面的梳理。二是前沿的案例呈现。书籍聚焦未来医院的发展，对当今全球范围内的多种类型、不同规模的医院进行了精心筛选和系统呈现，为读者描绘了医疗建筑发展的前沿趋势。三是兼具理论性与实用性。在全面呈现医疗建筑历史谱系和前沿案例的同时，作者们尤为强调从"设计"出发，为建筑师、决策者提供医院设计原理知识，为"以患者为中心"的设计提供建筑学的独特贡献。四是跨学科合作。医疗建筑本身作为一类复杂的公共建筑类型，涉及建筑学、医学、管理学等多个学科，本书汇集多领域专家在医院建设咨询、策划、设计、管理、运维方面的集体智慧。总之，这是一本关于医疗建筑的佳作，相信会给建筑师、医院管理人员、计划制定者、医疗专家及政策制定者们带来不同角度的启发。

本书能够顺利翻译完成，离不开诸多机构、专家、学者、朋友、学生的帮助与支持。借此机会向他们表示感谢。本书出版得到国家自然科学基金项目（基于模数协调的集成装配式护理单元空间自适应优化研究，51908360）和深圳市医养建筑重点实验室（筹建启动）的支持与资助。感谢王田博士、干颖滢博士、彭德建博士在翻译前期提供的帮助与支持，并感谢他们在书稿初校阶段的部分参与。感谢毕业于中国医科大学的张鑫和蔡哲医生，为大量医学名词的翻译与推敲提供了诸多专业咨询与建议。感谢本人研究团队成员——许锐、尹亚东、杨胜乾、闫演、周琼、曾春生、周宇航、贾霄、周萌、师林森、谢锐生、吴媚、秦丹、李广、李千皓、张岩桥等。他们在本书翻译过程中不同程度地参与了工作，并由此寻找到了自己的研究方向，学习了研究方法，完成了10余篇关于医疗建筑设计的硕士学位论文。同时也让我本人，作为一名教师，获得了教学相长，与学生共同进步的机会。最后，感谢中国建筑工业出版社戚琳琳主任、孙书妍编辑对本人翻译的支持与鞭策，几次因为疫情或工作原因导致工作停滞，是她们的支持使得翻译工作得以顺利完成。

翻译本书并非易事。书中不但涉及大量医学专有术语、医疗建筑历史知识，甚至包含大量除英文外的意大利文、法文、德文专有名词或描述。译者在翻译过程中进行了大量延伸阅读和信息求证，并与专家、编辑们进行了多轮校对与讨论，希望尽可能准确地将信息传递给读者。本人才疏学浅，译文中难免有疏漏或错误，恳请广大读者批评指正。

2023年2月于深大荔园

前言

　　《医院建筑设计指南》（*Hospitals—A Design Manual*）是一本面向建筑师、医院管理人员、计划制定者、医疗专家及政策制定者的书籍。本书主要介绍医院建筑设计的最新趋势，是一本创新性工具书。书中使用的"设计"一词不仅包括空间配置、材料、颜色、门窗以及家具等方面的内容，作者还将医院描述为多模块组成的复合体，各模块可以从多个方面进行设计，需要对在规划决策中提出的一系列选择进行确定。在设计医院时，权衡各种选择是建筑师工作的重要部分。本书重点关注患者与流程，而不是医学专业与技术。医院无论发生怎样的根本变化，关怀患者与优化就医流程一直是医院设计的关注重点。在医院设计中，没有标准解决方案。每家医院会根据具体情况制定关于设计决策的特定组合方案，包括其服务人群的特征、人口趋势、医疗健康系统、经济现状等。总结而言，本书旨在促进读者对建筑师与决策者在设计中所考虑问题的理解。

　　书中选用的项目案例代表了医院设计的未来趋势。医疗体系结构的变革总是缓慢的，范式变化的出现也需要时间。而从案例研究表明的基本趋势来看，医院设计的新格局已逐渐出现。

　　本书是团队合作的成果。汤姆·库特耐特（Tom Guthknecht）是一位国际知名的医疗建筑师、理论家与设计顾问，他帮助制定医院规划的主要原则，并确定特定功能模块设计的当前趋势与挑战。著名医院建筑师柯克·汉密尔顿（Kirk Hamilton）是循证设计方面的专家，他的研究主要集中于科学在建筑中的应用。彼得·卢斯奎尔（Peter Luscuere）是研究医院建设、规划布局模型与空气洁净技术方面的杰出专家，他为本书中涉及这些问题的部分做出了贡献。专家古鲁·马尼亚（Guru Manja）和科莱特·尼梅杰（Colette Niemeijer）专门从患者的角度研究医院概念，并擅长医院策划。他们一方面负责讲述患者的需求、计划、后勤工作与业务事项之间的紧密联系，另一方面负责讲述医院建筑设计与策划模型。CEAN咨询公司（CEAN Consulting）的劳拉·布劳（Laura Bulau）、玛丽安·克莱森（Marien Kleizen）与基斯·德·维特（Kees de Wit）制作了所有的图表。许多人帮助促成了这本书的出版——我们只提到其中的一部分。感谢里亚·斯坦因（Ria Stein）在项目完全停滞的时候仍然与我们在一起，使这本书的出版进度在2014年春季得以再次推进。特别感谢哈维·门德尔松（Harvey Mendelsohn）多年来与我们的许多合作（项目），其中他的写作技巧是不可或缺的。

科尔·瓦格纳（Cor Wagenaar），努尔·曼斯（Noor Mens）

目录

项目精选

导言

10年前，建筑师及评论家们认为，医院滞后于建筑艺术与科学的前沿创新与发展。事实上的确如此，医院设计失去了为特定人群塑造场所的使命与技能。[1] 10年后，情况完全改变：医院又回到建筑的最前沿。全球领先的设计师们已经发现，这种建筑类型带来了基本的、独特的设计挑战。医院吸收科学、心理学、医学技术和数字革命的最新发现，探索如何与城市环境成为一体化框架，并反映主要的经济趋势等问题。最显著的是，医院以其他建筑类型没有的方式处理人们生活的基本方面，将责任转移给最终使用者。很少有类似医院的机构能对其服务人群的生活质量产生如此直接的影响，有时医院运作的状况甚至能决定患者的生死。本书概述了建筑如何帮助医院提高其医疗的流程效率和财务绩效。最重要的是，详述了如何为患者提供更好的医疗护理环境。

由于建筑直接影响医院的运作方式，因此从严格意义上讲，我们认为建筑师的作用已经超出设计领域。参与医院规划的建筑师必须解决一系列问题：适应工作人员的变动、处理病人与访客的流线、平衡设施的快速使用以及应对不可预测的需求高峰；并确保设计的高度灵活性，以适应不断进步的技术发展等。这仅仅是列举的一小部分，他们还应该评估设计方案对医疗流程效率的影响。由此可见，建筑师的工作范围已扩展到多种功能性的流程，如后勤、公共空间、寻路、患者转移、单人间与多人间的平衡、人体工程学等。正如一家美国医院的首席执行官所说，"建筑师应该希望获得更多的控制权，并成为医疗团队中不可或缺的一部分"。[2]如果建筑师只负责建筑物的外观以及审美与技术的品质，他们就会抛弃大众认知的专业职责，导致大量空白无法填补。优秀的医院设计只有在其组织流程、空间后勤、基础设施以及流程设计得到整体解决的情况下才能蓬勃发展。[3]理想情况下，最终应该达到流程与设计之间的完美契合。

医院是医疗系统的关键要素，同时也是公共服务系统的重要组成部分。通常以统计数据来评估的医院旨在提升公共医疗水平。统计数据一般包括寿命以及各类定义生活质量的参数。通常，后者往往与社会因素、经济因素、生活方式的指标有关。虽然药物对公众健康有显著影响，但应该从更全面的角度看待这种影响。显然，城市规划（例如，通过提供污水和供水系统，鼓励步行和体育锻炼等）和建筑（尤其是在公共住房领域）是提高人们的预期寿命和生活质量的重要因素。[4]有人认为，对医学和医疗设施的公共资金投资应与它们对改善公共医疗的贡献成正比。原则上，医院的财政利益并不总是与公共医疗的目标相一致。如果战后住房项目的升级对公众健康的影响比建造新医院更显著，那么投资就应更多花在这上面。在许多国家，只有一小部分医疗健康支出用于疾病预防，而医疗费用却继续上升到患者难以承受的水平。面对未来可能的金融危机，公共卫生系统需要提高其成本效益。如果疾病预防发展成为公共医疗的新领域，医院将需要重新考虑其作用，并尝试在疾病预防、健康促进和医疗干预（护理和治疗）的连续性中定义自己的位置。

弗朗茨·纳布瑞加（Franz Labryga）用"健康之家"这个词来描述那些"主要提

新北西兰医院（New North Zealand Hospital），丹麦哥本哈根附近的Hillerød，赫尔佐格（Herzog）和德梅隆（de Meuron）设计，2014年。蜿蜒的2层楼环绕着一个位于2层之上的大型中央花园。中央花园所在的屋顶采光中庭，为门诊部与人流集中区提供充足的阳光。

供信息、服务、监测以及预防的场所。诊断与治疗不再是他们的主要活动；相反，他们正专注于治愈与疾病预防"。[5]在这里出现了引领性的服务领域，是为备孕生育的家庭准备的，甚至包括放松课程。

一些国家，特别是在英国，社区医疗中心已经提供类似服务。[6]为实现这一目标，必须消除专业医学与疾病预防、健康促进之间的障碍。[7]医疗机构需要保持自己的社会责任，重新协调在医疗体系中的责任分配，而不是将彼此设定为建筑孤岛。建筑可以通过促进医院的"再城市化"来推动其发展方向的改变。

公共医疗大都关注统计数据。但我们认为，医院主要关注患者视角，即旨在改善人们的个人感受。健康问题使我们意识到对死亡的恐惧与健康的脆弱性。面对疾病总是一件高度个人化和充满压力的事情，而医院的介入会让我们感到不舒服。因此，医院设计应该要缓解患者的压力，让其放松并以人性化的方式接受医疗护理。

本书遵循以下叙述结构：第一部分，定义未来医院。该部分介绍一个基本的范式变化：一种思维方式的转变。这种思维方式将"最终用户"即患者视为关注的中心。这一转变超越了传统护理模式以"患者为中心"的服务力度。现在，通过信息技术、互联网以及相关设备的创新，患者能够积极参与监测，甚至控制自己的治疗。此外，他们应该能够为自己做出选择，如：治疗疾病的最佳选择是什么？哪家医院选择的治疗方法最成功？特定的过程对一个人的生活质量有什么影响？理想情况下，对患者而言，备选方案的范围以及所有医疗机构过去的表现应该是清晰且透明的。在概述了这一新观点之后，我们继续讲述有关医疗健康的公共性质与意义，将医学纳入旨在促进公共医疗且更广泛的政策范围。显然，长期来看，要使这些变化切实可行，涉及医院运营的财务方面，这是我们要解决的下一个问题。最后，我们总结"不断变化的医疗需求"作为结束语，探讨人口趋势和全球化的影响如何改变医院需求。

第二部分，医院设计。介绍三种日益影响医疗建筑的现象：关于医疗设施最佳分布的新观点（例如大型建筑群集中或小型设施网络构成）、医疗流程的概念以及循证设计。

医疗流程包括患有特定疾病的患者和医疗健康提供者之间的一系列互动——从最初的诊断预约到治愈完成的全过程。其中只有部分流程轨迹位于医院环境中（首次预约通常是和全科医生进行的）。医疗流程中涉及上门诊疗或在小型诊所工作的治疗师，以及在家中或康复诊所协助病人的护理人员。理想化的医疗流程中，患者能够依靠互联网以及相关设备进行自我监测。其中的医疗组织将改变医院服务的分配方式。产房的例子说明所应用的组织原则对空间序列的影响，强调所有与医院架构方面相关的思维方式。在循证设计领域，越来越多的研究利用科学专业知识为设计方案提供参考信息，已经开始对医院的规划方式产生影响。第二部分以一个历史的概述结束，该历史表明我们今天所目睹的深刻变化是由过去类似的转变所引起的。

第三与第四部分，主要讲述医院本体——构成综合医院的基本功能科室（其中不包括精神科病房）。在讨论这些组成部分时，我们谈及一些关于每个科室对患者医疗流程的贡献等类似主题。这个科室执行流程的目标是什么？它利用了哪些领域的专业知识和哪种类型的信息？与患者的预期互动作用是什么？在这个部门接受治疗的病人通常情况如何？这种疾病或干预措施会对患者的活动能力、意识程度以及情绪状态产生怎样的影响？涉及哪些设备？如果在这个部门进行的治疗是医疗流程的一部分，那么在此之前是什么？之后又是什么？等等。然后，基于以上问题我们调查了不同的设计方案。第三部分主要讲述医院公共空间，关注面向所有使用者（包括访客、附近居民在内）开放的区域。公共空间包括室内外的入口、大厅、露台以及主要的交通基础设施。第四部分主要讲述治疗区。该区域的一部分是对公众开放的，其他部分是医疗专业人员和患者之间进行互动的区域，则不允许访客进入。

最后，本书精心提供了一系列案例研究的文献，包括综合医院、儿童医院、大学医院、专科医院、门诊诊所和卫生中心，以及康复和支持诊所。

我们认为医院是一种有组织的关系模式，是一个内部互动同时与外部环境交互的系统。[8] 医院建筑是一个需要开放思维的领域，需要跳出传统模式思考建筑设计及其边界。医院建筑不再是一门被少数专业化公司垄断的领域，而最终仍然是一个需要多方密切参与合作的领域。"建筑师将被要求更早地进行规划，贡献更广泛的专业知识，他们需在建筑的整个生命周期中持续保持活跃。从这个意义上说，建筑师将同时充当护理人员、医学从业人员和患者护理团队成员的角色"。[9] 菲利普·默兹（Philip Meuser）甚至鼓励医院建筑师把自己想象成科幻作家[10]，他们必须设想未来会提高公共卫生系统及其建筑网络性能的可能性。本书旨在帮助他们在这个迅速发展的重要领域中找到自己的方向。

科尔·瓦格纳，努尔·曼斯

医院建筑设计原则

定义未来医院
医院设计
公共空间
治疗区

定义未来医院

科尔·瓦格纳，努尔·曼斯

勒奈内·笛卡儿（René Descartes）（1596—1650年），由简·巴普蒂斯特·威尼克斯（Jan Baptist Weenix）绘制。笛卡儿相信心理和身体代表着分离的世界，这意味着人们的心理状态不会以任何方式影响他们的健康状况

范式转变？ 患者视角

护理病人一直是医院的核心工作内容，正如《医院建筑简史》（*Short History of Hospital Architecture*）一书中所描述的那样，但这并不说明它们一开始是为了治疗疾病而建造的。随着17和18世纪科学革命的到来，医学专业的主要任务是在实验科学中获取启发。这种转变使疾病治疗的非理性观点与理性观点之间展开了无休止的争论。在此之前，通过宗教仪式以及使用草本药物治疗疾病，而所谓的"治疗效果"完全取决于宗教信仰、迷信或推销术。医学界当时把反对这些可疑的疗法作为主要目标之一，而我们今天所知道的医院就是这场斗争的产物。18世纪后期以来，医院被称为"治疗机器"（machine à guérir）——旨在治愈那些饱受疾病之苦的患者。"机器"本义是以合理原则组织设计的技术设备，而医院则被认为是由医疗专业人员与技术人员组成的，为患者提供康复服务的机器。

这种观点的消极方面是，人被认为与自然科学所研究的其他对象具有相同的秩序。几个世纪以来，医学专业人员坚持笛卡儿理论中心理论与身体的差异，认为后者仅是根据遵循物理规律运作（与心理机制无关）。因此，处理疾病的方法可以与修复故障机器的方法近乎相同：通过自然科学的干预措施来进行。因此医学认为也可以用同样的方式来治疗心理疾病（即机械性缺陷）。

随着笛卡儿的身心分离理论的盛行，人们普遍认为关注患者个人感受与关注迷信概念的医学观念同等重要。19世纪末，心理学的出现开始动摇笛卡儿二分法的地位。从那时起，心理状态会对身体健康产生影响的观点被广泛接受。然而，心理学一开始并没有反对心理障碍应被视为身体"机械性缺陷"的观点。此外，类似患者应该对自己的身心治疗有发言权的主张还未形成，而这种身心治疗现在被认为可以缓解他们的压力。20世纪30年代，个人感受更多被认为与患者所处的社会与自然环境紧密相关。因此，医院通过尝试环境卫生的干预措施来减轻患者的心理压力。20世纪五六十年代，当时大量兴建的现代住宅区遭到抨击，专家们认为居住环境导致了与压力相关的心理疾病大量增加。同样的，医院本体也开始被视为导致压力的环境，阻碍了患者的疗愈过程。而打造更人性化的、去机器化的医院建筑被认为是一种缓解就医压力的方式，以患者为中心的护理模式成为一种流行主张。此外，还开发了新的组织架构来缓解人们住院时不可避免的紧张感。20世纪80年代，出现在美国的循证设计运动开始探索人们对自然与社会环境的反应方式，进一步了解空间设计如何影响医疗效果。总而言之，心理学被认为是一种探索个人感受与可客观核查的医疗数据之间联系的方式。

长久以来，范式转变一直在进行。允许患者在治疗中发挥积极作用正加速医院范式转变的进程。这在美国已经被认为是一种重要的"传统智慧"。[11]美国联合委员会认为，"将患者转变为医院的搭档，并不是为了一个听起来不错的仪式性头衔，而是对护理质量与安全有重大意义的转变"。[12]

从传统医学角度来看，患者缺乏医学方面的专业知识与专业技能，而且可能有许多不成熟的观念。如果让他们干预自己不熟悉的医疗流程，则可能颠覆人们的普遍认

荷兰阿姆斯特丹的拜尔默梅尔（Bijlmermeer）住宅区（1968—1975年）。"笛卡儿二分法"在20世纪受到了越来越大的挑战。20世纪50年代，在许多医学会议上讨论了压力现象，它与心理和身体健康问题有关。像拜尔默梅尔这样的新住宅区被认为特别不利于人们的健康

知。在治疗方法上给予患者发言权，这显然触及了医疗实践的本质，而且很难实现。马丁·麦基（Martin McKee）和朱迪思·希利（Judith Healy）在联合委员会（一个非营利性组织，负责评估美国的健康计划和组织[13]）的报告中总结道，"在理想的情况下，医院会对患者的需求做出高度响应。实际上很少如此，因为患者处于弱势地位。他们身处一个陌生环境，由于疾病与信息的缺乏而更易受到伤害且依赖他人"。尽管护理工作确实应该关注患者的需求，但在现实中，许多医院更多的是为了方便医护人员。[14]显然，要让医院成为一个提供治疗、安慰、支持以及要求患者承担责任的护理机构，而非个人的"治疗机器"，这协调起来是非常困难的。

这一范式转变与世界卫生组织（WTO）广泛倡导的健康新定义不谋而合：人们只要能做任何想做的事情，而不受身体状况的困扰，他们就可以认为自己是健康的。显然，这种定义以个人经验为中心，脱离了人们患病的事实。因此从客观、科学的角度

德国柏林的恩福克兰肯（Unfallkrankenhaus）是卡尔·施默克（Karl Schmücker）和其合伙人在1997年重新扩建的医院。设计让旧建筑以更协调、友好的方式融入周边环境

来看，如果人们一旦确定了一个或多个"机械性"身体缺陷和功能失调的部位，则需要医学治疗。

这种范式转变的决定性因素是政治与经济趋势，而不是公众压力。为了控制公共医疗支出，许多西欧国家正在放弃由政府机构决定医疗费用与成本的体系，并呈现向"最终用户"转移责任的趋势。这正在影响经济的各个方面，毫无疑问也将改变医学的发展。理想情况下，患者应该对被提供服务的成本与质量有发言权，他们应利用其购买力迫使服务提供者根据自己的需求进行适当调整。范式转变能够使患者更好地理解对他们开放的选择，能够自由选择自己喜欢的医院或医疗专家。而且他们还会明白需对自己所有健康与治疗相关的决定负责任。为了让患者做出合理选择，他们应能有效获取不同治疗方法的有效性、质量与成本，以及医疗专家的诊疗记录与医院绩效数据等透明信息。然而，大多数国家要做到这一点，还需要很长一段时间。

互联网技术在这种范式转变中扮演着重要的角色。如果可以对现在海量的信息数据进行有效的管理，那么信息技术将有助于医院形成"专业化"患者。英国医院专家苏南德·普拉萨德（Sunand Prasad）认为，"通过提高预防而非治疗的可能性，将减少患者在医疗系统中的开支"。用他的话说，"形成'专业化'患者的成本必须远远低于治疗可预防疾病的成本"。[15]互联网为医疗机构和患者之间的交流提供便利，这有助于进一步缩小两者之间的差距。从诊断到监测与随访，可以通过网站或应用程序组织某些环节，而不是强制要求患者去看医生。

那么，为什么范式转变的普及仍然需要很长时间呢？显然，一方面医学界的阻力在一定程度上仍在持续。许多患者宁愿把一切主动权交给医疗机构，也不愿承担任何治疗责任；另一方面公共卫生方面的巨额费用往往会促生医院的保守主义。劳伦斯·尼尔德（Lawrence Nield）对此提出质疑："医院的巨额支出以及其复杂性与用户需求，都不利于变革。难道我们应该策划与建造从未经实践的事物吗？"[16]

未来范式的变革是不可阻挡的。如果满足以下必要条件——使患者具有医疗知情权，公开医疗效果及其服务提供者的表现，建立理想的医疗与非医疗设施网络，那么将医疗责任转移到患者身上一定会提高医疗质量。这种责任的赋予，会让"医疗机器"成为更加关注患者的医疗服务提供者。

科尔·瓦格纳，努尔·曼斯

医疗健康公共服务

意大利画家多梅尼科·迪·巴托罗（Domenico di Bartolo）的画作《治愈病人》（Cura e governo degli infermi），在意大利锡耶纳（Siena）阶梯圣母教堂中朝圣者大厅的壁画，1440—1441年（资料来源：Episodes from the Life of Blessed Sorore）

　　医院起源于中世纪的社会机构。它们持续几个世纪以来作为社会公共设施，解决了当时诸多公共问题，如：照顾生病的穷人，提供食物、住所与救助。但是几乎没有任何所谓现代意义的治疗作用。当时穷人的生活十分悲惨，尤其是当疾病使其无法正常生活的时候。只有当慈善机构介入时，这种状况才有所改善。与当地居民的贫穷状态形成鲜明对比的是，医院大楼很快就发展成为富有的、具有代表性的地标性建筑。通常赞助人会为医院提供绘画与雕塑，以及给管理人员使用的豪华房间。一些医院甚至还成了艺术领域的赞助方。[17]

　　然而，即使是最富有的医院仍然是救济院，也无法提供当时普遍缺乏的治疗方法。直到19世纪末，它们才发展成为提供最好医疗服务的机构。主要是因为1897年伦琴X射线机的引进为患者带来治疗的机会。在那之前，富裕的人们不惜一切代价避免住院治疗，而现在他们别无选择。与此同时，医院的治疗费用也开始上涨。尽管慈善机构援助一般是医院的主要经济来源，但病人通常还是不得不支付医疗费用。由于穷人无法支付这些费用，导致医院一时失去了作为社会机构的公共职能。在引入公共卫生系统之前，这种情况在大多数国家普遍存在。引入之后，医院使许多公共利益的标准得到了满足，而这些都得益于社会凝聚力，以及更健康与更具生产力的人口。[18]

公共医疗系统通常是由国家运行的（Bevan模型），或者是基于医疗保险政策的国家控制框架内组织的（Bismarck模型）。那为什么政府要进入医疗领域呢？政府在17世纪将医院作为照顾伤残士兵（所谓的"伤残者"）的半军事化机构，在此前对公共卫生几乎没有兴趣。而城市建造救济医院的目的也是为了集中城市中的穷人，防止他们危害公共安全。那又是什么让政府认为他们需要进入公共医疗领域呢？历史上有三大原因：第一，由于17世纪与18世纪占主导地位的重商主义政策，在国家之间长期竞争中，公民的健康状况对国家的经济发展有重大影响。人们越健康，生产力就越高。

第二，在18世纪后期，启蒙运动的哲学家们坚持认为，应将提供健康的生活与工作环境视为一项基本人权。他们认为，政治、经济与物质环境的不足是所有社会问题的主要原因——如医疗服务的不均匀分配，人们不应该承担这些问题带来的后果。上述理念对医院建筑产生了巨大影响，为正在彻底改变社会的科技革命提供了重要动力，并呼吁政府建立了相关机构，让自然环境更好地发挥治愈潜能。在这一时期，人们认为医院建设与布局应通过对其功能的合理分析来确定。而医院现在作为治愈患者的地方，应该为病人提供一个健康的环境。因此洁净的空气与自然环境被认为比医学治疗本身更有效。

第三，19世纪一系列致命的流行病使人们认识到，致命的疾病往往会影响到整个城市人口。它们正在成为一种公共威胁，迫使公共当局采取行动。1848年，霍乱疫情在伦敦造成14000人死亡，1866年造成6000人死亡。汉堡在1822年、1831年、1832年、1848年、1859年、1866年、1873年和1892年也受到流行病的侵袭。欧洲和美国几乎没有一个城市能逃过这些可怕的灾难。医学专业人员在18世纪法国地图绘制师的工作基础上绘制了显示城市中最受影响的区域分布地图，并追踪了疾病是如何传播的。同时全球化也对疾病传播的过程产生了影响。据绘制的全球范围流行病发病率图显示，蒸汽动力的远洋班轮正在加速流行病在各大洲之间的传播。

尽管许多医院都是在重商主义主导政治思想的年代建立的。但污水系统的引进、清洁水以及公共住房的供给可能是对公共卫生最有效的贡献，但也是最昂贵的。这些措施重塑了世界各地的城市，因此公共卫生的创始人之一鲁道夫·维尔肖（Rudolf Virchow）强调认为——除了广泛的医学本体外，它还应该与社会科学与政治学紧密联系。[19]

以营利为目的的私立医院只出现在19世纪末。在完全私有的系统中，病人自己支付所有医疗服务费用。私立系统的倡导者认为，既然健康本质上是私人事务，国家就不应该参与其中。与这种系统相对的是完全公共的系统。在这种系统中，政府使用税收来支付所有医疗费用，同时也提供相应的医疗服务。在实践中，大多数国家采用了由私有与公共因素组成的混合制度。一些国家要求居民缴纳医疗保险，对那些无法缴纳医疗保险的人给予补贴，许多西欧国家正是这样。

公共系统始终采用成本控制机制，它们在试图实现目标过程中通常采用基于供应的观念。在这种模式下，公共卫生政策权利的获得可以限制在低收入阶层，而不包括

虚空派（vanitas）绘画《世间荣耀的终结》（*Finis Gloriae Mundi*）和《眨眼之间》（*In Ictu Oculi*），是圣胡安·瓦尔德斯·莱尔（Juan de Valdés Leaif）于1670—1672年为西班牙塞维利亚仁爱医院（Hospital de la Caridad）创作的

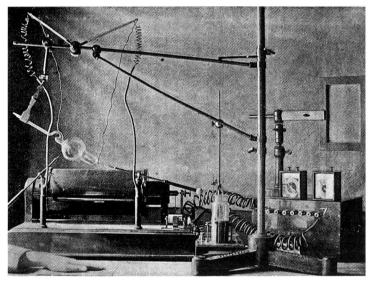
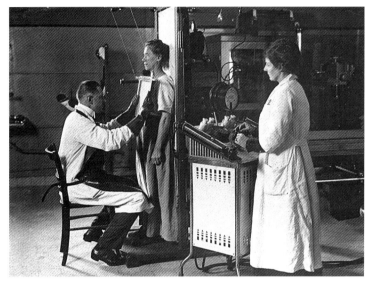

在20世纪20年代，一种用于手部检查的X光诊断设备，这是一套1897年的设备。X光机标志着医院发展以医疗技术为中心的开始

那些能够支付医疗服务费用的人。有时，政府会对每个医疗机构或医疗健康提供者以及整个系统实行年度预算上限制度。

自20世纪90年代，另一种成本控制策略在许多欧洲国家较为流行，即引入市场经济并发挥需求驱动的机制作用。理想情况下，鼓励患者作为消费者，评估医疗机构所提供疗法的有效性、质量与价格。这或许能够降低市场价格，从而降低公共医疗系统的成本。然而，向需求驱动的机制过渡需要在结果与成本方面透明。早在2006年，美国当局就发布了一项"行政命令"——要求提高公共医疗系统的透明度，希望此举能刺激市场竞争。定价的透明度可能会催生医疗健康领域对价格敏感的消费者。[20] 患者的医疗效果与住院经历（个人接触、授权、信任、安全、隐私、食品质量、护理行为等）形成其对医疗服务质量的决定性判断。如果仍然是保险公司代表患者从医院购买批量医疗服务，那么在医院的选择与签约过程中，成本就会成为它们考虑的主要因素。

最近，每种治疗（病例组合模式或诊断—治疗组合）实行一次性补偿，目的是实现医院资金系统，包括医疗服务补偿、建筑维护与翻新支出。为了提高医疗质量，一个全面的系统需要长期的建设投资。但在建筑成本预算与医疗服务运营成本之间分配不均的体系中，这种战略投资是不可能的。病例补偿模式也显示出不足之处，因为它注重收益优化，导致其无法起到长期改善医疗机构服务的作用。

与传统的以供给为导向的公共医疗体系相比，以市场为导向的公共医疗体系在抑制医疗成本与提高质量方面是否更为有效尚待确定。就总成本而言，很难确定系统中私有与公共角色的最佳组合。然而除成本之外，其他方面亦是如此。尽管需求驱动的系统有望更好地满足患者的个人需求，但批评者担心，如果没有一个协调、平衡的医疗设施网络，这种系统可能会导致体系分散化问题。另一方面，允许高度规划的供应体系通常被视为不灵活的、强制性的体系，实际上它们使患者没有发言权。在实践中，很难对两个系统的运行表现进行清晰评估，包括财务效率、患者满意度以及服务质量与效率方面。然而，与几十年前相比，以市场为导向的系统一直更强调患者的选择权利。

现在基于供给的系统也出现这种趋势，这表明面向市场的系统在患者授权方面的优势也可以融入该系统中。[21]

公共医疗体系的存在是否意味着它们的医院与中世纪的医院是同种公共建筑，即能否代表社会共同价值观的机构呢？似乎不是，因为公共卫生现在是一个不断进行政治辩论的领域。尽管如此，医院仍然是城市中最重要的公共建筑之一。

在19世纪30年代和40年代，流行病地形图开始定期出现，它们在确定疾病来源方面发挥了重要作用，霍乱是这些早期地图的主要焦点。这张由J. N. C. 罗滕堡（J. N. C. Rothenburg）博士绘制的地图，描绘了1832年德国汉堡的霍乱爆发地

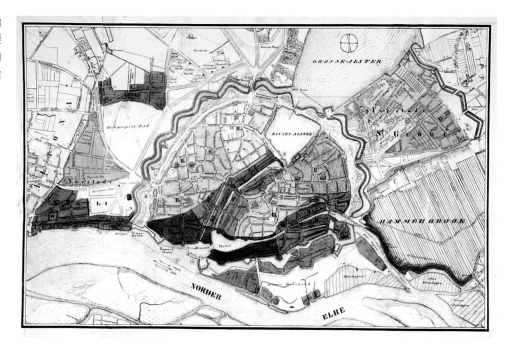

英国伦敦发生3起霍乱疫情后，土木工程师约瑟夫·巴瑟杰特爵士（Sir Joseph Bazalgette）（站在右上角）为这座建于1859—1875年的城市开发了管道系统，这是19世纪规模最大、成本最高的医疗卫生运动。这确保了污水不再倾倒在泰晤士河沿岸，彻底改善了公众健康

古鲁·马尼亚，科莱特·尼梅杰

医院商业案例

2007年，美国人均医疗支出为7500美元，总计2.2万亿美元。超过1/3的资金用于医院；在大多数欧洲国家，医疗费用甚至占支出费用的一半。[22]2012年至2014年，医疗费用占美国国内生产总值的17.1%，占德国国内生产总值的11.3%。在美国的私营机构中，医院是第二大就业岗位提供单位；在欧洲，总劳动力的10%受雇于医疗健康部门，占医院的2.9%与5.5%。[23]通常约2/3的医疗预算花在人事上。然而，欧洲医疗健康系统中的相关专家总结道，医院很少受到决策者与研究人员的关注。[24]他们还认为，医疗市场的性质可能会影响医疗干预措施的合理应用。一些不恰当的激励措施正影响着医疗健康市场，包括医疗行业本身以及它和市场管理人员的关系。[25]但就像"战争太重要，不能由将军决定"一样，医院服务同样很重要，不能由医院管理者与医疗专业人员决定。[26]正因为医疗健康是一项公共服务，独立医院的商业案例遵循与其他行业相同的健全管理原则。

医院建筑影响其作为经济单体的运营表现，或者更直接地说，它们的空间特征影响其业务模式。从公共医疗的角度来看，设计阶段的疏漏可能会导致财政资源重复浪费，如造成产能过剩、昂贵设备的闲置等。

考虑到医疗建筑的巨大成本以及不断增长的服务需求，医院不仅需要作为发挥重要作用的生产设施，同时又不能忽视为患者提供人性化的护理需求。如何在这些目标之间找到合适的平衡，是当下医疗健康的主要问题。建筑在这方面发挥着关键作用，但它只能在健全的业务模式中起作用。[27]总而言之，从事医院规划工作的人员如果希望说服医院管理人员与财务管理人员相信其设计的可行性，就需要对这些模式有一个基本了解。如果想要自己的想法被采纳，他们就必须掌握熟练的"业务语言"。[28]

通常建造或翻修医院所需的投资是巨大的，以致组织方在投资前需对其规划与设计决策的长期影响进行合理分析。相对于其他医院，战略定位、本地区医疗设施分布以及医药与技术发展等是评估其业务模式是否健全的最重要因素。这就要求管理层、财务支持方以及其他相关方制定一个合理战略，以应对未来医疗融资、医疗服务流程与技术方面的快速发展变化。虽然与总运营费用相比，医院建筑物（折旧和融资）与技术基础设施的年度成本并不高，但实体基础设施对医院质量与运营效率有着重大影响。一个设计与建造精良的医院，可以大大提高医院的服务质量与医疗效果；同时有效降低医院成本，理想情况下还能增加其收入。换言之，如同建筑对医疗服务的贡献取决于健全的业务模式一样，一个健全的业务模式也是由良好的建筑促成的。

如果把医院看作一个相对自治的机构，一个健全的业务模式可以促进其经济上的可持续运营。就像其他机构一样，医院通过出售服务产品创造收入。产品可以是从最初诊断到治疗与随访的完整流程（例如，与诊断相关的流程组群、DRGs——数字栅格地图等），或者单一流程（如诊断测试、门诊预约、特定治疗与住宿等）。价格可以事先协商（例如，在供应商和保险公司之间的合同中），也可以基于所产生的成本（时间与材料）。

其他收入来源可能包括教学、补贴、使用费与为第三方提供诊断服务。由于医疗流程是劳动密集型的，人工成本占医院预算的最大份额。医院除了给医疗人员支付工资，也作为服务提供者，为医疗专家提供便利的私人业务。其他业务费用则包括药品、医疗器械、假肢、一次性用品、食品和营养品，以及能源与维修费用等。

从20世纪40年代到90年代末，伴随着医疗体系的发展，经济与人口持续增长。同时寿命延长、医药与技术进步以及社会发展程度的持续增长导致了更多医疗设施的出现。现在，欧洲和美国新的经济与人口状况、公共医疗系统的成本以及预防性医疗策略的重新发现已经让这种趋势过时了。

只有在医院投资有助于实现健全的业务模式时，才会进行建造新医院或重大翻修的商业案例。例如在消费者驱动的医疗健康交付模式中，没有关于候诊区域的商业案例。然而，需要有商业案例用于创造更为精简的患者就医流程。无论何时，只要消费者能够在线咨询专家，就没有必要让他们去门诊部就诊（因此医院可以不用具备容纳这类就诊人群的能力）。我们判别新医院建筑是否为有效商业案例的标准是：它的每一个组成部分都必须对安全、高效的患者就医流程以及信息传递发挥积极作用。同时减少失误、提高护理质量与改善治疗效果；与现有设施相比，其价格与资源消耗明显更低，总体效率更高；它还必须保持至少30年的适用性，在此期间进行相对较小的修缮与升级，这将需要仔细考虑灵活性/成本的权衡。该商业案例只有通过长期的多标准测试才能视为有效。这些情景需要考虑到一系列因素的潜在影响：需求变化、突破性技术、新药物与设备的出现、新疾病的出现、护理流程的优化……

在开发商业案例时，开发者面临最关键的任务是估计未来的容量需求（床位、手术室等）。这是设计的起点，并在此基础上确定医院在可接受风险下所能吸收的投资（和债务）。所需容量取决于医疗服务的组合以及医院期望服务的患者类别（与数量）。在这一过程中，组织方最常犯的错误是：1）想做所有事情，即没有在服务组合与患者类别等方面做出明确选择；2）过于重视安全性，如考虑需求高峰时每个可能导致产能短缺的潜在因素，从而使设计容量远超出医院使用的容量。

所需容量可以基于对不同级别的部门（住院部、手术室、门诊部等）当前容量利用率的精细化分析来估算，分析一般要使用现实中可利用的有效数据。容量使用分析阐明了一系列重要问题：实际与预估的容量需求（现在和将来）、优化短期流程与容量利用率的方法以及各部门之间的最佳相对位置。医院应该从最安全、最科学、最方便病人的角度划分科室，而不是从实际距离以及员工便捷性的角度。

通过对患者医疗流程的分析进一步优化容量是可行的。[29]健全的商业案例应该关注患者医疗流程的使用连续性，而不只是投资特定的设施或部门，如手术室或住院床位。医院的设计规划应围绕提高患者医疗流程的"连续性能力"而开展，使其成为一个独立的组织实体（如业务单位）。它们执行一系列不同的流程，用特定的诊断手段治疗特定的患者人群。

此外，该组织预测到合并各种业务模式的可能性。[30]因此，新建医院项目可能会划分为三个区域：医院核心（有加热地板与病房）；由医院建造但由私人经营的区域

（包含可外包功能：商店、餐厅——容纳公共空间中的部分活动）；以及由医院设计但由私人建造与投资经营的区域，可能会吸引诸如酒店、老年人住房、健康与体育中心等设施加入。

一旦项目、投资与实施计划确定下来，就可以建立一个财务模型——包括其风险与敏感性评估。关键是要关注模型输入的稳定性，而不是关注本质上只是一系列财务比率的模型输出。这就要求商业案例自下而上构建，基于提供患者医疗流程的投资能力，以确保医院核心的患者需求。医院投资水平必须基于核心要素的周转率以及医院当时的财务状况，将其控制在可接受的风险范围内。资源越少的情况下，就越迫切需要质量更好、更有效的医疗流程。通过将医疗流程的优化以及能力利用整合到设计过程中，建筑就可以确保一个健全的商业案例做出实质性与理想的贡献。

科尔·瓦格纳，努尔·曼斯

不断变化的医疗需求

新设施的规划以及现有设施的大规模重修，需要对未来需求有一个清晰的认识。在很大程度上，这些需求可以基于病因与疾病之间出现的时间跨度进行预测。再比如，基于人口构成的详细信息（包括人口统计、生活方式、工作、教育与财富的数据，以及这些要素之间的共同趋势），我们可以基本推测：经济增长的地区正采用助长肥胖的典型生活方式。在这种情况下，与肥胖相关的疾病出现所需时间可以很容易地预测出来。

医院通常会吸引需依靠高水平专业技能和先进医疗技术进行疾病治疗的患者，这些高水平专业技能和先进的医疗技术只有它们能提供。这些医院的绝大多数病人患有非传染性疾病。尽管这些常见的非传染性疾病（Non-communicable Diseases，NCDs）通常不具有像埃博拉那样的严重性——埃博拉占全世界死亡人数的75%，在欧洲则高达86%。虽然能预防流行病方面的做法不多，但据估计，80%的心血管疾病和40%的癌症还是可以避免的。当然，也必须考虑到疾病相对发病率的变化。事实上，一些在过去广泛存在的病症已经消失，而另一些新的病痛逐渐取代了它们。为应对医院未来的需求变化，统计人口趋势与疾病发生率的数据是必不可少的环节。

1796年，爱德华·詹纳（Edward Jenner）引入了一种预防天花的疫苗，开创了一个全新的医学分支。由于疫苗接种运动的出现，一些疾病几乎消失了。然而，2002年SARS（严重急性呼吸综合征）、2009年H5N1病毒流感以及之后的猪流感与埃博拉病毒，都证明了新的传染性疾病与流行病随时可能发生。

在治疗非传染性疾病方面，由于制药业不断开发新药，医疗发展令人印象深刻。同样重要的是，新型成像技术的引入——如磁共振成像、正电子发射断层成像，彻底改变了诊断流程。高度复杂的外科手术（有时使用反渗透肉毒杆菌）、微创手术也已经成为一种常见的医疗技术，而这在10年前是不可想象的。当然，在过去10年最令人印象深刻的进步还属基因技术的发展了。

提倡健康生活方式是公共医疗另一方面的发展。健康问题与社会阶级化也有关，在一些欧洲国家，上层阶级与下层阶级的平均寿命相差八岁。[31]如果不健康的生活方式盛行，这将导致医疗服务的需求增加。然而，不健康的生活方式并不会缩短人们需要医疗救助的时间。建筑设计师与城市规划师可以在提供有利于健康的环境方面发挥重要作用。"健康城市"应该提供清洁的空气，在满足行人与自行车便捷性的同时限制机动车的使用。

人口老龄化是影响公共医疗的重要因素。医疗需求与年龄密切相关，老年人越多，对医疗救助的需求就越高，并在人们垂暮之年达到顶峰。然而，健康问题初步显现出来的年龄仍保持在40岁左右。随着老年人数量的不断增长，再加上需要医疗护理的时间延长，人们对医疗健康的需求将急剧增加。"健康老龄化"已成为世界范围内的一个著名概念。支持健康生活方式的策略也将有助于医院更好地融入社会。[32]

医院设计

古鲁·马尼亚，科莱特·尼梅杰，科尔·瓦格纳

医疗设施分布：集中化、分散化与网络化医院

重新定义医院

"医院"指提供医学诊断与治疗的多种设施总和。除了传统医院类型（一栋医院楼或者由多个单独医院机构组成的集群），还有一些专门针对特定疾病或状况的"专业化医院"。医院有不同的大小与规模，小到只有一个医生的独立小诊所，大到具有诊断、治疗各种疾病资质的大型综合医院。一般情况下，门诊服务只是大型综合医院里的一个附属部门。基础护理人员与全科医生则是医院服务系统中不可或缺的组成部分。每个医院的医疗系统都会根据自身特殊需求来分配医疗服务。

但是，为了提高质量与降低成本，越来越多的医疗政策制定者及其财务负责人尝试更有效地（重新）分配医疗设施。从他们的角度来看，最主要的问题是：如何在最好的时机，以最低成本提供最优的护理？为了回答这个问题，我们需要从"阶梯式护理基础设施"的角度重新思考医疗健康服务，这涉及不同治疗阶段的医疗服务提供者之间的紧密合作，如门诊护理、康复服务、慢性病护理、精神病治疗以及临终关怀。在过去10年，许多医院已经作为网络化系统的一部分发挥作用，与专科化机构紧密合作，取得了更高质量与更大规模的经济效益。

关于集中化、分散化以及后者如何定义所需设施的争论，始终围绕着一些重复出现的主题，诸如疾病类型、规模与传播时间等因素导致不同的治疗方案。那么，哪种模式可以更好地提供以患者为中心的平价医疗服务呢？比如说，模式选择对慢性病患者及其治疗的控制水平有何影响？这些相对简单、低风险的诊断与治疗是否适合基础医疗中心？是否适合将综合护理集中在区域一级的医院？是否建议将标准服务与老年人护理以及精神病学相结合？值得注意的是，关于医疗机构再分配时应采用哪种策略的研究已被严重忽视。的确，直到最近护理质量的改善才让人们普遍意识到这意味着要建设更大、更完善的医疗健康设施。医院集中稀缺且昂贵的资源是合理的，而且大规模更有益于实现高效交付。而在分散化设施中提供医疗服务与共享信息是十分困难的，并且可能给患者安全带来风险。

分散化模式的新机遇

然而，目前医院设施分布集中化的约束条件正在迅速消失。用规模较小的机构代替大型综合体的想法已获得世界范围的认可；这些机构在21世纪初出现在欧洲与美国。[33]它们一方面专注于专业化护理，另一方面分散医疗咨询以及减少高级医疗干预。即使在荷兰这种偏爱传统大型医疗设施的国家，这目前也是一个可行的方案。[34]

正如皮埃尔·韦克（Pierre Wack）所指出："尤其在瞬息万变的时代，无法预见新现象可能会导致的战略失误"。[35]这些新兴现象是什么？现在，患者可以在家中自己进行某些形式的化疗与诊断。如果目前正在开发的人造肾脏取得成功，那么很快将不需要完整的透析中心。便携式成像设备与高速数据网络正在重新定义放射科——医生在家工作，然后利用移动式CT扫描仪将用于研究的图像从患者家附近发送回来，这种现象在未来可

能会变得非常普遍。一些创新技术如移动式卒中单元正在将急诊科服务范围扩大到患者家中。在这方面，人们需要采纳由亨利·普卢默（Henry Plummer）和梅布尔·鲁特（Mable Root）博士于1907年在梅奥诊所提出的一个百年原则，即"一种可独立储存、便携的集中式病历"。[36]互联网能够非常方便地将存储在病历中的信息调出。因此形成分散式医疗设施的网络系统，并使医疗机构更靠近独立社区，可提高其对疾病的认识与特殊疾病的疗效。再加上更小、更便宜以及更易于操作的设备，将使建立卫星式诊疗中心成为可能。

显然，以上这些并不意味着大型集中医院就被视为过时的模式。教学性医院需要达到一定的规模，才能有效地发挥其研究与教育的作用。复杂护理与特殊疾病的治疗需要集中训练有素的专家以及先进的基础设施共同完成。同样，集中化急救中心保持24小时运转，为患者提供急救与临时护理。

对于所有其他医疗机构，需回答的问题是：为什么将特定的医疗服务集中在固定地点的固定建筑中？在规划阶段，必须严格分析医院的需求、规模与位置。如何权衡哪些流程与医疗设施需要集中起来，而哪些需要分散设置？所有医疗机构越来越侧重于强化医疗干预，而将所有其他疗法转移给不需要专业化医疗人员的机构，这是它们的一个共同特征。约翰·波斯奈特（John Posnett）写道，"提出关注量化预期收益及成本的人应该承担检验该过程的责任，并阐释如何在实践中获取收益"，但"通常大型医院成本的高低很难被估算"。[37]

在欧洲与美国，实行复杂干预措施的大型综合医院与相对较小的社区医院之间存在明显区别。朱迪思·希利（Judith Healy）和马丁·麦基（Martin McKee）将后者称为"分离主义"医院。他们提出"基础护理人员与社区医疗专家无法提供大型综合医院所需的服务"。[38]但这种医院既可以是提供全方位治疗的大型医院（通常是教学性医院），也可以是专科医院即所谓的"专业化医院"——专注于一系列特殊疾病的治疗。联合委员会在2008年发布的一份报告认为，如果医疗健康系统变得更加透明，这些专科医院也将会更受欢迎。[39]

地理与人文环境

影响医疗建筑规划与组成的第一组要素是医院运营环境：地理、人口统计、政府政策、现有基础设施以及可用资源。印度尼西亚每1000名居民中仅有0.204名医生，总人口超过2.34亿，分布在6000个岛屿上。与奥地利相比，印度尼西亚在医疗健康设施的分布上存在着一系列地理与资源的限制。而奥地利是一个多山的内陆国家，总人口为800万，且每1000名居民中就有4.86名医生。

尼日利亚的人均国内生产总值每年约为1500美元，国民医疗负担能力以及医疗设施的构成与分布明显不同于挪威。毕竟挪威的人均国内生产总值每年高达约10万美元。与人口相对年轻化且持续增长的国家相比，出现人口老龄化的国家则面临更大的医疗服务需求，同时还出现劳动力短缺。例如美国与古巴，彼此可能拥有完全不同的医疗政策与基础设施。古巴人的平均寿命比美国高，但其人均医疗费用却不到美国的十分之一。

医院

第二组要素涉及医院本体，定义了其去中心化的可能性与限制性。哪一部分的医疗流程可以由患者在家中独立安全地进行？哪一部分又需要由基础护理人员来提供？是否有必要在手术室、导管插入室以及住院部等高科技重症监护设施的类似位置设立分诊部？需特定诊断治疗的低风险患者在缺乏备用机制的分散化医疗设施（如重症监护室）中可能仍然遵循其完整的医疗流程，而需相同诊疗的高风险患者在专科化中心可能至少遵循其部分的医疗流程。无论如何，医院中医疗服务的分区化也会影响其组成；主要体现在新设施如何补充或与现有的医疗设施相互冲突。[40]

这种想法并不新奇。2004年，荷兰医疗委员会赞助了"未来医院"创意竞赛，Venhoeven CS Architecten与Itten+Brechbühl的作品获得竞赛冠军。他们的研究是通过组合不同的功能元素进行医院设计。[41]从功能上讲，对比起医院的其他部分，住院部门与酒店功能最为相似，而且其中许多办公室与普通办公楼中的办公室也非常相似。换句话说，从功能角度看，组成医院的大多数要素并非是专门针对医院类建筑，而是通用的。医院特有的部分最多不超过总建筑的三分之一，这些可以称为"医院核心"。通用设计部分可以与一般的非医疗建筑类似，通常这些空间构成医院类型学的一部分。办公室专家约翰·沃辛顿（John Worthington）指出，对当今医院建造的评论同样适用于30年前的办公楼，而且所讨论的问题在那时就已经解决了。[42]更重要的是，其中一些办公部分或类似酒店的部分并不需要坐落在医院建筑群中。可以将它们分离开来，然后转移到其他位置，而这种概念在荷兰医疗卫生领域中被称为——"schillenmodel"（壳模型）。

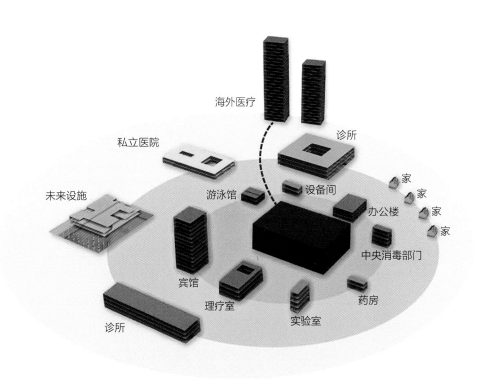

早期医院设计是通过组合不同功能元素进行的。Venhoeven CS Architect和Itten+Brechbühl获得2004年荷兰医疗委员会"未来医院"创意竞赛冠军

运营物流

第三个议题涉及运营物流与特定的地区约束。预测诊断与治疗量能否确保每个设施有效地运行？例如，不同地区之间出行的分配方案由特定的约束条件所决定。人口稠密的城市地区比人口稀少的农村地区出行更方便。因此与城市中心相比，农村中心更需注重其业务的有效扩展，例如问询护士或耳鼻喉外科医生是否可以在当地全天候工作。

数字化医院

提供安全可靠的数字化基础设施与故障安全备份系统对于医疗健康服务的现代化是必不可少的。除了电子病历之外，对病历中医疗流程的有效信息进行分析、重新设计与监测将成为医务人员乃至患者的有效管理工具。目前电子医疗应用正在全球范围迅速发展，数字化医疗流程也将成为其研发的主要内容。医院确保组织透明性与获取信息的便捷性是非常关键的。毕竟亨利·普卢默（Henry Plummer）博士已于1907年就引入了"集中式病历"理念——一种可独立存储、便携式的新型病历管理模式。这种病历可通过气压输送管高效运输并管理。

医院建筑规划

下一步是确定医院项目的范围与床位数以及建筑组成要素。这包括预测功能空间与床位数、排除其他干扰因素、进行合理"情景预设"。针对具体讨论的医院建筑，这项工作以不同的概率级别对其功能空间与床位数的范围进行预测。这些信息足以确定医院核心所需的最少床位数。例如，结论可能是："在未来10~15年里，该医院至少有300张病床和10个手术室能够得到有效利用。除此之外可额外增加20~100个床位，以及2~4个手术室。"根据其是否愿意承受产能过剩、财务资源以及额外设施潜在用途等风险，医院可以在300~400个床位与10~14个手术室的范围内，针对特定科室做出明智选择。从建筑学角度来看，可以将通用部分（如护理设施）分散布置于其他建筑中，从而形成"无形的"部分。而且它们能够更好地融入普通的非医疗建筑中。

古鲁·马尼亚，科莱特·尼梅杰，科尔·瓦格纳

医院设计：医疗流程

医疗设施再分配与标准医院设计的"分解式"设计形成了具有多访问点的医疗健康网络。从传统医院的角度来看，这似乎强化了医院的分散性。但是，从患者角度来看，传统医院中服务与医学专科的集中不能有效缓解患者在科室转换过程中产生的心理不适感。

在医院就诊期间绝大多数病人与医务人员之间的交流很短暂，有时仅有5~10分钟。医生要在很短时间内调出患者病历，诊断其症状并提出、分析与选择针对患者的后续诊疗方案。从医务人员角度来看，每次诊断都是一个独立事件，并且主要涉及他们的专业化知识。"理想情况下，医务人员为患者制定治疗方案之前，会花费许多时间查看患者病历中以往医生对其的诊断内容。最坏的情况是，诊疗计划的不连贯与溯源性特点，给患者带来不可避免的安全性问题与临床治疗/测试失误。"[43]另一方面，对于患者而言，必须意识到治疗是一个持续的过程，他们只有治愈了才能更好地生活。总而言之，医患诊断构成了治疗过程中各个阶段的生命纽带。

人们越来越意识到患者参与诊疗过程，以及提高过程中医患之间安全性与协调性的重要性，这推动了20世纪八九十年代"医疗流程"的发展。使其成为提高医疗流程可预测性、合作性与协调性的最有效机制之一，以及改善医疗服务品质的重要工具。《国际护理杂志》（*International Journal of Care Pathways*）编辑在2012年总结道，这种医疗流程"具有极大的吸引力，以至于在激烈竞争中，医院领导提出不用将时间浪费在检验其有效性"。[44]它的使用极大地提高了各医疗流程的协调性，同时促进了医务人员与患者家属之间的沟通，便于患者的基础护理以及对其出院后的随访。[45]当然，通信技术是成功实施医疗流程的前提条件。

医疗流程代表了一套循证化、精简化以及标准化的医学过程，用于特殊疾病的诊断与治疗；它也可以作为优秀的实践参考，减少不确定性以及缩小误差范围。医疗流程可以改善对协议与法规的依从性，有效降低成本，更好地监测效果，促进诊断与疗法的持续优化，以及实现容量利用率的最大化。同时也有助于新疗法的开发与测试。最重要的是，它还是指导与检验医疗设计中规划与设计决策的有效工具。

医疗流程开发与部署是一个复杂过程。不仅涉及各种疾病，也与医疗专业人士对"优秀实践流程"的评判标准与可靠度能否达成一致有关；这些决定了干预措施与效果之间的关系，以及收集有效数据并进行监测分析过程中的实际挑战。因此，探索用于开发医疗流程的标准方法是一个漫长的前进过程，需要投入大量时间与精力。诊断与治疗新方法的研发可能会对医疗流程的实施进行调整。因此，医疗流程作为医院规划设计工具有着潜在的优势，但这种优势可能会因发展中所涉及的复杂性、长期性以及多次迭代而被削弱。

因此，在对医院规划、流程优化与空间利用最大化的相关问题进行分析时，我们对医疗流程采用逆向分析的方法。其中包含三个步骤：

1）收集、合并、验证并分析所有患者的有效数据，从而通过按顺序回顾每个患者、每次患病/诊断的记录来重现患者所经历的诊断过程；

2）制定每个科室（住院部与门诊部、手术室、重症监护室、急诊室、实验室、放射科等）设备长期的容量使用率模式；

3）将帕累托法则（"二八定律"）应用于诊断/疾病层面的患者流量分析，将流程分析范围限制在一组最重要的疾病/诊断中。

一旦获得有效数据，就可以在不同的数据粒度级别上分析随时间推移的容量使用率变化。范围可从单一的房间/科室到独立的专业科室，最后再到整个医院层次上具有可互换设施的科室群体。该分析考虑了差异化的需求，因此某些诊断与治疗（如在临床神经生理学中、心脏应激试验或尿动力学检查、眼科激光治疗等）都需要特定空间。就像耳鼻喉科、眼科与泌尿科等专业需要专门配备门诊部门。而其他专业可以使用相对通用的门诊部；例如，外科、骨科与整形外科可以使用可互换的门诊室，心血管科与肺科也一样。一旦明确科室以往的使用模式，就可以基于患者实际使用数据进行方案模拟，预估设施的未来使用需求。

例如，在进行这种使用率分析之前，一家荷兰医院估计需要290个门诊病房、10个手术室与450张病床。门诊部门的使用情况分析显示，门诊同时预约数量从未超过177个，并且在99%的测量点观察到最多可以同时预约144个（在每三年所有工作日时间内的测量时间节点间隔是一分钟）。

手术室与住院科室的类似调查结果表明总容量需求下调至150~170个门诊病房、8个手术室与325~350张病床，这表明医院总建筑面积实际可以减少25%以上。因此，使用率分析是确定每个设施允许容量以及判别容量优化时机的有效工具。基于这些分析确定的合理优化并没有将优化影响考虑进去。但在分析最后一步应考虑到这一点，即对每一个诊断/疾病（医疗流程）的患者流量进行分析。

患者流量分析与设施使用率分析使用了相同的数据集，但这是从个人诊断的角度进行分析。然而，典型医院的治疗中会面临多种疾病，但无法对所有疾病进行分析。我们发现，典型医院的成本和治疗量与所治疗疾病数之间的关系都遵循了帕累托法则（"二八定律"）。换句话说，在典型医院中大约20%的疾病诊疗占据约80%的病床、收入、成本以及设备使用率。具体来说，这相当于在那里治疗的1500多种疾病中就有300种占据了医院80%的资源。从单独（子）专科来看，对应需分析5到20种疾病中患者流量与就诊流程。就患者流量而言，只分析8个心脏病与12个耳鼻喉科疾病的诊断病例确实是比分析所有疾病的病例更有效。当细分到血液学、内分泌学与肾脏学、传染病等分支学科时，仅分析50个可代表80%内科的诊断病例也是可行的。

通过患者诊断流程的分析，将患者的实际诊疗过程与实践中的优秀医疗流程进行比较。例如，中耳感染的理想流程包括门诊预约、医生诊断、治疗（抗生素或住院患者入院以及插管手术）与门诊后续预约——共需要4~5个步骤。这些流程越均匀紧凑，医院的使用效率就越高。

结合患者诊疗流向与实践中的优秀医疗流程进行分析，可以深入了解医疗服务的质量（包括可预测性、有效性、从诊断到治愈的总时长、并发症、再入院等）以及如何优化医疗流程的策略。优化可以通过删减步骤、调整路径顺序、缩短单一步骤时长与步骤之间的间隔时长，以及监测最佳实践的依从性等方面来实现。

　　考虑到基于数据处理的医疗流程分析在去集中化决策、基于实践的设施组成与设计选型、方案规划以及容量与成本优化等方面具有巨大潜力，因此医疗流程分析必将成为医院设计过程中必不可少的环节。

图表的符号与颜色

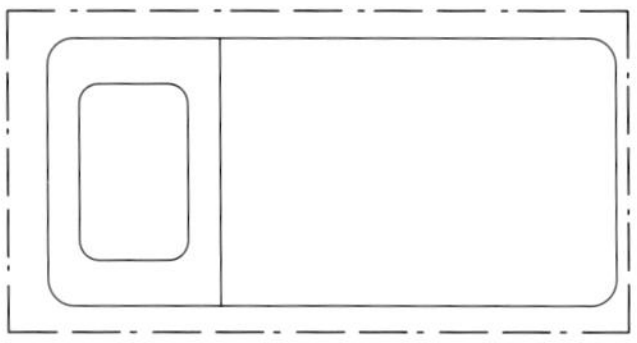

病床

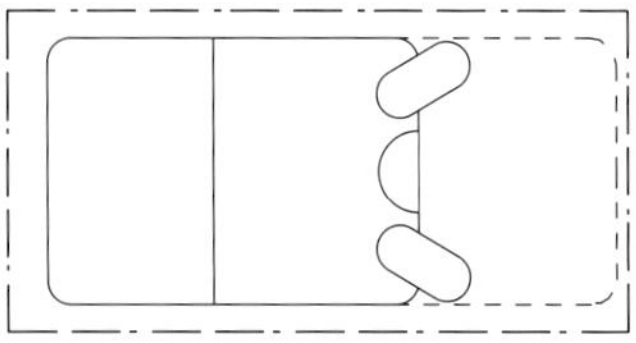

分娩床

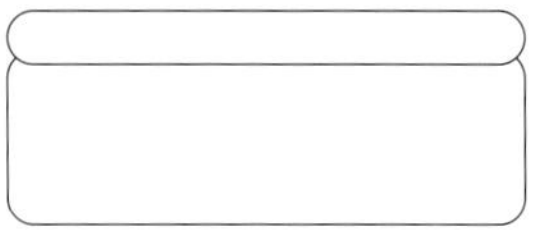

内置/沙发床

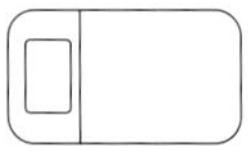

摇篮/恒温箱

带有洗脸池、酒精配剂器和具有
医疗设备存储空间的盥洗台

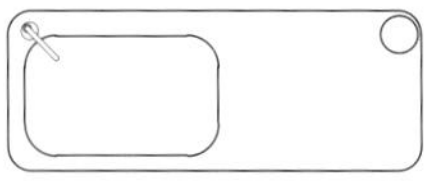

带婴儿淋浴功能的橱柜和带医疗
设备储藏空间的盥洗台

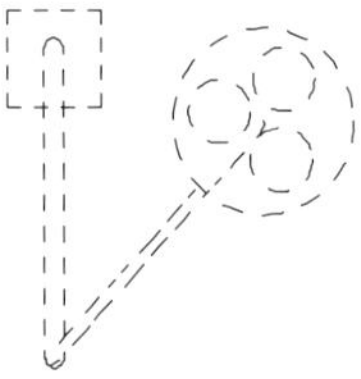

医疗挂件——检查灯

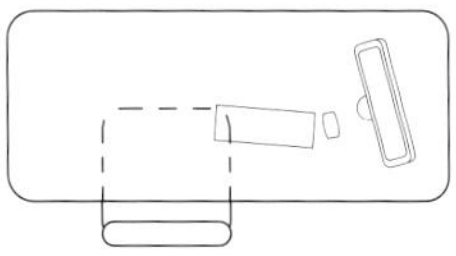

有（计算机）工作站的办公桌

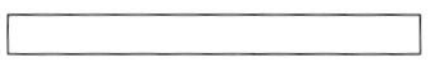

医院床头板

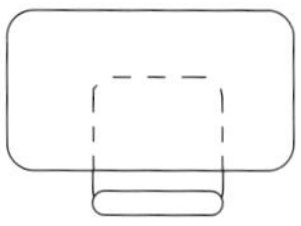

带椅子的办公桌

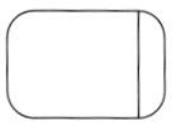

带锁的病人柜

床头柜

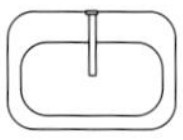

洗脸盆

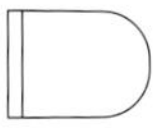

马桶

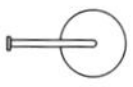

淋浴头

（计算机）工作站/台式电脑

智能推车

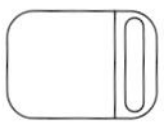

医用推车

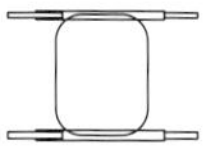

助步车

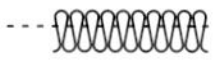

窗帘

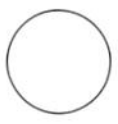

医疗凳

椅子

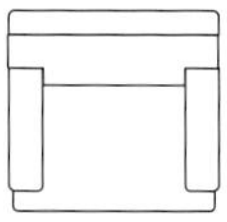

可伸缩的母婴椅

部门		功能区		
	公共区		接待处	
			等候区	
	门诊部		检查室	
			咨询室	
			家属区	
			办公区	
			后勤医疗供应区	
	医技部和先进的诊疗设施区		医疗区	污洗
			手术室	后勤医疗供应区/仪器准备室
			等候/准备和恢复区	手术静压室
			家属区	仪器准备静压室
			员工设备间和办公区	
	普通住院部		普通患者病房	病房卫生间
			复苏区	护士办公室
			医务人员区	后勤医疗供应区
			母婴同室区	
	专科住院部		专科患者病房	
			水闸	
			医疗干预区	
			母婴同室区	
			护士办公室/督导室	
			后勤医疗供应区	

古鲁·马尼亚，科莱特·尼梅杰，科尔·瓦格纳

流程与空间：以产科为例

医院组织分娩护理流程的方式决定了它们所需的空间类型、数量以及空间之间的关系。反之亦然：一旦这些空间建立在一个特定的结构中，它们就能有效地决定分娩护理流程。因此，设计这些空间的建筑师需要对各种分娩护理流程和选项有基本了解。本章以相对独立的医院部分——产科为例，阐述流程与空间之间的相互关系，产科一般与医院其他区域隔离，而且出于安全考虑，通常也与外部世界隔离。

据报道，14岁以上的女性比男性更为频繁地接触医疗界，至少在美国家庭中，她们做出的大部分决定都与医疗健康有关。女性对医院的满意度越高，她们（和她们的家人）就越有可能再次选择这家医院。[46]因此，许多医院都特别重视产科，因其与分娩喜事相关，故赋予其核心角色。

产科单元可以通过多种方式进行规划，但必须尊重一套基本原则。英国卫生部规定：不论护理的环境与模式如何，主要目的是在一个舒适、轻松的环境中为母亲和婴儿提供安全的护理，促进正常生理过程。尽可能实现隐私的自我管理，提升家庭的愉悦感。[47]

保障安全是产科的基本要求之一：所有的来访者都要受到监控，这就要求入口有人看守且限制入口的数量，使产科作为一个独立的单元。同时应该建立一个健全可靠的婴儿安全系统，比如婴儿标签、闭路电视、报警床垫等。[48]

病人、访客和工作人员

孕妇即使在分娩时也不算是生病，不应被当作病人对待。她们去医院的唯一原因是需要 一个安全可靠的环境，在那里有医疗专家和技术可以处理潜在的并发症。即使在像荷兰这样有着长期在家分娩传统的发达国家，越来越多的女性也放弃了这种做法，因为她们越来越意识到这种做法存在潜在风险，尤其是在分娩期间需要转诊的情况下。[49]除了母亲和婴儿外，产科还需要考虑家人、朋友和亲属的探视。医院的一些产科病房由助产士监督与管理；医疗专家和护士对其他人员负责。

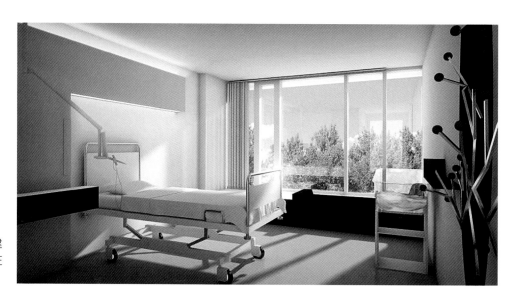

荷兰海牙哈加（HAGA）医院分娩室，MVSA建筑事务所设计，2016年。产科病房采用了循证设计研究的结论，如增加室外绿化

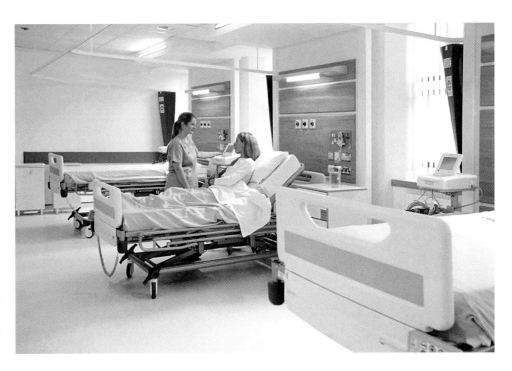

英国贝尔法斯特的安特里姆妇产医院（Antrim Maternity Hospital），RPP建筑事务所设计，2011年。产科病房的翻新设计了明亮的空间和部分墙壁的木质覆层

空间

由特定的产房（或套房）和常规的产后护理病房组成的产科病房，逐渐被设计成普通的、家庭或旅馆式的环境。"参加产前检查通常是女性第一次接触医疗设施，该设施应该看起来有吸引力且便于使用。安静、轻松的氛围将保持妇女的信心和尊严。伴侣、朋友或其他家庭成员，包括孩子，都可以陪伴她，因此在规划等候区时应考虑提供游玩区、饮水区和卫生间。墙壁装饰应该是非临床性质的，不应装饰医学图表"，这样有助于营造一种"欢迎与非正式的气氛"。[50]产科病房还提供怀孕评估与紧急会诊空间，因此设有会诊室和检查室、超声室或可移动超声诊断设备及等候区。由于会诊的性质往往比较紧张，最好是与产房和产后病房位于不同地方。

产房作为妇产科的核心，需要为分娩提供像家一样自在的环境。"这里的环境应该尽可能地非临床化，拥有舒适、非机构的氛围感，并且在隐私方面能够自我管理。产房设计应使妇女对分娩流程有一定的选择和控制，使其正常进行，并欢迎家庭成员的参与。"[51]例如，维舍（Wischer）指出，与其把空间按照线性序列组合起来，不如将产房中的各种功能集合起来，从而实现类似于家庭的设计；特别需要考虑的是，家庭的地位不应该被遗忘。[52]这些建议得到普遍认可。如果出现并发症，需要手术室和儿童复苏的设施，即使在产科手术室，适宜的家庭环境也是必不可少的，因为女性在剖腹产过程中要保持清醒，并且需要伴侣陪伴。因此，室内配色和照明应营造轻松的氛围，但照明不应影响临床功能。[53]

不同产科病房的大小与技术复杂程度差别很大。最初的一些模式是根据不同的分娩阶段划分，比如分娩期间的单人或共享病房、产后恢复、分娩套房，以及在发生并发症时的手术干预或（计划）剖腹产、患病新生儿的新生儿套房。将这些部分集中在产科病房的特定区域（或在手术室病房外）。

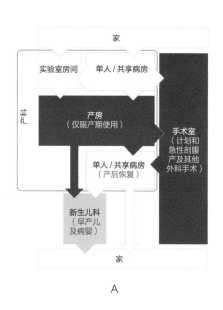
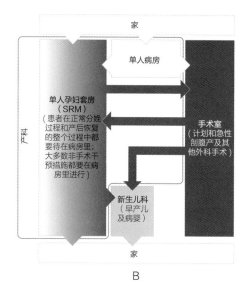
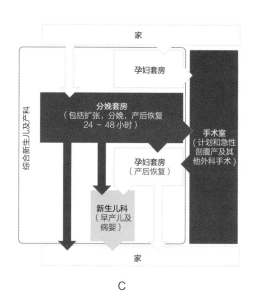

A   B   C

分娩过程和产科空间

A. 分娩过程的碎片化会导致孕妇跨越不同的指定区域，对护理质量和患者体验产生不利影响（由于多次转移、缺乏隐私、痛苦和失去控制）。

B. 单室产科病房消除了转诊的需要（急性外科手术除外），但增加了医院成本（超大和利用率不足）。

C. 这个模型结合了前两个模型的有利方面，使患者感到友好、成本得到可控成为可能。需要专门医疗护理和干预的分娩阶段是在高技术环境（分娩套房）中进行，而产后恢复是在相对标准的病房中进行。

较新的分娩和新生儿护理模式侧重于减少孕妇在分娩过程中经历的转移次数，以及优化患者体验。其中一种模式提倡从入院到出院（不包括因并发症或计划剖腹产而进出手术区），所有与分娩相关的流程（包括恢复期）都可以在产房进行。这些房间称为产科单间病房（single-room maternity，SRM）。尽管这种模式代表着向以病人为中心的护理迈出了一大步，但事实证明它相当昂贵。产科单间病房不仅需要为正常分娩过程的每个阶段配置完整的设备，而且还需要额外的设备以防出现并发症。大多数设备需要永久安装在产科单间病房中，少量的可移动设备被存储在一起，在需要时带进来，这就要求产科单间病房相当大。由于母亲和孩子将在整个护理期间占据这些大套房，因此大部分设备和空间未得到充分利用。大型产科单间病房的特点是产科覆盖了大片区域，分娩过程和医疗团队比以前分散得更远，这可能导致分娩流程的碎片化和团队协调的复杂性增加。如果出现并发症，团队到达病房或将产妇送往手术室所需的时间也会增加。由于分娩和产后恢复缺少区域划分，以及零转移原则，创伤并发症甚至产后死亡造成的悲痛情绪会极大地影响到隔壁顺产的喜悦情绪。情绪的不协调混合会对两边患者产生不利影响。

最新的护理模式结合了产科单间病房和旧模式的优点，包括产房、分娩套房和康复室。分娩和较长期的恢复过程发生在家庭或类似家庭的产科病房，而通常持续24～48小时的开指、分娩和产后恢复发生在专业的、高科技的分娩套房。通常情况下，分娩套房和产科套房都为产妇的陪护者提供住宿设施。这个新模式将新生儿科与妇产科结合起来，为生病的新生儿提供新生儿套房（类似于产科套房）。不像传统的新生儿科（在一个大房间里有多个婴儿），这个模式是每个婴儿单独一个套间，不仅配备了一个恒温箱与其他必要的设备来支持和监测婴儿的重要身体特征，而且还为产妇提供住院床。新生儿套房的复苏设备可移动，也可集成在套间中。

患病的母亲和健康的婴儿可以住在产科病房，健康的母亲和患病的婴儿可以住在新生儿病房，而患病的母亲和患病的婴儿（这是相对罕见的情况）同时出现时，只需将她们送到分娩套房就可以恢复健康，因为分娩套房已经完全有能力应对这种情况。

新生儿科与产科的整合，体现了医院配置在空间和组织方面发生重大转变，尽量减少母亲和孩子（以及母亲的陪护者）分离。该模式重视患者在护理过程中的参与，因为制定决策、影响环境、目睹和理解医疗流程有助于患者的身心健康。例如，如果婴儿需要复苏、插管或其他挽救生命的医疗干预，最好是有父母在场的情况下进行。但是有些医院把婴儿复苏室和产房分开。然而，对于父母而言，为防止婴儿意外死亡或剧烈持续的伤痛，让其知道医院正不遗余力地降低伤痛或挽救婴儿生命显得尤为重要，因为这可以帮助他们度过哀伤的过程。

产科/典型的新生儿套房：母婴同室区（绿色）、病人区（黄色）、医务人员区（棕黄色）、病人浴室（蓝色）

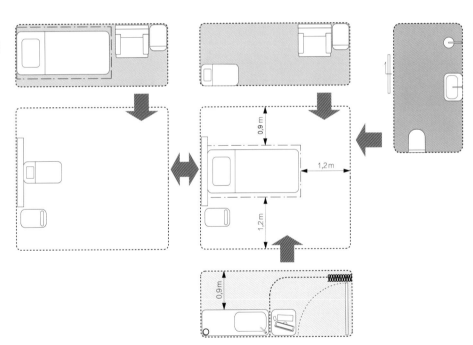

产妇/新生儿套房的布局

A. 婴儿住院时的情景：病床放置在医院的床头板的下方，摇篮放在旁边；一张可延长的椅子为母亲的陪护者提供临时住所。
B. 婴儿住院时的情景：摇篮放置在病床床头板下，母亲（如果健康的话）睡在旁边的患者床上；母亲的陪护者有时被安排在一张可延长的椅子上。

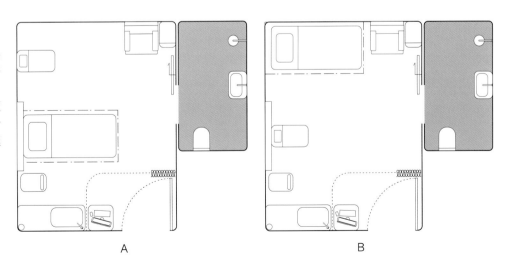

A   B

产科病房正从以流程为导向和以专业为中心的设施演变为侧重以病人和家庭为中心的护理设施。这种改变也发生在其他领域，并且医院设计必须考虑到许多的变化，比如数量、类型、不同功能结构、医疗技术和流程、文化需求、经济限制。这些变化持续影响整个建筑使用周期，但不需要进行重大的结构调整。

基斯·德维特和劳拉·布劳参与本章写作。

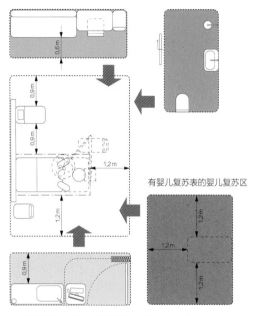

有婴儿复苏表的婴儿复苏区

典型配置的产房：母婴同室区（绿色）、病人区（黄色）、医疗人员区（棕黄色）、婴儿复苏区（粉色）、病人浴室（蓝色）

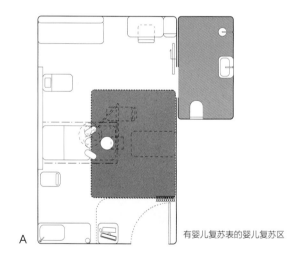

A 有婴儿复苏表的婴儿复苏区

产房的布局备选方案

A. 婴儿复苏区位于室内：父母在场的情况下，产房有足够的空间抢救生命，可以进行复苏。这个方案的缺点是需要额外的空间（额外的投资和运营成本）。

B. 婴儿复苏区在单独的房间：婴儿的复苏在一个单独的房间里进行，多个分娩套房使用一个复苏设施。这种选择的缺点是复苏发生在父母看不到的地方。

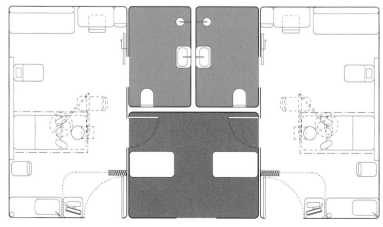

B 有婴儿复苏表的婴儿复苏区

疗愈环境的循证设计

科尔·瓦格纳

挪威奥斯陆的阿克斯胡斯大学医院（Akershus University Hospital），C. F. Møller建筑事务所设计，2008年。艺术有助于寻找方向和提供身份认同

如果医院的每一个方面都能激发所有病人的完美体验和感受，如果它被改造成一座能了解我们所有需求的建筑，照顾我们并监测我们所做的一切，同时预测下一步的需求，让我们尽可能感到舒适，那将会怎样呢？如果这种情况发生，那循证设计肯定会对其做出贡献，因为人们会认为循证设计可以提供科学有效的建筑解决方案，满足人们的所有需求。

循证设计是一个相对较新的概念。1984年，罗杰·乌尔里希（Roger Ulrich）教授发表了一篇文章，使其声名鹊起，到目前为止，几乎所有医院在设计时都会参考这篇文章。乌尔里希证明了窗外景观是如何影响病人健康结果的。[54] 能够看到绿色、自然风景的病人使用的止痛药更少，而且能更快出院，与那些只能盯着一堵砖墙的病人相比，他们对自己在医院度过的时间更为乐观。在很大程度上，病人房间的景观是在建筑设计阶段所决定的，也就是说设计影响健康，并以此扩大了既定的建筑和城市对卫生条件的影响。循证设计说明了现在普遍接受的事实，即患者的个人经历和情绪对他们的康复过程有直接影响，这进一步提高了我们对心理（感觉、经历、感知）和身体（可以明确识别与测量的医疗结果）之间密切联系的认识。人们对这一联系的热切关注甚至被形容为"类似宗教复兴"。[55]

2003年，健康设计中心（the Center for Health Design，CHD）副主任、得克萨斯州农工大学建筑系教授柯克·汉密尔顿（Kirk Hamilton）表示，"在研究和项目评估的最佳可用信息的基础上，循证设计师应与知情客户一起做出决策"。[56]健康设计中心使用了类似的定义："循证设计是在可靠的研究基础上对建筑环境做出决策，从而达到最佳可能结果的过程。"[57]由于这些结果直接或间接影响健康，因此创造一个疗愈的环境被看作一种"互补的治疗方式"。[58]专门从事医院建筑设计的HKS公司负责人莫里斯·斯坦（Morris A.Stein）认为，"……如果不是特别重要的医学技术，循证设计近乎等于为适应产品技术的设计"。[59]

将设计建立在科学基础上的愿景并不是什么新鲜事。正如下一章所示，最早以治愈人类为目标而建造的医院就提出了这样的愿景。追溯到18世纪，自然科学也不是唯一可靠的有效知识来源。循证设计的不同之处在于它注重实际测量效果以及医疗健康设计对个人和患者群体的影响与健康结果。

循证设计研究是如何操作的？选择医院的某个特定区域，比如候诊室，通过确定其使用者，可以作为一个典型案例。主要目标是评估他们受环境影响的方式。这就解释了为什么环境心理学在循证设计发展的第一阶段发挥了主要的作用。汉密尔顿认为，到目前为止，"……几乎有无数的潜在信息来源可用于循证规划"，其中包括信息技术、物流、食品服务和绩效改善。[60]事实上，从事这一课题研究的学科门类繁多，产生了一定的问题，正如荷兰循证设计专家菲奥娜·德沃斯（Fiona de Vos）所言："尽管不同领域的贡献不同，但它们的贡献同等重要，而在不同的专业领域，人们对彼此的工作互不了解，这就导致了对现有数据和知识的利用不充分。"[61]

大多数关于不同医院领域的研究项目在本质上是类似的。人们对这些领域的物理属性、空间和社会方面的反应可以通过各种方法进行评估，从患者的问卷调查到健康统计数据分析，在理想情况下，可以确定出各种设计解决方案；在实践中，他们之间的比较研究通常局限于某一个方面。具有相同特征（年龄、性别、教育程度、疾病类型、治疗类型）的患者群体可以在不同的医院中找到，这些医院在患者使用的空间提供了广泛的设计解决方案。尽管环境中的许多变量可以使研究复杂化，但是，原则上来讲，研究结果的差异性与特定的建筑环境质量有关。如果将医院的病人搬到新的建筑或对现有建筑进行部分改造，科学家在病人入住后的评估中比较这些变化的影响，那么这些患者可以作为理想的研究对象。

压力被认为是影响健康状况最重要的一个因素，压力因素包括"不确定性等待引发的焦虑、易清洁保养的饰面产生的劣质音响效果、难闻的气味、刺眼的灯光、在迷宫般的走廊里找路的困难、过多的标志和杂乱的通知"。[62]人们已经确定了五个可能减轻压力的主要方面：与自然的联系、患者做出选择的能力、社会的支持、转移和消除环境压力源。[63]建筑设计有利于改善这些方面。正如查尔斯·詹克斯（Charles Jencks）所言，安慰剂效应可能是在设计干预的结果中发挥作用。[64]除了减压之外，病人的安全和员工的满意度也是人们关注的问题。

一些例子可以说明循证设计的研究结果。对所谓的"新式候诊区"的分析从三个假设开始：它能让病人处于较好的情绪，使得病人的满意度提高，从而产生对特定设计特征的积极评价。最重要的结论是："……新式候诊区产生的疗愈效果不仅与自我减压有关，也与脉搏频率的增加有关。这种频率的增加符合对新式候诊区的评估，认为它具有增加疗愈功能的潜力。因此，正确的设计不仅能减少患者压力，还能增加患者的正向反馈。相比之下，许多传统医院设计给患者传达的信息是正向反馈不足、被动承受压力。"[65]

阿克斯胡斯大学医院。使用天然材料使医院的外观看起来亲切柔和

一项对英国国家卫生服务医院使用色彩的分析表明，颜色偏好与对颜色和谐的体验超出了个人品位的范畴。白色和浅色一般意味着卫生和清洁。研究发现，黄色在产科病房很流行，而在皮肤科应该避免黄色，因为它会妨碍医生的诊断。蓝色和绿色表示冷静，但在精神病房中容易导致抑郁。心脏病科不应使用蓝色，因为它妨碍对患者的病情诊断。[66]此外，对色彩的体验也受到文化背景的影响：在西方的大部分地区，黑色代表死亡；而在日本，白色代表死亡；红色是中国人的吉祥色彩。其他因素也会起作用。得克萨斯州农工大学的一项研究得出结论，大多数孩子都喜欢蓝色和绿色，而不喜欢白色；女孩比男孩更喜欢红色和紫色。[67]

此外，医院室内外绿色植物的设置、自然景观的欣赏和对单人病房的强烈偏好已经成为循证设计的主要内容。有些建议措施易于实施且不需要进行重大建设工作。比如，洗手液盒放床头，通过HEPA过滤器改善空气质量，顶棚安装病人升降机（减少护士在运送病人时受伤的风险），降噪，高性能吸声顶棚，选择音乐或者艺术品和虚拟现实图像分散注意力，最后，设计明晰的寻路系统。这些指导原则不一定局限应用于新的建筑。除了这些措施外，还应提供单人间、供家庭过夜的独立空间、适应急症护理需要的房间（以减少将病人转到其他科室的需要）、有双门通道的大浴室（以防止跌倒事故）和分散的护理站。[68]带大窗户的单人间可能也有积极的影响。[69]对采用循证原则或提名的医院设立了若干特定证书，例如加拿大的"年度绿色医院奖"，以表彰其对绿色植物的利用。

投资基于循证设计启发的建筑方案在经济上可行吗？为了回答这个问题，进行了多次使用后评估（POE）。最初所谓的"寓言"医院是在2004年提出的一项倡议，旨在基于循证设计方针，展示医院设计的创新组合。其创造者声称，在医院的投资可以在一年内收回成本。2011年推出的"寓言2.0"是一个拥有300床位的虚拟机构，取代了有50年历史的医疗设施，对可能产生的节省成本采用了更为保守的计算方法，并设想了三年的盈亏平衡期。通过改善患者的体验来提高医院的绩效投资——对患者的康复过程有积极的影响，可能比较昂贵，但也可能建立"满意的患者和利润之间的联系"。[70]

得克萨斯州农工大学健康设计中心（Texas A & M University's Center for Health Systems & Design, CHD）是医学院和建筑学院的合资企业，现已发展成为循证设计最有影响力的机构。其研究成果发表在最著名的卫生保健设计杂志《健康环境研究与设计》（Health Environments Research & Design, HERD）以及《循证设计杂志》和《世界健康设计》上。与设计无关学科的科学家也进入了这个领域，他们的研究成果发表在《环境心理学杂志》《全面质量管理杂志》（TQM Journal）和《环境与行为》上。建筑师可以获得循证设计认证（Evidence-based Design Accreditation and Certification, EDAC），即循证设计方面的专家培训。

尽管乌尔里希教授的发现支持了建筑师们普遍认为的建筑可以对医疗结果产生积极影响的观点，但循证设计在业内仍然是一个颇具争议的现象。因此，该学科的支持者将注意力转向了医院管理者，而不是设计人员。此外，只有很少的循证设计从业者被训练成建筑师，他们大多是环境心理学家。汉密尔顿（Hamilton）是一位少见的将建筑学与循证设计结合起来的医疗专家，他解释道："科学是研究在现实中可以观察到的原理、规律、规则或结构，而设计是想象一些尚不存在的东西的行为。"[71] 在《健康环境研究与设计》的第一期中，他就谈到了弥合两者之间差距的必要性。他敦促设计师们掌握必要的技能，以便更好地理解严肃的研究语言。"在大多数情况下……

荷兰海牙哈加医院中的朱莉安娜儿童医院（Juliana Children's Hospital），MVSA建筑事务所设计，2015年。日光对人们的健康和幸福有实质性影响

德国海德堡的国家肿瘤疾病中心，Behnisch Architekten建筑事务所设计，2010年。中庭提供日光，并帮助使用者理解建筑

设计专业人员在重要研究方面的经验很少。因此，设计界的成员往往对阅读和理解过往的研究感到不安。他们不确定自己是否有能力理解学术语言，更不用说批判性解释研究项目的含义了。"[72]

循证设计的结果到底有多适用？里卡多·科迪尼奥托（Ricardo Codinhoto）分析了科学证据是如何启发建筑的（被视为"知识形成系统"），他指出："建筑环境和健康结果之间因果关系不够清晰。在医学研究中，相对于建筑环境与健康的研究，医学实验可以在更大程度上得到控制。……此外，能够影响健康结果的变量和组合的数量非常大，因此不可能进行重复测试。"另一个复杂的问题是"科学文献中对此因果关系的描述缺乏深度，虽然建筑质量可以用文字描述出来，但文字并不总是可以传达视觉和空间现象的本质"。[73]科迪尼奥托（Codinhoto）的结论是"……建筑设计永远不能基于外部证据，而只能通过外部证据来提供信息。之所以得出这个结论是因为每一个设计问题所固有的、独特的语境条件不可复制，在设计一个空间时涉及了很多的变量"。[74]换句话说，科学发现至关重要，但还需要更多。[75]

建筑学是一个不断被迫自我更新的职业，因为它需要适应不断变化的环境，在变化的环境中，建筑学将其核心业务的一部分进行转移，成为适用于其他需求的专门学科，比如建筑施工、管理、监督甚至规划。尽管其中一些工程、建造技术方面的科学特性一直被认为是合理的，但在设计方面却大不相同。然而，人们担心循证设计的固化规则会使好的建筑难以实现，这种担心是没有任何根据的。与其他类型的建筑进行交叉融合可以提高设计性能，例如，在医疗建筑中引入办公楼和商店的创新。

虽然设计师可能倾向于将自己视为创造性天才（这一现象起源于19世纪末），但医疗建筑需要相对理性的设计方法。[76]一些循证设计的倡导者认为，只有在建筑遭到破坏的情况下设计师才会采用理性的方法；主张循证设计的建筑师们认为直觉和创造力之间有明显差异，在医院建筑设计中还有许多其他因素在起作用，这些因素为循证设计与医院设计相融合提供了基础。循证设计真的为建筑设计开辟了新视角吗？它会比我们想象的更令人满意吗？当然，它有助于人们更方便地使用建筑，但不会将居民变成环境的被动接受者。恰恰相反：循证设计最终旨在赋予病人权力，而不是建筑。

建筑类型及其产生

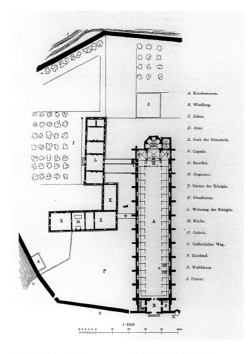

法国托内尔（Tonnerre）的主宫医院平面，1293年。这是为贫苦人民运营的慈善机构，主要为居民提供宽敞的大厅，里面布置很多床铺。治疗患者不是主要目标，虽然医生提供服务，但他们往往对治疗病人无能为力

我们今天所知道的医院很可能会在接下来的几十年中消失，并且该术语的含义可能会发生巨大变化。这种事情在过去已经发生了很多次。医院的类型学及演变简史彰显着这种建筑类型特殊的动态特征。

作为慈善机构的医院

为什么要把病患集中在一栋楼里？集中在一起进行特殊照顾将有益于他们的健康，这种理念追溯到上古时期。希腊人有诊室（Asklepieia），即以神庙为核心的各种建筑的综合体。这些建筑主要用来护理患者。罗马人引进诊所（valetudinaria）治疗患病和受伤的士兵，从而帮助维护国家的军事和经济实力。当基督徒开始将医疗健康视为教会的责任时，人们到诊室和诊所改善身体健康的目标不再强烈。公元325年的尼西亚会议宣布，每个乡镇应该设定特定的地点用以护理病患。这直接导致了救济院的建立。这是一种以教堂为基本形式形成的巴西利卡与病所的结合体。公元816年，艾克斯-拉-亘佩尔（Aix-la-Chapelle）理事会敦促教会设立慈善机构为穷人提供帮助。同时与教堂紧密联系的医院也应给予帮助。这种做法解释了法语词条"主宫医院"（Hôtel-Dieu）的意义。位于巴黎的主宫医院最为出名。从建筑的角度来讲，最有趣的一家在博思（Beaune，1443—1451年）的教堂医院，它现在仍然存在，但早已不再照顾患者。除此之外，还有修道院医院，例如在托内尔（Tonnerre，1293年）和在昂热（Angers，1153年）的修道院医院。所有这些都是用以帮助穷人的慈善机构，而不是当今意义上的医院。

13世纪首先从意大利和法兰德斯开始兴起城市，之后其他地区紧随其后。这刺激了非宗教形式的医疗健康的发展。伯鲁乃列斯基（Brunelleschi）在佛罗伦萨所设计的育婴堂被誉为是文艺复兴时期建筑的首要代表，但菲拉雷特（Filarete）在米兰设计的育婴堂更广为人知。[77]建筑师安东尼奥·阿维利诺（Antonio Averulino），也就是著名的菲拉雷特设计的马焦雷关怀中心（Ospedale Maggiore）于1456年在米兰建立，并取代了当时许多小规模的医院建筑。极富创新精神的马焦雷关怀中心不仅是根据文艺复兴时期的几何设计原则建造的第一家医院，它还要求世俗医生将医院服务的范围扩大

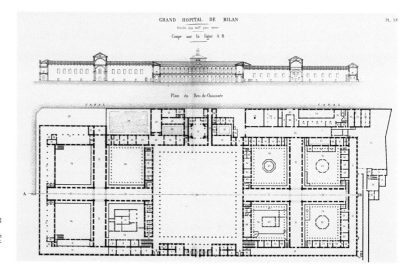

意大利米兰马焦雷关怀中心，菲拉雷特设计，1456年。马焦雷关怀中心是文艺复兴时期建筑的独特典范，它是一所民用机构，打败了教堂作为垄断地位的存在，并成为首批关注卫生条件的医院之一

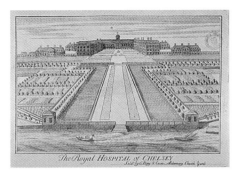

英国伦敦切尔西皇家医院，克里斯托弗·雷恩（Christopher Wren）设计，1682年。这是一家为受伤海军作战人员所建造的医院，由国家创办，雇用了该国最受尊重的建筑师之一雷恩设计了一座带有大型中央庭院的宽敞建筑

英国伦敦格林尼治皇家海军医院，克里斯托弗·雷恩设计，1694年。1688年光荣革命之后，大英帝国的崛起也使海军及其所有机构不断扩大

英国普利茅斯附近斯通豪斯（Stonehouse）的皇家海军医院，亚历山大·罗夫海德设计，1764年。这是第一所带侧廊的医院，罗夫海德的设计是19世纪和20世纪初主要的医院类型实例

瑞士伯尔尼的小岛医院，弗朗兹·比尔设计，1724年。侧廊医院的典型例子

到神职人员所能提供的有限范围之外。值得注意的是，在那段时间里，菲拉雷特同时注意到了建筑物的卫生状况。在此期间，城市中的一些地方通常用作照顾患有传染性疾病的人，在建筑密集区之外为他们架设简单的营房，以防止疾病进一步传播。

在18世纪，政府作为医院建设的拥护者加入了教堂和城市的队伍。政府将其人口视为其繁荣与军事力量的主要支柱之一，因此主要集中于军事医院的建设。这一战略让人回想起罗马建造的病所。

克里斯托弗·雷恩爵士设计的伦敦切尔西医院（The Chelsea Hospital）（1682年）和格林尼治皇家海军医院（Greenwich Royal Naval Hospital）（1694年）为医院设计铺平了道路。皇家海军医院的侧翼分为两个独立的病房，两个病房在两侧相连。亚历山大·罗夫海德（Alexander Rovehead）通过将侧翼分成独立的部分，使得普利茅斯附近的石屋皇家海军医院（建于1756年至1764年）的设计更迈进了一步，医院的庭院面向大海敞开。

建设民用医院逐渐成为地方一级卫生政策的手段。与军用医院不同，民用医院把重点放在穷人身上。在某些情况下，他们不得不将街上闲散的贫民收容至收容所内。这些机构不仅为慈善事业服务，更是为了保障社会的安全和经济。在短短的几十年中，建造了数十座医院，特别是在德语国家，侧廊医院在这里首次出现。尽管后者通常较小，但它们的设计却与其他有代表性的建筑物相呼应。瑞士伯尔尼的小岛医院（Inselspital）是此类设计中的第一个案例。由弗朗兹·比尔（Franz Beer）设计，建于1718年至1724年之间。病房位于长走廊的两侧。开放的空间使这座相对较小的建筑物只能容纳45名患者，外观友好且通风。[78]柏林的一所慈善机构效仿这种形式，可容纳200名患者。该机构成立于1727年，面积很大，并以大量方形平面为设计基础。机构的走廊环绕着一个开放庭院，并连接病房，病房的外面各有10～12张床。这种模

德国柏林的查瑞特（Charité）医学院，1727年。最初是为感染传染性疾病的患者在城市边界之外的区域提供庇护所，后来改建成了教学医院

奥地利维也纳的综合医院，约瑟夫·盖尔（Josef Gerl）设计，1784年。大型医院的早期案例，该医院由围绕花园的长方形建筑物组成，病房位于中央走廊的两侧

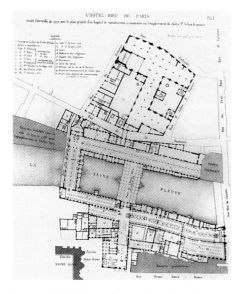

法国巴黎的主宫医院，18世纪中叶（大火之前）。经过无数次扩建，该医院已成为穿越塞纳河的迷宫般建筑群。即使如此，它的容纳量仍然达不到要求，导致人满为患，加上生活条件恶劣，导致死亡率很高

式在维也纳由约瑟夫·冯·夸林（Joseph von Quarin）构思的综合医院（Allgemeines Krankenhaus）达到了顶峰，约瑟夫·冯·夸林在那里当医生时得到建筑师约瑟夫·杰尔（Josef Gerl）的协助，制定了基本的设计原则。他们选择对现有的疗养院进行翻新，并将其改造成为可容纳不少于2000名患者的疗养院。[79]

在文艺复兴时期，科学家开始质疑医学相关的传统观念。这些观念反映了中世纪对宇宙神圣秩序的宗教理念。与此同时，实证研究却发展缓慢，教学医院试图在人体解剖学领域对学生进行教育。大多数教学医院的核心是解剖学剧院（Anatomical Theater）。"剧院"一词并非巧合：在大多数进行解剖的教学医院中，座椅或长凳分层排列，学生们在舞台的四面八方围坐。在这里，学生们看到医生如何解剖尸体并检查人体的内部器官。最古老的教学医院建于1594年的帕多瓦（Padua），至今仍然存在。几个世纪以来，解剖是找出人体运作方式的唯一途径。特定器官的标本存储在玻璃瓶中，最终积累下来的标本通常充满整个房间。鲁道夫·威周（Rudolf Virchow）在柏林的慈善机构工作，19世纪中叶，他革新了病理解剖学，将这一领域确立为医学研究的先锋。

作为医疗机器的医院——疗愈机器

直到18世纪，医院仍是慈善机构，而不是现代意义上的医疗机构，人们也从未期待医生在医院中扮演重要角色，直到18世纪末，治愈疾病才成为医生的主要任务。后来医院逐渐发展，拥有了技术先进的设施为患者提供洁净的空气。当时普遍认为疾病是由所谓的瘴气，即有害气体引起的。统计分析和医学制图是两项重要的科学创新，一方面显示了疾病的发生频率和严重程度，另一方面显示了患者居住区域和身体状况之间的联系。维也纳的综合医院（1784年）最早使用技术改善新鲜空气供应和处理患者接触过的污染空气。

通过对瘴气的科学见解，并受到采矿业开发技术的启发，即确保为矿工提供新鲜空气，法国设计师制定新的布局，可以将其视为医院建筑类型的起源。这项创新发生在动荡的时期：法国大革命前夕的巴黎。建筑师和规划师的目标与革命者的目标在一定程度上重合：他们想废除基于宗教和迷信的社会，取而代之的是基于自然法则、理性秩序的社会。1772年巴黎的主宫医院烧毁后，正好可以换成一家与教堂不再有任何

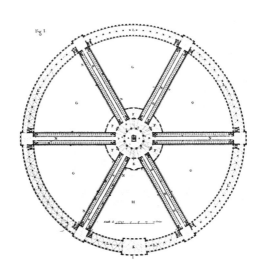

为法国巴黎的主宫医院而设计，安东尼·佩蒂特设计，1774年。医院部分被烧毁后，开明的医生和建筑师齐心协力，设计了许多革命性的医院。这些人确定了患者康复是医疗机构的主旨任务。提供新鲜空气是大多数医院类型的目标，其中包括这种放射型医院

联系的医院。由于旧楼患者的病情很糟，死亡率高达1/4.5，因此，人们普遍支持采用新方法。在1772年到1788年之间产生了200多个提案。大家一致认为，基于自然科学的最新进展的建筑最有可能促进患者康复。设计出来后它们很快被贴上"医疗机器"的标签，最重要的是，医院内部能够提供充足的新鲜空气。

1774年，安托万·佩蒂特（Antoine Petit）提出了一个径向方案，其中六个辐条中的每一个都充当一个风道。佩蒂特在中心设计了一个圆形建筑。其顶部是锥形通风口，这种通风口是他从出版在百科全书上的玻璃制窑炉得到启发。[80]伯纳德·波耶（Bernard Poyet）是政府聘用建筑师，他和克劳德-菲利伯特·科夸（Claude-Philibert Coquéau）提出在西格尼斯岛（the Île des Cygnes）上建一家大型医院的激进计划，并将其发表在《关于巴黎主宫医院的搬迁与重建》（*Mémoire sur la nécessité de transférer et reconstruire l'Hôtel-Dieu de Paris*）（1785）杂志上。[81]该平面的布局像一个大风扇，有16个侧翼，其总容纳量超过5000张床位。

这些圆形通风设备原本打算建立在城市外的自然环境中，但遭到了其他建筑师的反对，他们赞成矩形平面图，因为后者可以更容易地并入城市环境中，以便医院在这里找到其客户，即城市贫困人口。让-巴蒂斯特·勒·罗伊（Jean-Baptiste Le Roy）自1773年以来就一直致力于自己的计划，他要求建筑师查尔斯-弗朗索瓦·维尔（Charles-François Viel）将他的独立医院概念设计出来。维尔设计了一个对称的医院，在庭院的两侧并行布置了11个病区，在它们之间设有较小的院落。该设计于1789年在勒罗伊（Leroy）的巴黎城市历史公园（*Précis d'un ouvrage sur les hôpitaux*）中发布，其中包含最早提及建筑物作为机器的内容。根据勒罗伊的说法，医院应该是治疗病人的特制机器。[82]在他的报告中，他提到了军营中的帐篷以及由朱尔斯·哈多因·曼萨（Jules Hardouin Mansart）设计的马利城堡（Chateau Marly）（1679年）花园中的阁楼。为了确保新鲜空气不断流动，这些阁楼的屋顶采用了矿井的形式。[83]阁楼的类型是由科学学院委员会推荐的，并很快被公认为医院布局的理想选择。但是，建造出第一家阁式类型的医院花费了40多年的时间。那就是马丁-皮埃尔·高泰尔（Martin-Pierre Gauthier）设计的拉布阿谢尔综合医院（Hôpital Lariboisière，1839—1854年）。他是根据科学学院委员会的建议进行设计的。[84]拉布阿谢尔综合医院取得了立竿见影的成就，并公布于欧洲和美国。

为什么要花这么长时间才能实现上述委员会的建议？和以前一样，军事医疗健康的创新为民用领域铺平了道路。在克里米亚战争（1854—1856年）中，英国军队建立了由独立的军营组成的野战医院。弗洛伦斯·南丁格尔（Florence Nightingale）提倡这种布局，并在她的《医院札记》（1859年）中解释了这种布局的优点。在英格兰，道格拉斯·加尔顿（Douglas Galton）采纳她的倡议，设计了伍尔维奇（Woolwich）的皇家赫伯特军事医院（Royal Herbert Military Hospital，1859—1871年）。同时亨利·柯里（Henry Currey）也采用她的建议，设计了伦敦圣托马斯医院（St. Thomas Hospital，1866—1871年）。也许最完美的阁式医院是巴黎的主宫医院，它在1772年发生致命火灾100多年后再次运营。新的主宫医院，由埃米尔·雅克·吉尔伯特（Emile Jacques Gilbert）所设计。坐落在圣母大教堂（Nôtre-Dame Cathedral）前方广场的北侧。该地

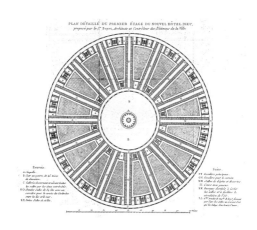

为法国巴黎的主宫医院而设计，伯纳德·波耶设计，1785年。另一种放射形的平面布局

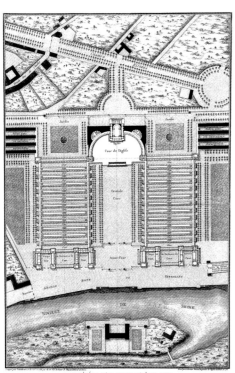

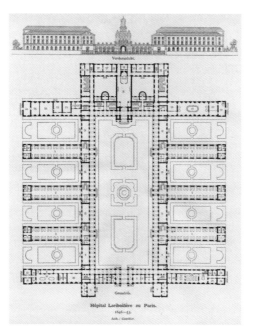

英国伍尔维奇的皇家赫伯特军事医院，道格拉斯·加尔顿设计，1859—1864年。类似于走廊的阁式医院布局，各个翼楼用花园进行隔开，通过中央走廊相连

法国巴黎的Lariboisière医院，马丁-皮埃尔·高泰尔设计，1839—1854年。在阁式医院的概念产生很多年之后，这家医院代表了第一个实际建造的重要例子

为法国巴黎的主宫医院而设计，让-巴蒂斯特·勒·罗伊（Jean-Baptiste Le Roy）和查尔斯-弗朗索瓦·维尔（Charles-François Viel）设计，1773年。选择阁式医院代替圆形医院。该类型已经在英格兰进行了试验并成为主导形式

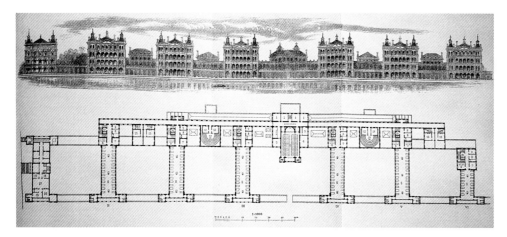

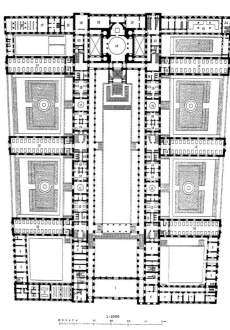

英国伦敦圣托马斯医院，亨利·柯里（Henry Currey）设计，1866—1871年。梳状布局结构，结合了多个相对较大的多层阁状建筑

法国巴黎主宫医院，埃米尔·雅克·吉尔伯特（Emile Jacques Gilbert）设计，1866—1876年。该建筑取代了原主宫医院的类型

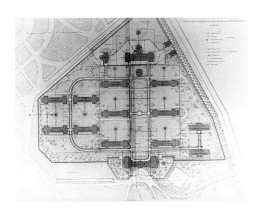

德国柏林的弗里德里希斯海因（Friedrichshain）的市立医院（Städtisches Krankenhaus），马丁·格罗皮乌斯和黑诺·施密登设计，1868—1874年，它是德国医院的一个典型例子。由两名专门研究医院建筑的建筑师所设计

美国纽约布鲁克林海军船坞医院手术室，1900年。当卫生措施和麻醉学的发明改变了手术条件时，医院才开发出特定的空间用以手术。在这之前从未出现过，因此后来称为"医技部"的起源

德国汉堡-埃普多夫市立医院，卡尔·约翰·克里斯蒂安和弗里德里希·鲁佩尔设计，1884—1889年。这个复杂的建筑显示出阁式类型的局限性：建筑物之间的距离太大，无法有效地运行该设施

点是由乔治-尤金·霍斯曼（Georges-Eugène Haussmann）提议的，他负责的城市重建计划使巴黎拥有了著名的林荫大道。

从19世纪末开始，欧洲和美国建造的大多数医院都采用了阁的形制。这样一来，病房充满着新鲜空气，而且通常被葱郁的花园所包围。这种系统非常灵活：医院可以从几个阁式建筑开始，然后通过简单地增加新的阁式建筑逐步扩大。在德国，这种类型的第一个例子是位于柏林的弗里德里希斯海因（Friedrichshain）的市立医院（Städtisches Krankenhaus，1868—1874年），由建筑师马丁·格罗皮乌斯（Martin Gropius）和黑诺·施密登（Heino Schmieden）所设计。1884—1889年间，在德国汉堡-埃普多夫（Hamburg-Eppendorf）建成的市立医院由卡尔·约翰·克里斯蒂安（Carl Johann Christian Zimmermann）和弗里德里希·鲁佩尔（Friedrich Ruppel）所设计，该医院由50多个阁式建筑组成。后面这个示例暴露出该系统的一个主要缺点，即在某种情况下添加更多的阁式建筑时，它们与中心设施之间的距离，比如洗衣房和厨房等，可能变得更长，以至于该医院无法有效地运行。

尽管放射式和亭式都被认为可以满足医院特有的功能要求，但对医院内部空间（如走廊、房间和办公室）并没有具体说明是否满足。1846年克劳福德·W. 朗氏（Crawford W. Long's）引入乙醚作为麻醉剂。1847年，伊格纳兹·赛梅维什（Ignaz Semmelweis）证明了卫生措施在外科手术中的重要性，推动了卫生措施的推广。伊格纳兹·赛梅维什证明洗手可以将因产褥热引起的死亡率降低到1%。在伊格纳兹·赛梅维什的领导下，约瑟夫·李斯特（Joseph Lister）于1867年开始对酚类进行试验，并证明了酚类可降低感染的危险。医院拥有唯一能够进行手术程序的设施。因此，如布鲁克林海军船坞医院（Brooklyn Navy Yard Hospital）所展示的那样，手术室成为第一个只能在这些医院建筑物中才能找到的功能单元。手术室的特点是使用大面积的玻璃，可以在日光下进行手术。通常，玻璃墙朝北以消除直射光与强烈的阴影。外科手术还改变了人们对医疗机构的看法，到20世纪以来，由于医院的感染受到了一定的控制，住院的风险第一次小于在医院外接受治疗的风险。[85]

作为医疗机构的医院

1897年左右，随着X射线机等医疗技术的引入，医院发展成为医疗机构。得益于X射线的使用，人们首次有可能看见活体内部结构，这种昂贵的设备得到有效使用，但需要经过培训。在几十年之内，X射线机在医疗上成为技术垄断。在19世纪，医学取得了长足的进步，医院类型学发生了变化。路易斯·巴斯德（Louis Pasteur）的细菌发现，证明空气污染并不是人们长期以来认为的主要问题。因此，已经不再有令人信服的理由建造阁式医院，建造更多是紧凑型医院。

高层医院

这些紧凑的建筑形式中最令人印象深刻的是美国的建筑类型。高层建筑是对阁式建筑规模的不断扩大以及美国城市中土地高昂成本的回应。主要的高层医院有詹姆斯·甘伯·罗杰斯（James Gamble Rogers）（1926—1930年）设计的哥伦比亚大学医学中

美国纽约康奈尔医学中心，柯立芝、谢普利、布佛芬奇和雅培设计，1933年。与阁式类型相反，美国开发的高层医院非常紧凑。自发现细菌以来，受污染的空气不再被视为疾病的主要原因，人们认为阁式类型已经过时

美国纽约哥伦比亚大学医学中心（长老会医院），詹姆斯·甘伯·罗杰斯设计，1930年。这座高层建筑是纽约那个时代的标志性医院之一

法国里尔市健康之城，保罗·纳尔逊设计，1933年，模型照片。这是一所大型紧凑型医院的示例。在一座散发着现代理性氛围但尚未建成的建筑物中庆祝现代医学的进步

心（Columbia University Medical Center）（长老会医院）和由柯立芝（Coolidge）、谢普利（Shepley）、布尔芬奇（Bulfinch）和雅培（Abbott）设计的纽约康奈尔医学中心（Cornell Medical Center）（1933年）。在欧洲，第二次世界大战之前仅建造了几所高层医院。保罗·纳尔逊（Paul Nelson）为法国里尔市设计了一个大型保健中心，结合医学院、诊所、医院、老人护理院和公寓楼。该综合体的灵感来自哥伦比亚大学长老会医院，并被赞誉为"健康之城"。[86] 然而，这座建筑未能建成，而是由让·沃尔特（Jean Walter）设想的一个项目所取代，这个项目曾以他的名字命名，为巴黎克里希市博乔恩医院（Beaujon Hospital）（1933—1935年）。沃尔特的项目建于1935—1953年之间，其特点是内部交通流线严格分离。这样具有管理上的优势，也影响建筑的规模。尽管规模巨大，但被划分为许多从中央核心展开的翼楼。为了降低成本并提高后勤效率，瑞典建筑师赫赫马尔·塞得斯特罗姆（Hjalmar Cederström）和古斯塔夫·比尔奇–林德格伦（Gustav Birch-Lindgren）开发了一种包含25～35位患者的护理单元类型，其病房可容纳1张、2张、4张或6张病床。这些单位集中在一个8层的大楼中。门诊和治疗区域位于独立但平行的翼楼中，这使

法国巴黎克里希市博乔恩医院，让·沃尔特（Jean Walter），乌尔班·卡桑（Urbain Cassan）设计，1932—1935年。这所医院是美国高层紧凑型医院的欧洲版本，使得沃尔特成为医疗健康体系的专家

瑞士巴塞尔的公民医院，赫尔曼·鲍尔设计，1937—1946年。这是最早综合现代主义的H型医院实例之一

美国加利福尼亚州旧金山的迈蒙尼德斯医院，埃里希·门德尔松设计，1946—1950年。这家医院将加利福尼亚州开放的充满阳光的建筑与欧洲现代主义的抽象建筑特征相互结合

瑞典斯德哥尔摩的南方医院，赫赫马尔·塞斯特斯壮和古斯塔夫·比尔奇-林德格伦设计，1944年。建筑师的主要设计原则是配置"医技部"。门诊部和病房之间有明显区别，他们通常因引入了护理单元而备受赞誉

K型医院，荷兰格罗宁根的基督教医院，扬·皮特·克鲁斯设计，1965年

H型医院，荷兰泰尔讷普市（Terneuzen）的朱莉安娜医院（Julianaziekenhuis），扬·皮特·克鲁斯设计，1954年。H型的形式与主要部门之间有明显区别

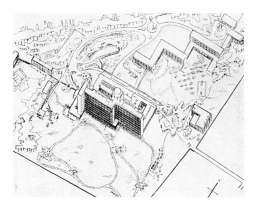

法国圣保罗的法美纪念医院，保罗·尼尔森设计，1945—1954年。该医院因在欧洲引入"宽脚（Breitfuß）"模式而享有盛誉

它们的联系变得容易。这种建筑风格更简单，此类南方医院（Södersjukhuset）（1944年）启发了多个欧洲国家的类似项目。它可以将护理单元重复多次，以达到所需的床位数。在1937年由赫尔曼·鲍尔（Hermann Baur）设计的位于巴塞尔的公民医院（Bürgerspital）中，也可以看到类似的重复扩张。这里的护理病房可容纳1000名患者，由16张病床单位组成，每单元又分为两个六床房和两个双床房。这种集中式布局一方面使得护理、治疗、研究、实验室、办公之间分区明确，另一方面也将医院和大学有效分开。利用加利福尼亚州宜人的气候，埃里希·门德尔松（Erich Mendelsohn）将位于旧金山的迈蒙尼德斯医院（Maimonides Hospital）的病房集中在一个高层楼房中，房间可通往阳台。

新型配置——T型、H型、K型

由于战后人口迅速增长，随之而来的是整个欧洲和美国对医院需求的空前增长。由于预计需求将持续增长，因此需要一种可以在不造成后勤管理混乱的情况下大幅扩展的建筑物。

在南方医院和巴塞尔公民医院的基础上继续进行创新，人们开发了许多以字母为原型的类型，例如T型和K型。[87]T型是一种简单的形式，治疗区位于垂直元素中。扬·皮特·克鲁斯（Jan Piet Kloos）在格罗宁根（Groningen）设计的基督教医院（Diakonessenhuis）（1965年）是K型的一个代表示例，在患者病房区弯折，使得房间朝南吸收阳光。瑞典和瑞士的医院可以作为H型的示例，其中一个平行的翼楼容纳治疗空间，另一个容纳病房。治疗区域通常情况下可划分出住院患者区域，以及供患者接受治疗后就离开的门诊区域。每个部分都放置在单独的翼楼中。将不同功能的翼楼分开有利于将来扩建，因为该机构某一部分的工作变化不会导致医院其他部分发生问题。[88]

从20世纪50年代后期开始，Breitfuß或宽脚模型开始兴起〔也被称为树状医院（hôpital arbre），含底座的塔台（socle-tour）或在英国称为"火柴盒"（matchbox on a muffin），即平台上面插入高塔〕。患者病房不需要经常翻新和重建，技术创新使医疗领域几乎可以按常规进行改造，从而使最多3层的低矮且伸展出的建筑和住院部的高层塔楼或平板相互结合。建筑业的投资有效促进了"火柴盒"的建造，借助空调系统和大跨度框架结构，像百货商店一样在一个连续的楼层中规划医院，使整个医院占据整个楼层。[89]德国俗称的塔台式类型最初是在美国建设开发，在美国多家军事医院中使用。在相当长的时间后成为所有医院的标准类型。戈登·班夏恩（Gordon Bunshaft）被认为是第一个探索纽约布鲁

英国温斯顿的玛格丽特公主医院（Princess Margaret Hospital），鲍威尔和莫亚与卢埃林-戴维斯合作，1953—1966年。在20世纪50年代，英格兰的纽埃德信托基金会（Nuffield Trust）倡导采用科学的医院架构方法，促进了像该医院项目的产生

克林汉密尔顿堡医院（Fort Hamilton Veterans Hospital）优点的人。在欧洲，保罗·尼尔森（Paul Nelson）设计的法美纪念医院（Franco-American Memorial hospital）是最早属于这种"宽脚"类型的医院，它位于圣洛（Saint-Lô）（1945—1954年）。1953年，受到纽埃德信托基金关于医院功能和设计研究（Nuffield Provincial Trust's Studies in the Function and Designs of Hospitals）的启发，由鲍威尔（Powell）和莫亚（Moya）以及卢埃林-戴维斯（Llewelyn-Davies Weeks）所设计的玛格丽特公主医院作为英国的实例，在温斯顿运营。[90]

关于门诊部扩张导致病房需求减少的预测使得新的医院类型出现。这种医院类型既能适应变化的环境，又不扩大占地面积。现在大多数人们认为包括患者病房在内的建筑所有部分都不可避免地需要进行重建，这导致他们不得不回归低层医院。位于丹麦的赫维多夫医院（Hvidovre Hospital）是第一个探索低层医院类型结构的实例。低层建筑类型的复现与20世纪60年代的反文化批评（指责高层医院代表的医疗专制方法，并呼吁以患者为中心）的出现以及建筑的结构主义有关。理想情况下，医院结构的规模应该与所处地区的城市结构相协调，但是大多数新医院的建造完全不考虑当地城市背景。

阿姆斯特丹的学术医学中心（AMC）是将低层建筑群中经常利用的结构主义方法转化为更大规模建筑的实例。该建筑于1981—1985年间完成，由杜恩杰建筑事务所（Architectengroep Duintjer）与建筑师迪克·范·穆里克（Dick van Mourik）合作设计。建筑师在永久性部分（混凝土结构）、半永久性部分和可能定期更改的元素之间进行了清晰的区分，从而预测建筑在城市历史中的转型与发展。这座建筑与历史名城共有的另一种特点是区分私人和公共部分。后者形成了街道和广场的宽敞组合，可提供购物等城市功能。

梳状结构模式由于使用内部街道来加强综合体的连贯性而变得流行。其他医院类型是围绕巨大的大厅组织的，例如约瑟夫·保罗·克莱维斯（Josef Paul Kleihues）设计的位于柏林的克兰肯豪斯新克尔恩医院（Krankenhaus Neukölln）（1985-1986）。

医院类型的终结？

类型是基于特定功能，适应特定建筑物的一种假设。当需快速扩张的医院部门邻近需更少空间的部门时，这种类型固有的清晰度便失去了吸引力。将区域划分为偏大的空间并增加灵活性的方法是明智的，因为这样可以使它们更容易适应原始设计目标以外的目的。这样做的目的是要克服完全符合其特定功能（功能主义的本质）定制建筑的局限性，因为它们会在功能需求改变时立即引起问题。[91]

最近的研究支持以下观点，即小型医院产生的后勤问题少于大型医院，并且许多医院职能应外包。当今，在建筑师和医院管理者中，最广泛接受的理念之一是核心医院。根据该理念，只有那些真正特定的空间（即专门用于诊断和治疗的空间）才应量身定制，而其他部分可以根据其他建筑物类型模式进行设计。例如，可以将病房设计为酒店，而门诊部门的相当大一部分可以以具有前后双面办公的零售设施为模型。下一步可能是将现场不需要的所有服务外包，例如洗衣房、厨房、实验室，甚至病房的一部分以及门诊部，剩下的就是核心医院。因此，将来可能会出现全新的医院格局。

荷兰阿姆斯特丹学术医学中心，杜恩杰建筑事务所与迪克·范·穆里克设计，1981—1985年。这家医院是结构主义的一个突出例子，结合了永久性结构和半永久性结构以及允许移动的灵活构件

公共空间

汤姆·库特耐特，彼得·卢斯奎尔，古鲁·马尼亚，科莱特·尼梅杰，科尔·瓦格纳

分区和交通系统

所有的医院建筑都由不同的功能空间组合而成，这些功能空间通过内部交通组织和功能布局联系在一起。在医院设计中，功能空间组织是很重要的一步。这一步是很难做到完美的，而且想要对初始的关键性设计阶段进行后期补救也往往是不可能的。

分区

尽管所谓的分区决定建筑应该适配何种功能及空间，但分区并不能确定空间形式及其性能。然而，在过去的几十年里，关于技术细节、各个模块的功能要求、国际标准的发展、项目持续管控被大量忽略了。1987年，罗伯特·维舍（Robert Wischer）在他的结构框架中列出了各种功能组成部分，其中引用了德国行业标准DIN 13080，并提供了一个固定框架避免混淆。然而迄今为止，没有资料将医院视为多元功能复合结构。功能配置与组织方式遵循医院与其他机构设施连接的逻辑，而这些机构既包括医疗网络中的医学机构，也包括非医学专业机构。研究范围从相似功能单元的集中（例如，医院的复合手术室）到围绕特定患者群体来组织医院（例如，将癌症患者集中在一翼）以及提供治疗所需的所有医疗功能，因此导致医院不同区域的手术病房分散布置。确定哪种解决办法是可取的并不是一个线性过程，在很多情况下都是不可预测的形式。

各种问题之间有着复杂的相互依赖性，这种依赖性产生了一种"妥协模式"。因为个人的目标有时会相互竞争甚至相互矛盾。一旦设计者做出决定，在规划和设计过程中保持一致性与使用正确的规划工具和策略同样重要。保持这种一致性并维护战略规划决策仍然是医疗设施长期设计过程中的最大挑战之一。

在20世纪下半叶，大多数医院呈有机发展态势。医学专家是核心人物，他们个人的学习空间临近诊室，内部有独立的候诊室。秘书坐在高柜台后面接待患者，这种安排是根据专家人数进行调整的。这种相当普遍的设置反映了医务人员的组成及其等级差异化。它还反映出许多专家的孤立以及缺乏对患者护理导向的关注。在20世纪30年代之前，大多数综合医院只有两个部门：内科和外科。在20世纪50年代，增加了产科部门，并在20世纪60年代引入了重症监护病房。从那时起，专家的数量稳步增长，而其内部组织和相互关系基本保持不变。[92]这导致了一种情况，即专业化程度的提高不会产生有利于跨学科合作的设计方法。

在大多数医院，主要功能分为四个区：（1）门诊和公共区域；（2）具有技术诊断设施和治疗区域的医技部；（3）病房；（4）后勤和后勤办公区。虽然整个建筑物都有技术服务（并且特别集中在医技部上），但所有专业的技术区域必须在早期规划阶段定位且集中设置。仅分配给技术服务一层或两层的设计方法是需要考虑的。某些楼层专用于技术服务可以将不同流线分开，便于维护，并为医技部的持续变化和功能调整提供更有效的环境。

20世纪50年代和60年代的医院建筑类型有明显的功能分区，例如H型和T型以及

类似于"塔台式"类型，这些都在前一章中讨论过。[93]为了更好地了解医院卫生情况，主要区域的功能要求优先于区分不同类型的疾病和患者，因此设计通常反映的是完全基于医疗功能的内部组织要求。

如果需要增加医院服务内容但不能在当前位置进行扩展，则会增加新的建筑结构。这可能导致永久性或临时性结构的混乱，从而模糊了分区系统的整体清晰度。交通流线可能也会混淆，最后导致医院内各个区域的位置可能变得非常难以确定，不仅对访客和患者来说如此，也包括医院员工。将用于扩张的区域（例如门诊部门）与预计会减小的区域（通常是病房，因为住院的平均住院时间预计会进一步减少）相结合可能增加交通组织和视觉上的混乱。

在过去的20年里，在后勤、经济、社会和卫生方面对建筑布局进行了重新思考。在许多医院翻新中，当进行修缮和扩大时，原始建筑类型没有得到维护会引起相当大的混乱。然而，重新考虑医院布局的核心动力是为了促进各个医学专业之间的紧密合作。当需要多学科团队时，建筑物的布局应有助于他们的合作。例如，在一些成功案例中，以前在实验室环境中与医院其他部门隔离工作的研究科学家现在会定期与治疗患者的医务人员召开会议。一般而言，医院的空间结构可以促进或阻碍不同医疗群体之间的相互交流。为了满足更好的整合需求，出现了四种替代模型（第49页）：（A）主题模型（围绕患者的需求组织医学专业）；（B）中心模型（基于医疗过程）；（C）三流线模型（区分急诊、门诊和住院患者）；（D）类型学模型（将医院视为主要通用建筑类型的组合）。以下是荷兰的几个例子[94]：

主题模型最初是为大学医疗中心所开发。这些往往是非常大的机构，有1000张床或更多。通过细分定义诸如母婴、肿瘤学等，大规模医院复合体可以分为若干独立医院。这些医院关注特定的医疗条件，但是仍与其他单位保持联系。通常通过多层建筑内的复杂分区确保方便容纳多种医疗功能，例如手术室和实验室。格罗宁根大学医学中心（the Groningen University Medical Center）就是使用这种方法的一个例子。其中医技部设置在中间位置，两侧有宽敞庭院。穿过庭院的走廊通向患者病房，穿行时患者可以看到周围城市景观。较低楼层预留给门诊部门，人们走过门诊内部廊道时会觉得门诊空间是独立的部分，因为每个诊所都有自己的医疗部门。这样的处理方式可以使得平面布局清晰易懂，并且极大增强了宽敞主门厅与主要入口街道之间的关系。

中心布局模式的一个例子是位于荷兰锡塔德（Sittard）的奥比斯医院（the Orbis Hospital）。在那里特别重视医疗工作流程的重新设计。灵活性和房地产策略是形成特定护理单元和治疗单元组合的关键因素。医院中心区域有三个主要功能区，包括筛查和诊断、咨询、治疗和护理。这些中心区域取代了医务人员的私人房间，旨在加强多学科交流，同时将患者和工作人员的流线严格分开。

在区分急诊患者、门诊患者和住院患者的三流线模型中，设计重点是患者的交通流线。对于急诊患者，快速有效的干预是唯一重要的事情。用管理方面的术语来说，产品是关键。对于住院患者而言，医疗过程是关键，其中效率和有效运作是指导原则。建筑的环境品质有利于顺利开展医疗过程并加强个人体验感受，这反过来又对医疗结果产生影响。在门诊部，患者是关键，治疗过程以客户为导向。三个系统中，住院病人和门诊病人使用一个入口。通过将门诊部门设置在主要入口旁边，使人流量仅限于该区域内部。只有需要住院的病人（以及那些探访他们的人）才可以进入下一个容纳病房的区域。接下来是医技部，探访者禁止入内。然而通常情况下，医技部位于病房和门诊部之间，以联系这两个区域内部的受治患者。这种解决方案的前提是患者和探访者可以穿过医技部而不会在这个区域内产生流线交叉与混乱。

类型学模型区分了四类空间：医技部、酒店、办公室和"工厂"。只有医技部被视为医院特有空间，并结合了所有的医疗设施和技术领域，手术室、如ICU/CCU等。所有护理区域都可以整合到病房中当作酒店运营。所有办公活动，包括不需要复杂技术要求的门诊功能，都可以整合在类似于普通办公楼中。"工厂"主要包括技术服务功能。在这四类空间中，医技部是核心，尽管它的一些功能也可以外包给其他医疗机构（取决于整体分布模式）。

这四种类型无论如何安排，都有其优缺点，这通常取决于项目的规模、位置和经济可行性。通常，将几个类型的特征组合在一起混合布置。在这些类型中，设计者对基础组成部分有明显偏好，但限制了医技部和其他技术部门等一些医院中的特殊部分。这些基础部分的设计允许设计师借用现代办公楼或酒店相关的创新理念。

交通

各功能区之间的差异性是医院整体布局的主要特征之一。另一个关键因素是交通基础设施（大厅、内部街道、走廊、楼梯、电梯）的分配，这主要取决于分区规划。这种大的分区讨论内容几乎完全集中在人的需求上，而没有详细介绍货物与服务流线，但这些也需要大量的交通基础设施。医院内部有很多流线，从某种程度上说，医院内部的交通组织都受到科林·布坎南（Colin Buchanan）的影响。他是一位有影响力的战后欧洲交通研究者。在1963年发布了最著名的布坎南报告，名为《交通城市》（*Traffic in Towns*）（1963）。他以医院作为参考来证明在城市市中心禁止车辆穿行的想法。如果食品手推车没有穿过手术室，那么为什么那些私家车可以出现在混乱的城市中心街道上呢？[95]如果分区规划是混乱的，那么交通流线也必然是混乱的，对此结果无能为力。在理想状态下，可以区分出几种互不干扰的流线。患者通常分为两类：住院患者和门诊患者。其中门诊患者有家人和朋友陪伴，并在诊断或治疗后回家，这一类会产生最大的交通流量。分区规划的目标之一是确保这些门诊流线不与其他流线混合，特别是住院病房的流线。许多住院病人卧床不起，因此，如果患者需要移动，护理人员必须将病床从患者房间移动到诊断或治疗区域。只有住院病人、访客和工作人员才能进入病房。医务护理人员通常在治疗区和门诊诊所设有休息区。

交通路线主要由医院对病人的友好性、高效性、安全性所决定。流线设计应满足医务人员方便服务患者和使用必要设备。这有助于确保快速安全的程序进行并消除混乱，为患者和员工创造更私密、舒适的医疗体验。将易受污染的路线与无菌路线分离可以降低污染和感染的风险，而将特定治疗单元的患者分开有助于避免病人交叉感染。最后，根据医学治疗的紧急程度对患者进行分组可以消除不必要的流动交叉，即住院患者与门诊患者分开并且所有患者与后勤服务人员分开，从而提高效率和安全性。

大多数医院程序按固定的时间表进行，但在急诊医疗部门，由于不可预测性患者的到来和护理要求，想要按照固定时间表来操作是不可能的。因此，结合可预测和不可预测的患者流程，我们需要优先考虑急性患者而后考虑非急性患者，也就不可能对整体的治疗过程进行详细计划。从具有可预测护理路径的患者角度来看，这种情况意味着增加等待时间。从医院的角度来看，预定医疗程序的紊乱会导致整体护理流程放缓。因此，医务人员可能会因超出预期的病人护理而过度工作，以及没有咨询时间。分离可预测和不可预测的交通流线可以提高医疗过程的连续性，并防止中断和干扰。住院和门诊区域也需要分离，因为入院的患者通常比仅需要门诊和日间治疗服务的患者有更严重的疾病。由于难以推着病床通过拥挤的走廊，并且卧床不起的患者和预治

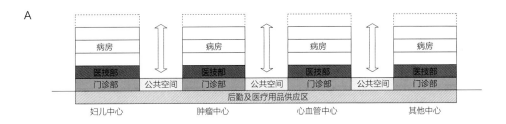

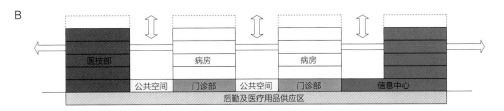

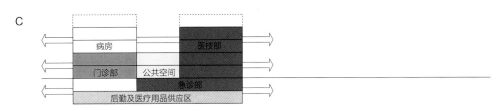

典型医院布局

A. 主题模型通常将大规模的复合体细分，划分为特定的医疗条件和患者群体。

B. 中心模型围绕多学科医疗流程进行组织，严格划分患者和工作人员的流线。

C. 三条流线模型突出急诊、门诊和住院患者之间的关系，重点是患者的流线。

D. 类型学模型区分四种类型的空间：工厂技术部门、办公室、医技部（治疗区域）和酒店（病房）。

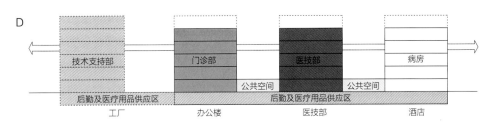

疗的患者相遇可能引起不适，因此，将这些类型的患者流线分开可以增加隐私性并避免令人尴尬的情况。最后，门诊部通常每天工作8小时，每周工作5天。这导致在一天的某些时间里该区域是空的，住院病人不能使用此处的设施。到了晚上，这些地区也会变得黑暗、空旷、令人迷失方向。

患者流线可以根据疾病类型或部门（母婴护理、老年人护理、肿瘤科、手术室和相关护理机构、内科、胃肠病学、神经病学、康复和门诊医学专业）划分。这样可以轻松访问专门的咨询和治疗区域，并体现以患者为中心的目标。通常建议在传染病部门内部进行单独隔离，尽量减少感染风险。另外对交通流线进行分区可以更便利地对医院内部区域进行定位。这对于患者和工作人员都很重要，因为他们可以在有限的空间内进行导航，而无需遍历整个区域。

为了鼓励跨学科合作，现在多学科设施往往更靠近医院建筑的核心，而独立的设施远离核心地区。例如，后台办公区域不需要与患者直接接触，并且在某些情况下可

医院内部功能区概述及可能的设计方法

公共区域
1. 入口
2. 接待区
3. 等候区

面向用户的商场设计

门诊部
1. 门诊诊断和治疗
2. 术前筛查
3. 透析

以用户为导向的购物商场设计

配有先进诊断治疗设施的医技部
1. 诊断
   -放射科
   -核医学影像
   -功能评估
   -实验室和前台（样本收集）

以流程为导向的工厂/医技部设计

2. 内镜
3. 急诊科
4. 手术室
5. 产房
6. 心脏诊断和干预
7. 放射诊断和干预
8. 放射治疗

设计定位为偏重于结果的工厂或高科技场所

住院部
1. 入院、出院、转院
2. 日常治疗
3. 标准护理病房

以用户为导向的酒店设计

4. 特殊护理病房
   -ICU/MCU
   -CCU
   -新生儿科
   -儿科
   -精神科

以用户为导向的酒店设计

后勤和医疗用品供应区
1. 医疗
   -药房
   -实验室
   -消毒器械科

以流程为导向的工厂

2. 非医疗
   -食品、布品、一次性用品
   -内务管理、清洁用品
   -废弃物处理
   -设备维修
   -建筑维护

以流程为导向的仓库

3. 办公设施
   -工作空间
   -会议室和会议设施
   -教育设施

以用户为导向的办公区域设计

4. 员工设施
   -更衣区
   -休闲区
   -值夜区

以用户为导向的酒店设计

以完全与医院建筑分开。其他可以转移到外围的活动包括仪器的消毒、废物处理、医疗设备和其他物品的接收与存储、私人学习和研究、食物准备、洗衣等。

各种功能通过这样配置，能将工作人员流线与进出的患者流线更容易分开。工作人员的到达和离开时间，门诊部工作开始和结束的时间以及全天候开放的部门值班人员的时间变化是白天的一些重要时间节点。为了方便这些日常节奏的共存，将患者、医务人员和后勤人员的入口分开是非常重要的。为此，可以建立专门面向医护人员的走廊，并允许医疗专家非正式会面，促进他们之间的合作。当然，设计许多不同访问路径的前提是必须满足安全和保卫要求。

功能划分和交通流线将医院的某些部分转化为基本的公共空间。在医院内部，满足不同人群使用需求的区域划分决定了各区域的公共开放性。入口大厅、商店、餐馆、大多数等候区和通往各部门的主要交通干道都具有公共性。而住院病房的走廊和社交空间的通道受到交通限制，并且在一些治疗区域只允许医务人员及其患者通行。急诊患者经常乘救护车到达，需要一个单独入口，且通常位于急诊室附近。然而，如今越来越多各种类型的患者都可以由救护车送达，其中许多人却并不是急诊患者。因此，对于救护车进入医院的救护路线必须以一种方式进行分类设计，将一般入院与其他急性事故和其他急诊室的病人相互分开。

功能分区和交通流线明确区分定义了医院的空间构成，并成为后勤的重要组成部分。建筑物的设置、地块的大小以及医院的相关背景也是确定各种潜在设计解决方案可行性的主要因素。在密集城市环境中可能需要高层医院，但在其他地方可能不太方便。因为它通常是在整个建筑物内建立均匀的建筑网络布局，而不管各个部门的功能要求如何。[96]在某些情况下，重复模块是有一定意义的。例如，医院多种科室的功能平面。原则上，可以假设会出现一系列相同的医院，但当地的特殊性限制了医院设计的标准范围。

到达和入口

奥地利因斯布鲁克的Kinder-und Herzzentrum，Nickl & Partner建筑事务所设计，2008年。利用低调但清晰可辨的入口来尊重建筑的规模

美国圣莫尼卡的加利福尼亚大学洛杉矶分校门诊手术和医疗大楼，Michael W. Folonis建筑事务所设计，2012年。由于大多数游客乘车到达，停车场的路线经过精心设计。建筑师设计了紧凑的自动停车系统

据报道，现代运动的开拓者之一路德维希·密斯·凡·德·罗（Ludwig Mies van der Rohe）曾说，医院应被安置在一座城市中最好最健康的区域。在空气最纯净的公园中，远离烟雾缭绕的城市……医院规划附属于城市规划的一部分。[97]医院甚至被描述为一个公共机构，它像过去的大教堂一样定义了城市！[98]不难看出医院和城市设计之间的紧密联系。大型建筑综合体通常被认为是拥有自主权的城市，具有城市规划问题。传统大型医疗设施的规模意味着它在更大尺度城市层级中作为特殊部门占据巨大面积。像火车站和百货商店一样，它们提供全天24小时开放的公共服务。[99]城市的哪些地区最适合容纳医院，很大程度上取决于医院的规模和特定医疗专业，以及医疗服务分布模式（参见"医疗设施的分布"第17～20页）。对于大型综合体来说，可达性至关重要。自20世纪40年代以来，规划者更愿意将医院放置在主要交通干线附近。现在，将医院重新融入城市环境中越来越重要，因为这可能有助于打破医疗机构与病人之间的物理与心理障碍。历史悠久的市中心医院的破坏可能是毁灭性的，扰乱了"记忆、地点和可持续发展的演变作用"。[100]

入口与外界联系紧密，是医院的重要组成部分。将医院城市化以及打破医院内外阻隔的目标似乎不会拆除现有边界。除了住院病人外，每个使用医院的人都肯定从外

扩建的科灵医院，位于丹麦科灵（Kolding），施密特·哈默·拉森（Schmidt Hammer Lassen）建筑事务所和Creo建筑事务所设计，2016年。宽敞的走道通向主入口

荷兰赞丹市（Zaandam）的健康林荫大道，麦肯诺（Mecanoo）设计，2017年（透视图）。健康林荫大道是具有空间和功能意义的过渡区：内部有城市特性的街道，并排列着医疗健康相关的商店

面来，要么是定期来工作或学习，要么是偶尔在门诊部接受治疗。因此，医院有成为交通枢纽的趋势。其功能由众多因素决定，例如医院的地点（在市中心，在周边或自然环境中），医院服务病人的区域大小（医院越是专业化，吸引的病人范围越广）以及病人首选的交通方式。

根据医院的空间配置，入口设置在不同位置，并承担不同功能。在三条流线的模式中，主入口服务于住院病房和门诊部门。门诊部门可能有单独入口。产科通常也可以通过单独的入口进入，主要为妇女及其新生儿提供更大的安全保障。急诊室也有单独入口，以防止患者与其他人混在一起，以及方便救护车快速到达，同时不会遇到任何障碍。一些医院有直升机平台，直接连接到急诊室。工作人员使用主入口或单独的入口，他们可以根据人们到达的方式来分配入口，而不是根据他们所服务的人来区分入口。可以为坐车即将到来的人做出特殊安排。重要的是，到达区域应清晰可辨，并且下车区域可以容纳交通而不会造成拥堵。最后，停车场入口应位于不会阻挡交通的地方。

主要入口需要提供进入公共空间的通道，为每个人提供明确的方向，告诉他们下一步应该去哪里。[101]通常，参观医院开始于一片开阔的场地，场地可能会由景观设计师

荷兰代芬特尔市的代芬特尔医院（Deventer Ziekenhuis），De Jong Gortemaker Algra设计，2008年。夜晚停车场入口。停车场可以方便快捷地进入门诊部

荷兰格罗宁根市的Academiach Ziekenhuis（现为格罗宁根大学医学中心，UMCG），Wytze Patijn设计，1997年。该医院的特点是拥有丰富的公共空间。主入口是一个宽敞的大厅，可通往两条带顶棚的街道，街道内有丰富的设施：超市，书店，餐厅

荷兰阿莫斯福特市（Amersfoort）的米安德医疗中心（Meander Medisch Centrum），Atelier Pro事务所设计，2013年。宽敞大厅的接待区是圆形空间，色彩柔和

进行设计,并且与医院内部紧密相连。但这种做法在汽车普及之前并不常见,现在几乎已经消失。通常情况下,人们可以找到停车场和车道,以及叠加在上面的人行通道。这些行人必须从停车场到达建筑物。游客必须找到入口车道,将车停放在停车场并前往医疗机构。每个步骤都需要了解环境、找到合适的转折点以及找到正确的建筑物。如果没有合适的环境线索和定位辅助工具(如标志和地图),他们很有可能会迷路。[102]

自20世纪90年代以来,人们一直试图在医院与城市之间引入中介空间。其中一种策略是通过模拟商场与商业街的形式设置商业空间。在荷兰,这些区域通常称为"健康林荫大道"(health boulevards),因为人们发现大多数设施与健康有关。这些中介空间可能对其他形式的零售业有吸引力,医院也因此保证了探访者的持续流动和潜在的客户。在购物区出租零售空间可以成为医院额外收入的来源,但这种方法的可行性取决于规划法规、城市区划和与零售购物相关的立法。也存在某些与此相关的议论,如认为购物空间的气氛可能不适合医院。

西班牙穆尔西亚(Murcia)的洛斯·阿科斯·德尔·马·梅诺(Los Arcos del Mar Menor)大学医院,Casa Solo Arquitectos事务所设计,2011年。入口位于广场上,有阴影保护游客免受阳光照射,明亮的白色侧翼标志着广场到入口大厅的方向

朱塞佩·拉坎纳（Giuseppe Lacanna），科尔·瓦格纳

医院内外的公共空间：街道、广场、庭院、候诊区、医疗花园

医院向患者和访客展示自己的方式在很大程度上取决于其公共空间：入口、大厅和内部街道、庭院和所有可用的设施、从一家简单的花店到餐馆和超市。这定义了医院外部及内部护理流程的中介空间。它既强调公共空间功能是护理流程的一部分，也遵循作为医疗机器的自身规则。两者不同之处在于，公共空间不需要特殊技术及医疗专家，而诊疗空间需要。人们普遍对于医院的公共性达成了共识："医院一直是社区内具有特殊意义的公共机构，可与市政厅、火车站、剧院和博物馆相媲美，它们共同形成了城市的公共空间。"[103]大型医院可类比于一个小城市，里面有公园、体育设施和餐馆。理想情况下，它们将自给自足，甚至反哺城市。[104]其公共空间的作用可能不仅限于促进交通流量，而是"像私护病人或临床空间对护理设施的需求一样重要"。[105]

公共场所存在于所有医疗设施。在非常大的综合设施中，它们可以发展成为整个医院的主体。在大学医疗中心，这可能导致每个人的开放区域和受限区域产生相互作用，反映出城市街道和广场与两旁建筑物的私人区域并置。在这方面，医院可以作为一个独立的城市：城市内的城市。人们甚至可以这样说，设计医院既是对城市设计的挑战，也是对建筑设计的挑战。

格罗宁根大学医学中心（UMCG）是设计为城市的医院例子，由简单宽敞的覆盖式街道连接多个广场组成。位于建筑南端的玻璃幕墙入口大厅可以看到建筑外的公共空间（主要是前面的街道）。大厅属公共领域，行人从街道进入，或从下面的停车场到达。在这个长方形空间的两端，两条街道向北延伸，在底层环绕医技部。第三条街道连接北端附近的两条主干道。内部街道的线性结构将临床区域分开，包括各种公共功能，从餐厅到咖啡馆，从休息室到网吧，还有一个小型的儿童开放式剧院以及展览空间。各种商店及其集中在建筑群内部街道的特定部分，给人们的感觉就像他们是走在一条平常的购物街上，甚至还有超市为医院和那些与医院无关的方面提供服务。因此患者和居住在附近的人往往会混在一起，弥补医院生活和"正常"生活之间的差距。门诊部门位于综合楼周边，病房位于其上方的独立楼层内。设计师们被要求为每个门诊部门提供独特氛围，

荷兰格罗宁根大学医学中心的入口大厅，威策·帕蒂恩设计，1997年。虽然是20年前的设计，但格罗宁根大学医学中心大量的公共空间仍然是一个杰出代表

荷兰格罗宁根大学医学中心的中庭，威策·帕蒂恩设计，1997年。如果天气允许，屋顶可以打开。医院董事会代表处已从历史建筑转移到新建筑中

挪威特隆赫姆的圣奥拉夫医院，Nordic Office of Architecture 建筑事务所与Ratio Arkitekter 建筑事务所合作设计，2010年。颜色点缀使神经中心的等候区变得活跃

设计的结果在候诊室表现得尤为明显。候诊室设计成公共街道、门诊区域和住院病房的过渡空间。格罗宁根大学医学中心最初的整体布局是克鲁伊舍尔和哈林克（Kruisheer & Hallink）所设计，最终设计由威策·帕蒂恩（Wytze Patijn）完成。

我们为什么要为医院的公共领域花这么多时间、精力甚至金钱？其中一个原因是为了医院与外界建立联系，这对医院使用者的体验有积极影响，因为患者永远居于首位。作为首批受循证设计理念影响的荷兰医院之一，格罗宁根大学医学中心在其公共空间中很明确地印证了这些想法。

另一家基于城市愿景，反映以患者为中心的医院是挪威特隆赫姆（Trondheim）的圣奥拉夫医院（Olav's Hospital）。面积为223000平方米，设施规模庞大，为大约630000居民提供服务。它是一所拥有约1250名学生的教学机构。可能由于靠近历史悠久的市中心和挪威最重要的技术大学，所以影响了它的总体规划。Frisk建筑事务所的团队旨在创建一个易于管理，由多个小诊所组成的不令人生畏的综合体，并与城市环境良好融合。与格罗宁根综合医院的主要区别在于，这些诊所被设想为小型独立医院。每家医院都提供各种医疗服务和跨学科功能。原则上，这些小型医院可以为特定患者群体提供所需的一切，最大限度地减少将患者从医院的一部分转移到另一部分的需要。每个诊所都基于相同的通用模式，且所有诊所与附近的其他建筑物相协调，以便更好地将它们整合到周围环境中。

圣奥拉夫的一个显著特点是底层的公共空间是敞开的，通过隧道和桥梁连接建筑物。这反映了旧城区中心开放空间的公共性质，并强调诊所的私人性质。与历史城市的情况一样，公共领域显示出不同的层次结构。除了半私人花园外，公共街道和公园也在建筑物之间延伸，从而将它们与周围景色联系起来。总而言之，这是包容性、一体化和差异化方面的一项重大成就。

圣奥拉夫的户外空间布局是基于经验、科学研究和用户需求。同时也借鉴了户外活动可作为促进健康和幸福的理念。在规划医疗环境的室外空间时需要考虑四个区域：建筑物与外部、过渡区域、周围环境和更广泛的邻域接触部分。第一个区域是从建筑物内部建立与自然的接触，例如通过窗户。第二个是过渡区域，标志着临床区域与外面世界之间的界限：阳台，露台，门廊，冬季花园和门厅。第三个区域最好的代表是小而迷人的花园。第四是周围景观。

1999年，罗杰·乌尔里希（Roger Ulrich）提出了"支持性园林理论"，描述了减少患者压力的四种主要方法，包括给予患者控制感和一定程度的隐私、社会支持、运动和锻炼以及培养乐观心态。赫利什-米德·诺热（Helse-Midt Norge）（挪威医疗保健机构）和圣奥拉夫医院的规划者似乎都考虑了这些因素。属于特隆赫姆市典型的自然环境，例如树木、植物和灌木的交替，有助于区域之间的过渡更自然，有时几乎难以察觉。从医院的一侧，可以享受大自然保护区的美丽。在这里，人们常常看到有人在未受污染的尼德尔文（Nidelven）河里捕捞鲑鱼和鳟鱼，河的周边是未被破坏的自然景观。从另一侧可欣赏到历史悠久的市中心及其中心的古老木屋。

圣奥拉夫医院，神经中心大堂前台

英国巴斯的巴斯圆形医院（Circle Bath），
Foster+Partners建筑事务所设计，2009年。
公共空间的灵感来自豪华的旅馆大堂

丹麦哥本哈根的癌症患者医疗健康中心
（Healthcare Center for Cancer Patients），
Nord Architects建筑事务所设计，2009年。建
筑内部顶棚的暖色木材具有舒适感，与建筑尖锐
的外观形成对比，其外观看起来想要抵御入侵
者，为里面的人创造一个安全的避风港

荷兰阿默斯福特的米安德医疗中心，Atelier Pro
建筑事务所设计，2013年。宽敞的大厅（具有
自然景观）分为隔间式单元，可容纳大量人群而
不会给人一种拥挤的印象

荷兰斯希丹市（Schiedam）的弗利特兰医院
（Vlietland Ziekenhuis），EGM建筑事务所设
计，2008年。宽敞的大堂和接待空间及其木制
顶棚为患者和游客营造了温馨的氛围

美国拉斯维加斯的克利夫兰诊所卢鲁沃脑健康中心（Cleveland Clinic Lou Ruvo Center for Brain Health），弗兰克·盖里（Frank Gehry）设计，2010年。该建筑的内部空间设计精美，并因此成为一个建筑地标

西班牙马德里的雷伊·胡安·卡洛斯医院（Rey Juan Carlos Hospital），拉斐尔·德·拉-霍兹（Rafael de LaHoz）设计，2012年。该设计结合了未来主义建筑特色，其中室内花园设计凸显了温馨的氛围

丹麦哈维德夫（Hvidovre）新医院扩建，施密特·哈默·拉森建筑事务所（Schmidt Hammer Lassen Architects）与奥胡斯·阿尔基泰克特梅（Aarhus Arkitekteme）合作设计，获奖方案，2013年。木地板营造温暖的氛围，舒适的休息室和绿色植物同时渲染室内的舒适感

荷兰阿姆斯特丹的学术医疗中心（AMC），杜因蒂尔建筑事务所（Architectengroep Duintjer）与迪克·范·穆里克合作设计，1981—1985年。白天的内部街道营造出宽敞的公共空间

寻路：标牌和导向系统

FIG. 14. *The visual form of Los Angeles as seen in the field*

洛杉矶的视觉形式，凯文·林奇著《城市意象》中的插图，该书首次出版于1960年，解释了寻路的基本因素

印度班加罗尔（Bangalore）的维多利亚和瓦尼维拉斯（Victoria and Vani Vilas）总医院，1935年。象形图和标牌系统

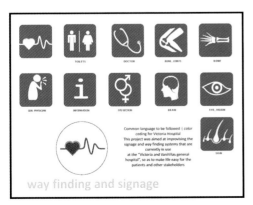

城市和医院有一个共同特点，就是参观者无法一眼就能确定如何到达目的地。通常情况下，由一个医院的主入口分流出不同路线分支。所有的走廊看起来都一样，带有许多医疗部门复杂名称的标识也让搜索目的地变得更加复杂。病人们在这样的医疗空间中漫步会增加更多的压力和刺激。实际上，基于循证设计的思想启发而得到的研究表明，这种找路问题的代价会非常高。因为患者和访客有权向工作人员询问方向，工作人员的精力则会从他们的工作中转移。克雷格·齐姆林（Craig Zimring）发现亚特兰大一家拥有300张床位医院的工作人员每年需花费4500小时处理这些问题，导致损失了22万美元。[106]

建筑中合理的物流规划是便于找到指定位置的基础。明确的分区规划和布局对人们了解他们所处位置以及如何到达目的地至关重要。此外，各区域拥有清晰识别的特征、标识系统、数字应用程序等为空间识别提供了补充。这些方面可能非常有用，但它们永远无法弥补混乱现象，也依然让人难以理解整体布局。人们如何识别地方？这个问题的答案所需的理论基础可以从凯文·林奇的开创性著作《城市意象》中找到。虽然他主要撰写关于城市的文章，但他的研究结果也适用于医院等大型多样化建筑。

成功找到解决方式的基本要求是有固定的参考点。无论人们在哪里，他们都应该意识到环境与参考点的空间关系。掌握寻路方式的关键是林奇称之为"认知地图"的过程。认知地图包含五个要素：（1）路径——人们在穿越城市时所遵循的路线；（2）边缘——边界和不连续；（3）区域——具有特定性质的地区，使其与其他区域

波兰弗罗茨瓦夫（Wroclaw）的Kliniczny专业
医院（Akademicki Szpital Kliniczny），雅雷
克·科瓦尔奇克（Jarek Kowalczyk）设计，富
尔特工作室（Studio Fuerte）构思了一致的标
牌系统、铭牌、彩色平面和象形图

荷兰阿姆斯特丹的艾玛儿童医院（Emma Kinder-
ziekenhuis），由OD205翻新，2015年。地板上
彩色的象形图指示道路

区别开来；（4）节点——提供一系列可能的路线以及需要特别注意的地方；（5）地标——易于识别的建筑物或物体。包含稳定、独特且高度可识别的路径、边缘、区域、节点和地标的医院本质上比那些没有这些系统的医院更清晰，更容易导航。缺乏这些具有可辨别特征的元素或明显结构的医院通常难以让我们形成地图意识以定位特定地点。[107]通过使用颜色、材料和家具将特定地点与其他地方区分开来，可以增强对建筑物中特定地点的识别。

一个易于理解的总体布局可以增强人们形成认知地图的能力，这样的总体平面需要一个清晰一致的标识系统来支持。长期以来，人们一直认为创建这样的标识系统是所有大型综合体的首要任务。在医院，图示语言用于引导患者和访客。除了首层，医院其他楼层的图示语言几乎不会连续。例如，为了从四楼的一个地方到另一个地方，通常首先必须回到底层。这使得设计有效的标牌系统变得更加困难，有时，人们认为参考建筑物比交通流线更好（根据林奇的认知地图，是区域而不是路径）。在确定了标识系统的原则之后（那些指导访客和患者的标志），设计者必须决定这些标志在医院的实际布局。最重要的是确保所选择的解决方案以完全一致的模式应用于整个医院。最后，应该注意的是，触摸屏可以补充设计师的短板。它可以提供互动支持，帮助引导人们到达目的地。

地图是另一种促进寻路的有效工具。可以在入口处提供地图，也可以与医院的室内装饰相结合。但是不能高估它们的有效性，因为有些人不知道如何阅读它们。最后，有一些可以帮助用户在建筑物中进行导航的手机应用程序被开发出来，就像在城市中寻路的方式一样。手机应用程序彻底改变了寻路的过程，但是在复杂的多层建筑中必须定制相应的应用程序以解决导航问题。而且在禁止使用手机的地方，这些应用程序显然没有什么用处。

治疗区

汤姆·库特耐特

规划：一种整体性方式

医院设计应该以新颖的、完整的方法来指导，本书选择了尤其适合制定和建立这种新方法的相关例子，以此为依据规划现代医疗设施。本书也试图证明这种方法的各要素如何以不同的构成组合在一起，以及如何在每个项目中分析其背景和具体情况。

必须指出的是，没有所谓"正确"的医院。卫生设施更像是各方与利益攸关方矛盾与利益冲突的集合，在不同情况下都可能产生不同的结果。因此，卫生设施规划可以描述为处于不断变换阵地的"妥协的景观"。

卫生设施规划在今天仍处于危机之中，其原因显而易见：
- 首先，相关研究事业在几十年来一直被忽视；
- 其次，西方国家每年为公共健康服务花费数十亿欧元，却对效率和效能缺乏问责制；
- 最后，公共利益关键领域得不到政治和经济支持，将无法保护现有的技术，更不用说进一步的发展了。

这些缺陷是当今卫生设施规划的主要特征。许多国家已经关闭了集中规划部门，这些部门曾确保卫生设施项目在一定程度上可实现标准化。目前，个别医院被授权自行建设项目。这一变化的弊端在于，一度得到集中规划部门保障的医院规划专业知识，正在变得支离破碎甚至逐渐消失。

现在正是各国政府认识到迫切需要改革的时候了。第一，在卫生设施规划管理方面，为创建具有专业知识的独立体分配大量资源；第二，进一步制定旨在提高这些设施绩效的医疗、运营、道德和财务的标准，同时牢记基本目标：保证病人的健康。

当前卫生设施规划中的众多问题之一是缺乏对项目初始背景的了解。在很多情况下，项目的背景条件从一开始就令人不满。以下是一些常见的例子：
- 对于项目的必要性以及将其引入现有环境中所产生的影响不够清晰。
- 参与规划过程的利益相关者无法使用共同语言（通常是医务人员不能阅读和理解建筑图纸，而建筑师和工程师缺乏必要的医疗流程词汇等知识）。
- 不规范或无法实现的规划标准，或者在某些情况下，因资金不足而未更新的过时规划标准。
- 项目初期就缺乏令人满意的设计策略。
- 未能从一开始就制定"操作草图设计"，即在类似建筑草图设计的详细程度上制定广泛的操作指南，导致在后期阶段缺乏更为详尽的操作概念，该概念应与架构的详细设计相对应，并且对于后者的验证是必要的。

这些问题可能会在项目初始及后期持续阻碍项目实施。当策略问题迟迟不能解决时，会产生许多问题，并造成重大的成本损失。因此，在开始实际设计的过程之前，有必要详细说明卫生设施项目的可行性。

患者角度

本质上，在今天的卫生设施建设过程中，患者角度占主导地位是纯属偶然的。从患者的角度来看，重要的是要将具体的、个人的设计决策与建筑物的质量分开，所有的卫生设施都应该具备这一点。然而问题是"患者的观点"没有标准，正如没有标准的医院一样，背景、文化、监管、功能和经济差异使患者的视角不同。

在不同的情况下，个体患者的视角可能存在很大差异。例如，当一名妇女带着骑自行车摔倒而导致头部裂伤的六岁孩子来到急诊室时，即使孩子无生命危险，但她也可能处于高度情绪化状态。但同样，如果她作为一位等待接受肿瘤科第二次化疗的病人，情绪状态或许完全不同。因此，成功的医疗设施设计必须提供多样的设计解决方案，在不同情况下以适当的、有尊严的方式满足患者的需求。

功能视角

卫生设施规划不能以线性的思维方式加以解释。为动态变化的医疗服务构建固定的空间，会在试图协调冲突时不断产生矛盾。因此，线性思维下的卫生设施规划方法一定会失败。经常犯的另一个错误是将复杂系统与复合系统混淆。复杂系统，如具有大量高分化部件的高科技设备，可以通过简化与优先排序来构建和管理。但简化作为一种方法，在复杂的环境中较为危险且容易引起误解。尽管复杂情况的特征是由大量相互作用但可预测的组件和参数组合构成的，但有时候也是由于少数参数的不可预测性以及它们之间的相互作用而产生的。

因此，复杂情况下的功能规划可以基于明确定义的变体。而复合的功能规划，如医院部门的相互影响，应基于具体情景及其使用概率。通过明确区分复杂和复合的规划情况，卫生设施规划的整个过程会变得更加透明，且更容易处理。因此有必要投入足够的资源规划医疗与辅助流程、工作流、团队活动和部门之间的衔接。功能性规划将复合且迭代的规划设计过程转换为线性连续的建筑设计与实现的过程，正面临着重大的挑战。

未来设计面临的挑战

当前的卫生设施经常提供许多社会无法负担的服务，这给卫生设施设计带来巨大的挑战。近年来，就医流程优化被视为医疗保健成本上升的重要补救措施，但现在仅靠流程优化显然是不够的。如今，就医流程、工作流程设计与卫生设施设计完全分离，这带来了严重的负面影响。在未来，以下两个特征应成为卫生设施设计的组成部分。首先，建筑设计必须有助于提高医疗保健提供者的运营和财务绩效，并必须评估每个设计变量对运营效率的贡献程度。其次，医疗服务的质量和水平，以及患者与工作人员的环境问题必须在同一层次上考虑，并且需要与建筑效率的评估并行，避免旨在提高效率但实际上却导致更低质量的设计决策。因此，卫生设施设计面临着为改进质量、提高运营效率和降低成本同时做出贡献的挑战。

汤姆·库特耐特，古鲁·马尼亚，科莱特·尼梅杰，科尔·瓦格纳

门诊部

美国洛杉矶马丁·路德·金门诊中心（Martin Luther King, Jr. Outpatient Center），HMC建筑事务所设计，2014年。接待与通用咨询室

荷兰锡塔德（Sittard）的奥比斯医疗中心（Orbis Medisch Centrum），邦内马建筑事务所（Bonnema Architecten）设计，2011年。这个中央等候区为几个门诊单位提供服务，让空间更加宽敞，通过相邻的中庭提供采光

　　在医院中，几乎没有几个部门在规模和重要性方面的增长速度快于门诊部。然而，在一些国家，特别是德国，他们也在医院外提供服务，从而导致昂贵的冗余。门诊部原来受限于低风险的医疗服务，现在已提供持续增长的干预措施，其中包括要求病人住院天数的措施。1980年，美国医院从门诊部提供的医疗服务中仅获得12%的收入；20世纪90年代，该比例增长到50%以上。[108] 门诊部与医院其他部门的区别在于，即使部分患者在此治疗后返回家中，门诊部依旧是最繁忙的，因此交通也是密集型交通。部分原因是病人很少单独前往，通常有朋友或家人陪同直到医疗流程完成。他们会陪同患者从诊室面谈到外科手术室，经历简单的诊断程序甚至复杂但低风险的治疗措施。因此，一些程序可能仅需几分钟，一些却可能持续一整天。

空间

　　当下的门诊部门包括宽敞的等候区、咨询室和检查室、各种类型的治疗空间以及所有的技术、供应、物流和运行它们所需的其他设施。它们可以被设计成适用于各个科室（普通外科、骨科、整形外科、内科、风湿病学等）的通用单元，或者专门为个别科室（耳鼻喉科、眼科、泌尿外科等）设计，也可以按专科来组织（母婴中心、肿瘤中心等）。专科门诊设施有时位于相应的医技部附近，如果需要特定专科且靠近对应门诊和医技部的住院病房，可能会导致类似于上一代临时性医院的布局，这种医院的发展与特定医疗部门相对应形成分离、独立的单元。大型医院有时以这种方式进行组织，前提是需建立一个合理的组织结构，使门诊患者和访客能够轻松地在整个医院综合体中找到方向。然而，门诊部通常是按单元组织聚集起来的，在上午8时至下午5时的时间段运行，与医院其他设施分离。

荷兰阿姆斯特丹的学术医疗中心（AMC），杜普涅建筑事务所（Architectengroep Duintjer）与迪克·范·穆里克合作设计，1981—1985年。图为瓦尔托斯建筑事务所（Valtos Architecten）对学术医疗中心等候区的翻新，等候区与接待处之间不再有明显的区别

荷兰霍夫多普（Hoofddorp）的斯帕恩医院（Spaarne Ziekenhuis），维格林克建筑事务所（Wiegerinck Architecten）设计，2013年。这个日间等候区模仿了酒店大堂

患者角度

典型的门诊病人一般是从家出发前往医院。在医院外部工作的全科医生通常在门诊病人第一次就诊前监督部分护理路径，其他在医院外工作的医疗保健提供者同样如此。一旦患者在医院就诊结束，这些医疗保健者就会接管。在前台挂号后，病人在指定的候诊区就座，等待通常是门诊部门最耗时的"活动"。医院的总体布局决定了门诊部的位置，决定了门诊部是否应有单独的入口，以及它们是否能作为单独的独立集群，作为医院中具有专用门诊单位的特定区域，或者作为分散的单元分布在医院大楼中。通常，门诊部与医院外部分护理路径的关系相比与医院内的部分更为密切，这使得将门诊部建设为卫星诊所，并与相对较小的社区卫生中心及其医疗服务结合起来成为可能。

检查台

检查台是门诊部的心脏。它可以是通用的，也可以是一种非常特殊的设备，这取决于相关医疗专业的要求。例如，儿科需要一个专门为婴幼儿设计的咨询台，会将其表面积减小，高度增加。其他部门如妇科，需要专门的检查台，会包括腿的支撑和后背位置的可调节等功能。检查台的位置应便于医务人员对患者进行彻底的检查；可以将其放置在一个边角，两侧与墙壁相邻，剩余一侧与墙壁相邻或独立，从而允许医务人员围绕患者移动。

会诊检查区

会诊检查区可以在任何形式的综合专科或普通会诊室中共同使用，也可以单独使用。会诊检查室之间通过门或走廊相连。每个变量对应一个交通流模式——将医务人员的路线与患者的路线分离或整合。在会诊区，医务人员在工作台与患者进行大部分对话以获取患者信息。检查区需要检查台、仪器和一次性用品等设备，并必须配备洗手设施。对于特殊患者群体，可能需在检查区配备诊断和具体规格的治疗设备。通用会诊室的设计可以支持更多的功能。会诊窗口不应损害患者的隐私。

单元

单元包括所有咨询与检查区域、接待区、等候区及可能的相关诊断和后台设施。医疗流程可通过单一功能的方式组织，每个专家办公室具有分段的前台办公功能；也可通过多功能的方式组织，以便允许跨学科咨询和灵活使用前台办公设施。两种组织方式必须能对患者完整的健康记录进行数字化访问。

门诊部

门诊部可以通过多种方式设置。一种是"一站式"模式，所有的手术都在医院的同一区域进行。另一种情况下，患者需要访问建筑内不同的地方——门诊单元本身。例如在放射科进行CT扫描，在实验室做血液检测。小型医院缺乏先进的设备，有时不得不让病人去配备设施更好的区域进行特定的诊断。

在这里将讨论组织门诊部的四种模式，每种模式的组合都有不同的决定因素：数字或纸质信息系统的可用性、研究地点、行政与管理办公室、候诊室的布局、咨询与检查的特殊程度、建筑物的形体以及阳光的可达性。

模式1：单功能门诊部

第一种模式（A）把咨询与检查区域作为传统的"医生办公室"。此模式数字化水平通常很低。医务人员使用咨询与检查室不仅用来与患者协商，还要用来学习，做行政工

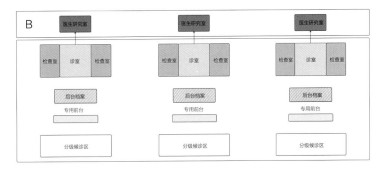

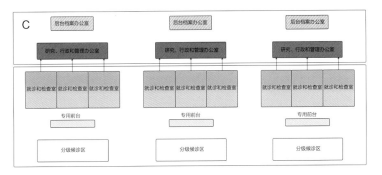

门诊部的演变

A. 单功能门诊部
咨询与检查室兼作医学专家的研究区域，使其和相邻的检查区域在专家会诊时间以外不能被其他科室使用。

B. 独立的医学专家研究区域
将检查区域与医学专家的研究区域分开，可以更有效地使用咨询与检查室。

C. 完全分离前台与后台区域
存档和后台功能位于前台区域之外（咨询室、接待处、等候区）；医疗专家及助手使用灵活的共享工作区，可以更好地利用和协调前台与后台办公设施。

D. 多功能门诊部
随着电子病历和集中式数字预约安排系统的出现，医院不再需要纸质病历记录档案；该模式促进了跨学科协作和工作空间的灵活性。

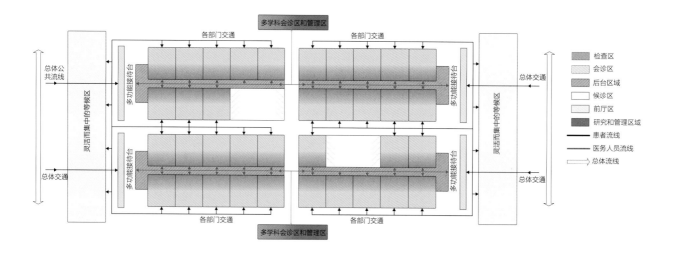

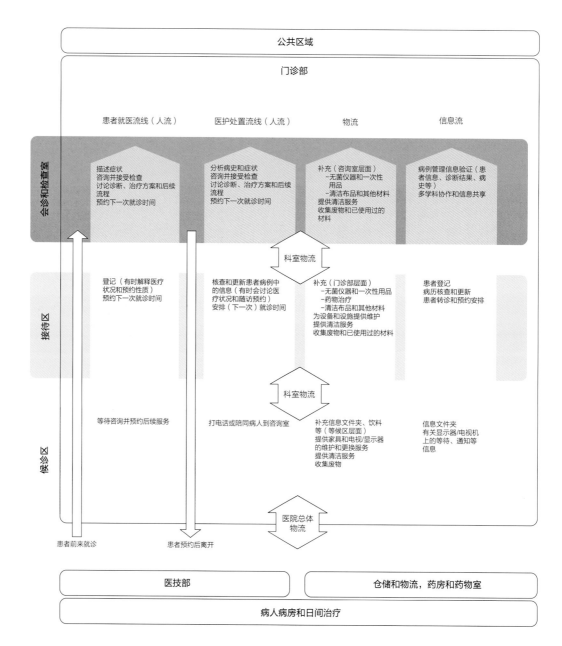

作以及举行会议。这种模式的一个优点是会诊室和检查室可以直接采光。虽然从医务人员的角度来看，布局紧凑似乎更高效，但从患者的角度以及从整个门诊部门的角度来看，可能会导致流程烦琐且效率低下。候诊区需要靠近会诊室，沿走廊布置。因此，通常情况下候诊区被剥夺了自然光线，但有时也会位于有直射光的特殊位置。一些门诊单元可能有接待人员，通常在候诊区的柜台处值班，主要回应患者的询问并协助完成诸如填写管理表格等任务。这种模式在其他患者听得见的情况下可能导致患者隐私泄露。候诊区所在的同一走廊也可能是通往其他医疗专业通道的一部分，会导致患者人流拥堵。

模式2：独立的医学专家研究区域

第二种模式（B）将医生的研究、行政、管理办公室和会议室分置在医院的单独区域，允许门诊部专门用于患者咨询。这种模式通常包括一条走廊，两侧有咨询与检查室，几个分散的等候区，中间有档案和后台设施。接待处位于其服务的咨询室附近，因此进行后续预约的过程仍然是一件公开的事情。所有的交通流线可能最终都会通过同一个空间，无论是等待预约的患者，去走廊尽头部门的患者，还是从一个部门转移到另一个部门的医疗和后勤人员。这种交通路线的组合会导致迷失方向，从而减慢就医进程。但另一方面，这个模式允许除了走廊之外的所有患者所在区域都拥有直接自然光。

模式3：完全分离前台和后台区域

第三种模式（C）将档案室和后勤办公室设施置于医生研究、行政管理办公室和会议室附近，而不是置于接待区。因此，所有无需患者参与的活动都发生在他们无法进入的单独区域，从而严格将后勤医务人员流线与患者流线分开。专门的医务人员走廊或许可改善医护人员相互之间，以及医护人员与管理人员的连通，从而允许彼此之间更好地合作，消除医护穿过等候室以及公共走廊的需要。

该模式通常由一个双边式走廊组成，两侧设有各种医学专业的会诊室和检查室，但是，每个医疗专业都有一个单独的接待台和候诊区，由主交通走廊隔开。病人和医务人员的交通路线是分开的，这样可以快速访问各个后台区域。会诊室有直接自然光，但走廊和检查室由于其侧翼位置很少则只有间接自然光。

模式4：多功能门诊部

第四种模式（D）基于使用完全数字化的患者记录，使得候诊区、后勤设施、医生办公室以及集中接待与候诊区的位置具有高度的灵活性。尽管这些较大的候诊区可能增加病人之间感染的风险，但这种布局在设计良好、管理得当的情况下，可以提高患者的舒适性和隐私性，加快交通速度，使得患者更方便地访问。该模式通常包括一个双边式中心走廊和两个用于患者交通的横向走廊，检查区域连接到专门的医务人员通道。患者到达一个集中的前台，并被引导到中央等候区。走廊通过使用内部庭院和天窗实现采光。

门诊的流程集中在三个功能区域：咨询与检查室、接待区和等候区。从多个方向描述过程：患者、医务人员、设施服务和信息流

功能单一的专科门诊部
-纸质医疗记录
-分级候诊区
-专门的会诊室/医疗专家单元

多功能门诊部
-电子病历
-集中候诊区
-共用咨询室

预约安排

功能单一的专科门诊部	多功能门诊部
预约安排 1. 患者或全科医生致电医院预约。 2. 在科室接待处工作的医疗助理接听电话并安排预约。 3. 在预约之前，病人的病历会被分派到特定的门诊部	**预约安排** 1. 患者或全科医生致电医院预约或在线安排预约。 2. 在后勤办公室工作的医疗助理接听患者的电话，核实和更新患者电子病历中的信息，并安排预约，如必要时，按照正确的顺序安排额外的预约（验血、放射性扫描等）。 3. 患者的电子病历随时随地可以访问。步骤去除

咨询

功能单一的专科门诊部	多功能门诊部
抵达和登记 4. 患者到达医院的中央接待处，然后被送往科室接待处。 5. 病人到达后在科室接待处登记，有时在其他等候的病人能听到的范围内解释病情和预约的性质。 6. 科室接待处的医疗助理检索患者的纸质病历，在其他患者的听力范围内验证和更新信息，检查是否缺少诊断检查（血液检查、放射性扫描等），如果是，则将患者送至诊断部门，重新安排患者的预约时间。 7. 患者在诊断科室（临床化学/放射学等）注册，等待并接受所需的检查。 8. 患者返回并在科室接待处重新登记进行初诊。	**抵达和登记** 4. 患者到达并在医院的中央接待处登记，并接收有关预约和预计等待时间的信息以防延误。 5. 患者在所有相关部门自动注册，进行预先安排的诊断测试，并在预定时间到达部门接待处进行预约。 6. 医疗助理会做最后检查，以确保完成预约所需的一切。 7. 无此步骤 8. 无此步骤
注册和等候 9. 患者在科室候诊区等待，分级候诊区通常位于无自然采光的走廊中，且无候诊时间提醒。 10. 科室接待处及候诊区的患者常会听到医护人员关于其他患者病情的讨论。 11. 医疗助理将病历带到医疗专家的会诊室，并打电话给病人。	**注册和等候** 9. 病人在指定的预约时间到达分级候诊区。 10. 医护人员之间的对话不易被患者听到 11. 在医疗专家到来之前，医疗助理陪同患者到会诊室，检索患者的电子病历，进行检测并查看检查清单（如果有的话）。
咨询和治疗 12. 患者（再次）说明病情，然后医学专家要求跟进问题进行检测并与患者讨论诊断和治疗计划。 13. 医学专家更新纸质医疗病历，医疗助理将记录带回科室接待处（并带入下一位患者的病历） 14. 病人离开房间，医疗专家叫下一位病人。 15. 在没有病人时，医疗专家将会诊室用作研究和行政工作的办公空间，当专家离开时，其他人不会使用咨询室。	**咨询和治疗** 12. 医疗专家检查患者电子病历中的最新信息，询问后续问题，进行检测并与患者讨论诊断和治疗计划。 13. 电子病历由专家更新。 14. 如果需要，患者与理疗助理一起留在房间内以安排随后的预约，医疗专家前往相邻的会诊室查看下一位患者。 15. 会诊室主要用于患者预约。当一位医疗专家离开时，该房间由另一位专家使用。用于研究和行政工作的桌子/工作区位于后面的办公区

咨询后期

功能单一的专科门诊部	多功能门诊部
后续预约 16. 患者和一名医疗助手在候诊区其他患者能听到的范围内，在科室接待处安排后续预约。 17. 当需要在其他部门预约时，医疗助理会分别致电这些科室以安排预约或安排患者前往。	**后续预约** 16. 患者和医疗助理使用医院的数字预约系统安排，在会诊室的各个部门安排所有必要的预约。 17. 无此步骤
后台流程 18. 科室之间的纸质病历每天都会从医院档案中移出。 19. 后台处理（电话、研究和行政工作等）不与前台处理（接待、患者预约等）分开。	**后台流程** 18. 无此步骤 19. 后台流程与前台流程分开

会诊和诊疗室典型的组成部分：会诊区（米色）、陪同人员和步行者/轮椅（绿色）、检查区域（橙色）和医生工作区（紫色）；档案室是专门针对没有电子医疗记录的门诊部门组成部分

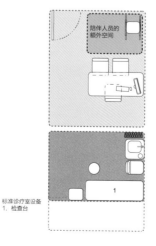

标准诊疗室设备
1. 检查台

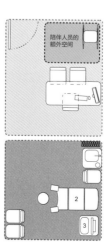

专门诊疗室设备，例如妇科
2. 妇科检查台
3. 超声波机器

（数字）档案

汤姆·库特耐特，古鲁·马尼亚，科莱特·尼梅杰，科尔·瓦格纳

住院病房

与门诊患者不同，住院患者会在医院至少住一晚，甚至经常会连住数天。住院治疗始终是一种糟糕的体验，从患者进入病房的那一刻起就被迫扮演新的角色。这引发了一些反应，这些反应被归纳为退化（患者回归到孩子般的状态并且行为活动要全部由医生掌控）、沮丧（因为已经不可能从事正常的日常生活）、以自我为中心（随着被迫扮演被动角色而增强），显然还有恐惧。[109]有许多其他因素导致患者感到不适：尽管暂时与看望他们的家人和朋友分离，但患者已暂时不是家人朋友中的一部分；强迫患者与陌生人共处一室，忍受多床房患者家属同时探望时引起的不愉快，这在许多国家仍然是常态；在有限的情况下，患者缺乏隐私，无法建立私人领域；使患者暴露在令人不舒服的噪声环境下。如何才能改善这种情况？通过减少住院病人的数量并尽可能多地向门诊部门转移治疗，采取干预措施，这有助于改善患者体验。因此，例如在德国，有望未来几年住院病床的数量至少减少20%。[110]

通过有效安排护理路径中的所有步骤，从而最大限度地缩短住院时间，这种合理的策略可以使得住院时间有缩短的趋势。但是，如何能让患者在医院中安心度过？虽然与医学专家及其技术的接触对于患者来说固然重要，但是对患者住院体验影响更大的是他们与护理人员和其他服务人员之间的互动。以患者为中心的护理理念在20世纪70年代得到了发展，为了缓和医院作为医疗机器冰冷的、缺少人情味的特征采取了许多措施。其中最著名的是"Planetree"概念。Planetree组织由安吉莉卡·蒂埃里奥（Angelica Thieriot）于1978年在旧金山创立，强调考虑患者的主观体验。它主张患者直接接触医务人员，其中患者特征信息尤为重要，同样重要的还有使亲属朋友能提供积极帮助的设施，这些应成为医疗建筑考虑的准则（特别是在患者病房里）。除了强调自然光和舒缓色彩的价值之外，这种方法还强调了室内装饰与家具充满家庭氛围的优点。Planetree组织甚至为建筑公司启动了相关的认证计划。

趋势

毫无疑问，过去20年来最重要的趋势是单床病房越来越多地为人们所接受，这已成为医院的新标准——尽管在实践中仍然可以找到多床病房（2011年在德国，医院里的单床病房占有率大约为15%）。[111]单床病房可以解决多床病房引起的一些问题，例如缺乏隐私。当面临医院细菌感染的风险时，患者与陌生人共用一个足够宽敞的房间，同时允许家人偶尔陪伴过夜时，单床病房特别受到患者欢迎。循证设计研究支持单床病房的积极影响，这也降低了用药错误的风险（这种风险不是小问题，在德国，因意外接受错误用药致死的人数超过了交通事故死亡人数）。[112]在中心护士站的使用标准保持不变的情况下，单床病房虽然会占用很大空间，增加病人与护士之间的距离（可通过分散护理解决此问题），但投资单床病房依然被视为营利，因为它们可能对健康产生积极的影响，提高患者满意度，减少诉讼概率。此外，如果房间里没有其他人，患者可以更自由地与医生交谈。[113]

建造宽敞的单床病房促进了另一项发展：在技术和空间可行的情况下，病房中可

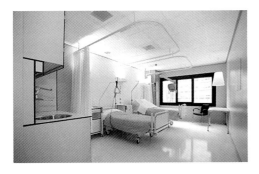

荷兰格罗宁根市的马丁尼医院（Martini Ziekenhuis），Burger Grunstra建筑事务所设计，2007年。双床病房

集中尽可能多的医疗程序。病房中的移动医疗设备越多，患者在医院内被运送的需求也就越少，其中医疗设备主要包括"带轮子的电脑"（Computers On Wheels，COWS）或手持设备（包括某些类型的影像和诊断机器）。以往运输患者往往是一项耗时且具有较大压力的活动，过程中会增加感染的风险。一个特殊的案例是为富裕客户提供服务的豪华高级套房。[114]例如，斯图加特的罗伯特·科赫·克兰肯豪斯（Robert Koch Krankenhaus）在医院顶层分别提供63平方米、58平方米和41平方米的贵宾套房。[115]

与医技部门新增高科技地暖的动态变化相比，住院病房的设计相对稳定。今天的病房设计仍然密切反映了30年前的设计理念，由于当时基于每晚每床的补偿模式，故而不能减少患者住院时间。

最近的发展才刚刚开始对病房设计产生重大影响：
- 对诊断服务增加费用补偿的措施减少了患者住院时间。
- 老龄化人口越来越多地转变为老年多病患者。不仅需要关心这些患者入院的特定医疗程序，还需要关心他们的其他医疗条件。这可能导致专科病房（心脏病学、整形外科等）向多学科病房的转变。
- 为老年患者提供急性服务（手术、神经病学、心脏病学、内科学等）的病房，不仅越来越需要具有处理痴呆症和老年精神病情况的条件，而且需要对建成环境进行改造。
- 在医疗干预后，初期集中的恢复以及康复过程可以带来更好的医疗效果，并且可以缩短患者住院时间，一般通过病房设计来满足这些康复服务的需求。
- 病房的护理人员通常花费超过三分之一的时间用来行走或寻找人和物，而病房的布局是造成这种不足的最大原因之一。应通过高效、紧凑和直观的布局来避免这种浪费与低效，并结合"人为因素"的设计提高安全性。

病房通常配备监测设备、氧气、压缩空气和抽吸设备，以便在病房内进行相对简单的医疗程序。越来越多的干预措施在病房内进行，病房内动态提高或降低护理水平

关于单人病房的建议，Perkins+Will事务所设计，2011年。该房间有一个家庭区，可容纳家人

荷兰代芬特尔的代芬特尔医院，De Jong Gortemaker Algra设计，2008年。多卧室单元，窗台较低，可以看到外面的景色

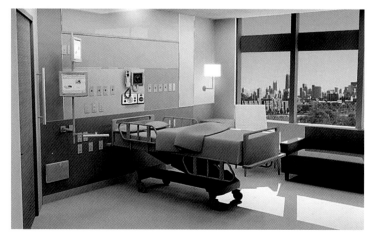

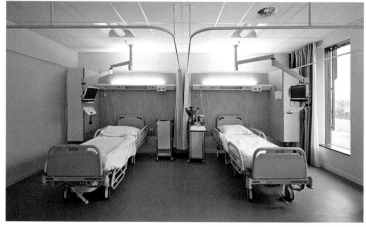

的趋势，可能会导致额外的设备需求（不使用时会存放起来），而不是将患者转移到另一个病房。所有的病房都有一张病床，大部分都是电动的，以使病人能够调整自己的位置，并支持床边的人体工程学护理。与人体工程学护理同样重要的是移动式或吊装式患者升降机。

许多医院都提供个性化的数字健康、娱乐和服务环境，平板电视既可以作为电视机，也可以让患者订餐、上网。在理想情况下，还可以查看患者的健康状况。

空间

住院病房分为不同大小的护理单元。单元大小取决于普通患者医学状况的严重程度。每个护士负责的床位数量一般为4~8张，而通常每个护理单元总共有30~40张床位。在一些国家，护理单元的规模远大于此。住院病房护理的一个基本问题是护士站的位置。长期以来，中心护士站一直是规范的，但由于信息技术的进步，分散式移动工作站成为一种安全、高效、对病人友好的替代选择；事实上，研究似乎表明"……与分散管理的单元相比，每个集中管理的单元在电话、计算机和纸张管理上花费的时间要多得多"。[116]在瑞士，一些重组病房的设计甚至完全放弃中心护士站作为一个空间功能。这一趋势可以从研究中看出，中心护士站模式中与患者的护理互动不断下降，混合护士站将床边护理和管理与工作站相结合。这种混合模式是否会增加护理人员与患者之间的互动，还有待观察。一个典型的病房还包括一些设施，如会诊室和检查室、与访客互动的空间以及一个可供步行的角落，但在公共区域，此类设施空间并不方便患者的使用。

病房内可分为四个区域：患者的直接使用环境、护理者使用的区域、家人朋友占用的空间以及维护房间卫生条件的区域。[117]病房内，厕所和浴室的位置对设计有重大影响。有一个明显的趋势是增加房间的大小，允许更多的床边医疗干预，而即时运送系统正在减少对室内存储的需求。在调查中，三分之二的住院病人喜欢有家居感的房间。[118]理想情况下，艺术品和一些来自家中的物品有助于缩小病房与私人领域之间的氛围差距。

患者角度

在住院期间，患者的病房体验受到个人因素的影响，例如年龄、住院时间、多发病率和依赖程度、建筑布局、病房大小以及使患者更舒适的护理特征。当下，更高的护理强度和更短的住院时间需要患者与医务人员之间越来越多的互动。

从患者的角度来看，重要的是，不同护理类型的设计提供了最大限度的安全与隐私，在护理类型和护理量方面提供了足够的选择，具有足够的舒适度。从经济可行性的角度来看，病房设计的挑战是，如何在这些不同方面之间取得令人满意的平衡。

如果患者卧床不起，这种姿势决定了他们感知环境的视角，在设计中需要考虑到这一点。如果住院患者可以自行离开房间，病房至少应为他们提供一些有意义的活动；引导恢复的患者逐渐扩大其活动半径，发现病房新的区域，最终发现更大的空间环境。理想情况下，作为重回正常生活的第一步，患者应该能够将活动范围扩展到庭院和庭院外空间。

加拿大蒙特利尔的蒙特利尔大学医疗中心（CHUM），Neuf建筑事务所与CannonDesign合作设计，2018年。带有家庭区域的单人病房卧室的渲染

功能性视角

老龄化、多发病和依赖性增加等问题，导致更多患者需要工作人员帮助才能行动，例如从床上到厕所。由于医院中的病人厕所通常无法容纳患者升降机（吊装式或移动式），因此患者通常需要由护理人员抬起和转移。当医院选择专门团队来转移患者，护理人员会中断正常工作以便为患者转移提供支持，这些会扰乱医院正常的秩序。如果没有完善的设备和经过充分的培训来完成这项任务，护理人员就有遭受职业伤害的风险。因此，病房设计需要包括符合人体工程学的（并且在经济上可行的）患者转移解决方案。到目前为止，住院护理病房的设计，以及短期护理病房的设计，如24小时病房和日间护理病房等，都采用了截然不同的设计方法。[119]

就其与其他部门的位置而言，通常将各个住院病房分配给特定的医学专科，尽管目前有一种趋势，即让所有具有特定医学状况的患者适应多学科环境。较小的医院可能会选择完全放弃住院病房与医疗专科之间传统的"一对一"的关系。

未来设计面临的挑战

未来的病房设计应具有灵活性，并以基本的模块化设计为目标，以适应住院护理和门诊护理。从护理的角度来看，它应该是符合人体工程学的。由于护士站和患者之间良好的视觉交流已被证明可以改善患者护理状况，病房设计可能会与酒店类型的病房有所不同，将浴室作为病房与走廊之间的一个分隔元素。尽管病房与走廊之间的通透性已成为盎格鲁-撒克逊（Anglo-Saxon）国家的普遍特征，但这种设计方案在欧洲医院很少见。由于患者年龄较大、病情较重，且比以前更依赖医疗护理，进而需要密切监控，因此在未来的病房设计中，房间走廊的通透性可能会变得更加重要。如果可能的话，这种通透性应该由患者来控制（如使用可调节的百叶窗）。此外，未来的病房设计必须有助于进一步缩短患者的住院时间，通过将在ICU的住院时间（和费用）缩短一天、一般住院护理时间缩短1.5天的住院模式来减少时间和资金的消耗。病房设计需要包含能够灵活调节高度、重新激发活力和康复的功能，也包括支持患者上厕所（减少使用便盆）的功能，同时应在病房内提供综合的物理培训和治疗设施。

单床病房规划考虑因素
- 病床周围所需的最小空间
- 病房的洗脸盆（仅代替病人浴室的洗脸盆）
- 房间内配有标准内置家具或按需定制（移动床）
- 套房与共用浴室
- 仅限病房或移动设备中的工作站（COWS或手持设备）
- 走廊上对患者的可见度（如果病房与走廊之间有玻璃窗）
- 卫生间/浴室的位置
- 门的大小、位置和方向
- 隐私窗帘（应该可以在关闭窗帘的情况下进入房间）

- 医疗设备的存储（把医疗设备放在显眼的地方有助于营造一个更好的临床环境）
- 窗户和遮阳，可由患者远程操作
- 床头终端或个人平板电脑
- 专用电视或电视与床头终端集成（可选）

多床病房规划考虑因素

- 所需的床位数
- 病床周围所需的最小空间
- 未来可以灵活地将多床病房改造成单床病房
- 医疗设备的存储（多床病房比单床病房有更多限制存放设备的选项）
- 走廊上的患者可见度（患者房间与走廊之间的玻璃窗：通过病床位置与走廊确定的可见度）
- 洗脸盆/酒精分配器的位置
- 门的大小、位置和方向
- 窗户和遮阳

单床病房带配套浴室：规划选择（图例，第75页，顶部和中间）

A. 浴室靠近病房入口，导致：

- 走廊上的工作人员对病人的可见度较低（如果病房与走廊之间有玻璃窗）
- 为患者提供更多私密性
- 走廊里的采光较少
- 浴室清洁对患者的干扰更少

B. 卫生间位于病房之间，导致：

- 走廊上的工作人员对病人拥有更多的可见度（如果病房与走廊之间有玻璃窗）
- 可用于辅助设施的剩余空间（例如存储）
- 更多的日光照射进建筑物

对于整个住院病房，单人间和配套浴室的布局会产生以下后果：

- 卧室进深较浅，可以实现更宽敞的走廊，配置更多样化（护士站、咖啡角、休息室等空间）。
- 总建筑长度可能增加。
- 分散的和较小的辅助功能（存储等）可能是更好的组织选项。
- 使患者与工作人员之间有更多视觉接触（在病房与走廊之间有玻璃窗的情况下），特别是与分散的护士站相结合时。

另一方面，将所有浴室放置在走廊附近的布局对整个病房有以下影响：

- 前置浴室允许更紧凑的配置（更少的外立面等于更低的成本）。
- 维护工作可以从走廊进行（而不是在病房内或穿过病房）。

一名护士通常负责4~8名患者，并且在分散的护理概念中，他们主要关注与这些患者相关的护理过程。因此，虽然将浴室放置在两个单独的房间之间会导致走廊更加狭长，但是在患者房间的角落处设置浴室，会导致护理人员更长的步行距离。

住院病房需要大量的工作人员和辅助空间：
- 护士站
  - ▲ 病房集中
  - ▲ 或病房分散，包含多个工作站
- 控制室
- 冲洗和清洁便盆的空间：一个或多个，取决于病房大小（病床数量）和尺寸（步行距离）
  - ▲ 关于使用普通便盆还是一次性便盆的问题，普通便盆需要冲洗和清洁；一次性便盆需要额外的存储空间并且必须处理使用过的便盆。
- 床上用品（干净的和使用过的）
  - ▲ 干净的床上用品存储
    - ◆ 集中存储，通过储物间或直接通过推车分配运送至病房的机柜
    - ◆ 分散存储
      - ‣ 直接位于主要病房/医院交叉口的储物间
      - ‣ 在病房中直接放入橱柜（足够容纳3~4张床上用品的空间）
  - ▲ 使用过的床上用品
    - ◆ 位于主要病房或医院检查口的分散式工作站，可以在不进入病房的情况下拾取用过的床单
- 卫星药房

住院病房典型的组成部分：入口区域（绿色）、病人区域（黄色）、医务人员区域（棕黄色）、病人浴室（蓝色）

住院病房布局
病床及其周围的空间决定了病房的布局；在紧急情况下可以最快到达和干预处于中心位置的床

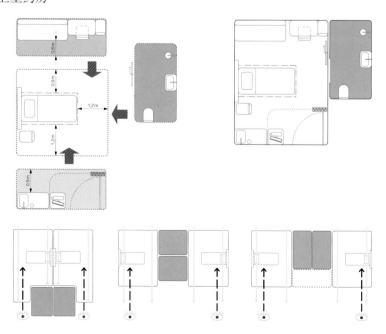

病房配置及其对视线的影响/工作人员通过敞开的门或玻璃门和玻璃墙进行管理。每个配置中走廊的采光量也不同

套房浴室位置对于步行距离的影响（病房层面）

A. 浴室位于房间的结构开间内，从而可以重复使用结构开间并缩短走廊长度。但与直觉相反，这导致护士的步行距离更长。

B. 浴室位于相邻的、独特的结构开间内，通常会导致不规则的结构韵律，但同时会缩短步行距离。

套房浴室位置对步行距离的影响（护理单元层面）

A. 浴室位于房间的结构开间内，增加了步行距离。

B. 浴室位于一个相邻的、独特的结构开间内，增加了对走廊长度的影响。

单人病室对集中和分散护士站的影响（取决于护理强度，每个护理单元的配置可以从2~8个病人不等；以下描述针对每个护理单元的8个病人）

A. 集中护士站（高级护理中心）同时管理4个护理单元，每个护理单元有两个四病床病房：假设护理单元离护士站较远，步行距离则会增加一些，但由于四病床病房所需的结构开间进深较深，因此走廊一侧距离相对较短。

B. 集中护士站管理4个护理单元，每个护理单元有8个单人病房：由于进深相对较浅的结构开间，结构开间走廊一侧的距离较长，使得步行距离增加以至于阻碍了护理过程；这说明在选择单人病房以提高患者隐私时需要分散护士站。

C. 半分散式护士站，每个护士站管理两个护理单元，每个护理单元有8个单人病房，步行距离比B型更容易控制。

D. 分散式护士站，每个护士站管理一个护理单元，每个护理单元有8个单人病房，为最佳步行距离。

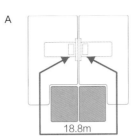
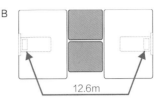
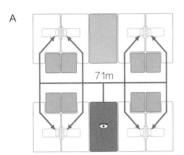
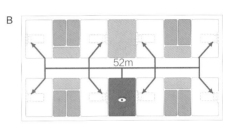
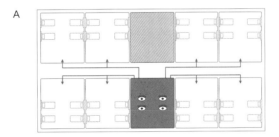
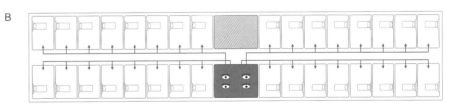
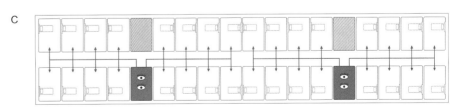
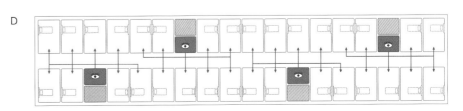

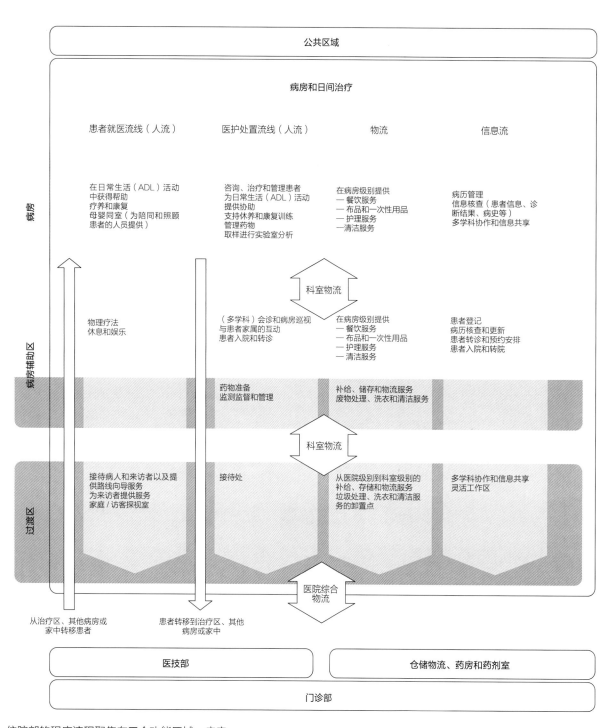

公共区域			
病房和日间治疗			
患者就医流线（人流）	医护处置流线（人流）	物流	信息流

病房

在日常生活（ADL）活动中获得帮助
疗养和康复
母婴同室（为陪同和照顾患者的人员提供）

咨询、治疗和管理患者
为日常生活（ADL）活动提供协助
支持休养和康复训练
管理药物
取样进行实验室分析

在病房级别提供
— 餐饮服务
— 布品和一次性用品
— 护理服务
— 清洁服务

病历管理
信息核查（患者信息、诊断结果、病史等）
多学科协作和信息共享

科室物流

病房辅助区

物理疗法
休息和娱乐

（多学科）会诊和病房巡视
与患者家属的互动
患者入院和转诊

在病房级别提供
— 餐饮服务
— 布品和一次性用品
— 护理服务
— 清洁服务

患者登记
病历核查和更新
患者转诊和预约安排
患者入院和转院

药物准备
监测监督和管理

补给、储存和物流服务
废物处理、洗衣和清洁服务

科室物流

过渡区

接待病人和来访者以及提供路线向导服务
为来访者提供服务
家庭／访客探视室

接待处

从医院级别到科室级别的补给、存储和物流服务
垃圾处理、洗衣和清洁服务的卸置点

多学科协作和信息共享
灵活工作区

医院综合物流

从治疗区、其他病房或家中转移患者

患者转移到治疗区、其他病房或家中

医技部	仓储物流、药房和药剂室
门诊部	

住院部的程序流程聚集在三个功能区域：病房、病房辅助区和过渡区。从多个方向描述过程：患者、医疗人员、物流和信息流

汤姆·库特耐特，古鲁·马尼亚，科尔·瓦格纳

诊断影像学

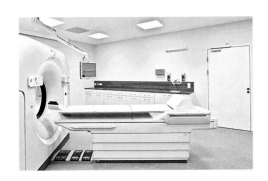

奥地利林茨市的迪亚科尼森林茨（Diakonissen Linz）放射科的翻修，DELTA设计，2015年

自1895年威廉·康拉德（Wilhelm Conrad Röntgen）发现X射线以来，诊断影像学的进步成为医院护理领域最显著的发展之一，同时也成为医学中技术最先进的领域之一。1971年，根据戈弗雷·N. 豪恩斯菲尔德（Godfrey N. Hounsfield）的一项发明，第一次进行了CT扫描（使用高剂量辐射）。20世纪70年代，保罗·C. 劳特布尔（Paul C. Lauterbur）发明了磁共振影像（Magnetic Resonance Imaging，MRI），其工作原理基于强磁场。PET扫描的原理是在20世纪50年代末被首次探索，并在2000年左右达到了顶峰，这一创新通常归因于大卫·汤森（David Townsend）和罗纳德·纳特（Ronald Nutt）。接下来是2008年前后的PET-MRI。在许多情况下，另一个非常有效的诊断工具是超声波，它涉及一个相对简单的程序，不需要大型设备。

所有这些技术都在不断改进。移动影像设备的发展是一个重要的趋势，它可以被带到病人的床边。因为超声波机器已经很普遍，它们变得更便宜、精妙和坚固。然而，使用电磁（主要是高能X射线）和核辐射的设备将继续安置在辐射安全的空间中，病人必须被运送到那里。同样的道理也适用于只能在建筑物中进行特殊改造时才能安装的设备（例如用于核磁共振影像的法拉第笼），或者那些太大或太重而无法运输的设备。尽管如此，对患者进行诊断影像的趋势也很明显。仅仅在10年前，许多专家还喜欢将所有重型影像设备集中在医院的中心位置，而现在，一些医院围绕特定类别的患者或组织疾病集群，为单个集群配备他们所需的所有医疗设施，即使这意味着分散影像设备。另一个有望改变影像科概念的趋势是影像与外科的结合，例如，血管造影术和手术室、心导管和介入室以及配备了先进医学影像设备（如固定C形臂或MRI扫描仪）的混合手术室，这些主要用于微创手术。

大多数类型的患者，包括住院患者和门诊患者，都需要在整个护理过程中的某个时间进行影像诊断。放射科及其各分支学科的专家、护理人员和影像及放射科技术人员负责管理影像科，该科包括一系列设备。由于这些数字图像可以在任何地方、任何时间提供，且需要由训练有素的专家进行解释，因此放射科医生甚至可以在家进行评估；由于考虑到成本效益或当地市场的熟练劳动力短缺，一些医院甚至与远在其他国家的放射科医生签订了合同。

空间

与门诊部一样，影像等待区需要集中布置。由于移动设备的广泛使用，集中候诊区也可以得到很好的管理，当需要向影像部门报告时，会先向患者发送通知。在所有情况下，都应营造一种有助于让患者安心的氛围。该部门的其他空间通常高度专业化，按照设备制造商提供的规格定制。

患者角度

从患者的角度来看，去诊断影像学部门可以成为任何护理途径的一部分，因为它为各种不同的患者群体提供服务——从创伤评估到肿瘤监测。患者可能会在不同的

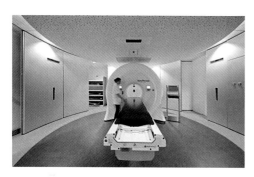

PET-CT设施，荷兰代芬特尔的代芬特尔医院，De Jong Gortemaker Algra设计，2008年

条件下到达：他们可能是在事故发生后被带入，或者是注射了镇静剂或失去知觉，或者是完全清醒并且感觉健康。其中有些人是门诊患者，有些则是住院和卧床不起的患者。出于这个原因，希望将住院患者与门诊患者人流分开。[120]尤其是接受多种影像介入治疗（内窥镜、腹腔镜、外科）的患者，应按单独的治疗分组进行管理。不同的影像技术需要不同的准备过程，例如，接受CT、MRI或PET扫描的患者可能在扫描前需静脉注射造影剂（基于碘的制剂或同位素）。

在急诊室中，安全处理程序对于患有多创伤的患者尤为重要。在过去，例如事故患者被转移到诊断影像学部门，为了在不同的位置拍摄X光片而在诊断台上多次抬升和转动，患者由此受到医院获得性事故后脊髓损伤的风险很高。如今，急诊科的高分辨率扫描仪（主要是C形臂和CT扫描）能够围绕急诊台以几乎全角度旋转，因此可以在不需要抬升或转动患者的情况下，执行标准局部影像和全身扫描。

相对于其他部门的位置

几乎没有哪个科室像诊断影像学那样与医院的其他职能紧密相连。所以部门的位置总是一个折中方案。然而，由于操作复杂机器所需的专业人员（尤其是放射技术人员）相对稀缺，以及与分散化相关所带来的低效率，使得部门的拆分并不总是一种选择。该部门是否应靠近或与应急部门整合？它是否应该靠近工作量最大的门诊部门？它是否应该利用高科技的干预功能，如在心脏科和放射科进行的干预？或者它应该与医技部的操作设备相邻，反过来又会产生与门诊病人不合理的交叉人流？未来扩建的可能性以及重型设备对建筑结构的要求表明，将其布局在一楼面对街道立面的位置是最佳选择，然而想要将尽可能多的医疗程序转移到患者附近，则要求采取分散化处理。为了便于快速诊断和干预，急诊科通常至少需要一个基础级别的影像设备，而产科病房通常要有集成的超声设备。

未来设计面临的挑战

混合手术室的出现允许在外科手术期间进行影像手术，这是向诊断影像学与其他医疗手术整合迈出的又一步。不断发展的小型化设备不仅使当前的设备更具移动性，而且促进了影像设备的集成，从长远来看可能会使整个诊断影像学部门被淘汰。

汤姆·库特耐特，古鲁·马尼亚，科莱特·尼梅杰，科尔·瓦格纳

手术室和恢复区

当外科手术在19世纪中叶重新进入医疗界时，它需要特定的空间。在后来的几年里，这个特定空间发展成为手术室，包括一套房间，每个房间都有一个手术台。这些房间倾向于自然采光，但是要求没有阳光直射或强烈的阴影。居高的顶棚和大面朝北的玻璃幕墙可以给手术室提供阳光。很多年以来，这都是手术室最显著的特点。当人工照明质量提高时，日光被认为是多余的。随着位于患者头顶的无影灯的引入，从自然光到人造光的转变标志着手术空间转变的开始，也称为手术室（Operating Room，OR）。手术室从一个相对简单的房间演变成了医院中技术最先进的空间之一。近年来，门诊手术中外科手术的比例有所增加，在某些医院的手术程序中比例高达80%。

外科手术逐渐式微，而影像技术不断发展。混合手术室允许医生"……通过荧光透视（移动X射线机捕捉运动）和超声检查等技术实时查看患者体内并进行修复"。[121]由于影像机往往体型庞大，需要特殊的辐射屏蔽结构，因此综合手术室的尺寸远大于传统尺寸。此外，除了外科和麻醉学团队外，他们还需要一支技术人员队伍。控制室、供应空间、擦洗区域、序列储物柜和发电机机架室可能会导致综合手术室的复杂布局。[122]值得注意的是，自然光已经重新回归手术室，因为它至少在某些方面仍然优于人造光，同时，它为员工观察天气以及昼夜规律提供了可能。

手术室的特征在某些程度上是通用的，具有有限的空间选择范围。手术发生在满是机器的空间中，这些设施或是在轮子上或是挂在顶棚上，也可能是壁挂式（一些在手术中具有观察生命功能的设施）。为了防止伤口污染，手术室还配备了包括电脑屏幕、仪器存放处、机器人、手术灯以及具有调节无菌气流的压力通风系统的特殊顶棚。

趋势

手术室的设计经常进行调整，以适应不断变化的医疗需求。由于运营部门是每一家医院中的高投资领域，其设计应为最佳工作流程做出重大贡献，以实现最大的投资回报。通常通过将病人的使用设施最优化来实现价值。由于始终存在感染的危险，患者在手术室中暴露于病原体中的风险必须最小化。正如1982年著名的Lidwell研究所描述的那样，在过去的几十年里，先进的卫生制度，包括清洁的空气流动系统和严格的卫生协议，已经发展起来，以降低术后感染率。[123]然而，应该指出的是，在高端清洁空气条件下进行的手术，与术前及时使用抗生素预防的手术之间的感染率差异在统计学上并不显著。

空间

手术室由三个不同的区域组成，区别在于所需的无菌水平。其一是必须符合最高卫生标准且包含手术室的限制区域；其二是半封闭区域，用于储存、仪器灭菌（这是早期设计中普遍存在的特征，现在的灭菌部门位于一个单独的区域，甚至是非现场）和仪器的准备；其三是在某些情况下甚至允许访客的非限制性区域。患者准备手术的位置是手术室的特征之一。另一个特征是手术室的数量。患者可以在自己的房间或手术室的指定区域准备（甚至在手术台本身）。手术室的配置取决于手术室的数量：单廊

荷兰阿姆斯特丹学术医疗中心（AMC）的外科部门更新项目，Valtos建筑事务所设计，2008—2015年。通过上部天窗为下部提供日光

英国巴斯的巴斯圆形医院，Foster+Partners建筑事务所设计，2009年。手术室有自然光

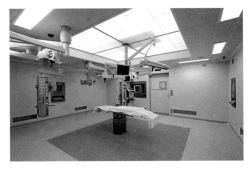

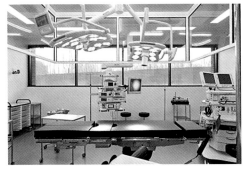

（对于手术室数量有限的小医院）、双廊（5～15个手术室以I形或U形排列）、周边廊中央受限制区域以及集群等四种类型。集群类型由密集小群组成，每个小群具有3～5个手术室，共享一个核心。这个地方需要使用易于清洁的材料，实践证实应该优选坚硬的玻璃状表面。绿色在最近才被推选为手术室的首选颜色。据报道，旧金山外科医生哈里谢尔曼（Harry Sherman）于1914年就推出了这种颜色，由于当时流行的白色色调令人感觉不适。现在一些评论员提出一种远离绿色的趋势，这一举动令人失望。[124]

患者的视角

为了减轻患者的焦虑，必须设计患者转移和等候区以及准备和麻醉区。在这种情况下，应当减少噪声和"技术设施"发出的声音。随着使用局部麻醉导致更大比例的患者在外科手术期间有意识，手术室的环境设计就越来越重要，应尽量让患者感受到相对轻松。近年来，在手术台上对患者实施麻醉，取代了在手术室外使用单独空间的老旧做法。在手术中对有效周转时间以及匆忙终止麻醉的行为关注，可能会使得患者感到不适。一方面，对于麻醉药的类型与相关的特定恢复时间之间需要权衡；另一方面，在手术室或单独的房间中实施和恢复麻醉，需要根据实际情况而定。

功能的视角

除了空气处理设备之外，还需要严格的卫生条件。手术室的卫生设计应侧重于降低病原体传播的风险。一些区域不断被大量人触摸，包括门把手、键盘、触摸屏、运输和后勤物品的把手、用于消毒剂或肥皂的分配器夹具等。在成功的卫生制度中，潜在的感染链必须被打断。通过最小化接触表面的方式实现"无接触"工作流程。

近年来，从提高功能效率的角度出发，医学界已经开始讨论将用于门诊手术与复杂急性手术的手术室设施分开的利与弊。提供具有足够数量的转移区域，以及相应规模的手术室，同时有效利用关键的基础设施，能使该部门以有效的方式执行门诊手术和复杂的急性手术。整合了上述手术的手术区具有一定优势，其优势在于可以依据复杂急性手术的需求和时间而变化，为两类手术相互间的转移能力、动态使用提供了整体灵活性。

手术室内复杂的技术环境需要人为设施的干预。建筑设计应通过解决诸如设备的可读性、空间清晰度和直观性等问题，帮助提高员工对技术设备的理解。近年来，我们探索了一系列手术室布局的替代方案。旨在实现协同效应，特别是麻醉方面（包括开放空间的概念），包括在一个大型开放式房间里将多个手术台结合的开放空间手术室概念。然而，这些概念在噪声和X射线保护方面暴露出了明显的缺陷。尽管如此，还是可以将现有的手术室转换为内部联通的手术室结构，并且结合个体和开放空间的优点。[125]

通过允许重叠而不仅仅是以顺序工作流的做法，提高手术室整体效率，这在1999年导致了所谓的"伯纳集群手术室"（Berner-Cluster-OR）的发展。[126]这个概念现在已经在德国的各家医院实现，例如汉堡埃普多夫大学医院（Univer-sity Hospital Hamburg-Eppendorf）使用"伯纳集群"（Berner Cluster）模式。由于在手术室之外执行准备活动，净

荷兰阿姆斯特丹学术医疗中心，丁格尔建筑师集团（Architectengroep Duintjer）与迪克·凡·穆里克合作设计，1981—1985年。手术室的走廊

运营时间可以增加大约20%，故而手术室可以放置在靠近重症监护室且位于中心的集群中。但是这里每个集群都靠近病房，使得整个医院的小集群中存在着强烈的分散化趋势。

手术室的组成部分

手术室包括几个区域，从最无菌的区域（手术室和无菌器械制备室）到相对有菌的区域（患者、医务人员和医疗样品的准备区域）。操作区域（Operating Block，OB）还必须容纳其他功能，例如转换区域功能、等候和恢复区域以及后勤办公功能。必须校准操作区域中所有部件的设计以确保安全。主要决定因素有几种，分别是手术台（Operating Table，OT）、手术室（OR）（第89页）、操作区域及其在整体布局中的位置。

手术台

麻醉师和设备相对于手术台与患者的位置：

麻醉师位于患者头部附近，设备位于主手侧（通常是右侧）。

手术团队和设备相对于手术台与患者的位置：

手术团队的位置取决于干预位置，该位置通常朝向手术台中心。用于外科手术基础程序的手推车需要以最短距离在手术室内行进，并且通常置于手术团队的旁边，在手术室中设备入口的一侧。

手术台相对于患者入口的位置：

当麻醉师进出手术室时，患者的头部靠近入口，确保麻醉师以尽可能小的距离进行麻醉。手术台定位为患者头部靠近患者入口，平行于进入手术室中的患者床的方向。

手术室

对于大多数手术室，推荐的通用尺寸为7米×7.5米，特殊操作环境需要更大或更小的配置。例如，混合手术室需要70平方米，眼科手术室需要36平方米。

静压室

静压室尺寸变化很大，但有明显增加其覆盖面积的趋势。它们的形状通常是矩形或正方形，面积为9平方米。手术台中心与静压室的中心重合。

入口

病床的入口宽度应至少为1.5米，其位置应允许病床进出手术室。一种广泛使用的关闭系统是具有单个滑动门的系统，其设置在手术室外墙壁上。

交通与物流

手术室中的流线非常重要。组织良好的交通不仅促进了效率而且维持了无菌环境。本书从流程组织、卫生和功能配置的角度阐述了四种手术室流线模式，并描述了其主要影响。最简单且最古老的模式允许患者、医务人员、医疗器械和废物共享手术室的相同入口，允许污染和无菌流线使用相同的路线，而这种做法存在明显的缺点。

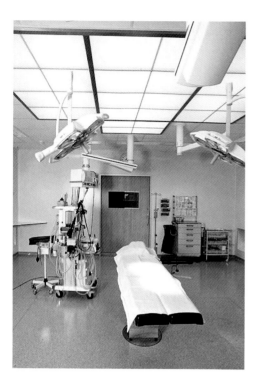

荷兰贝亨奥普佐姆（Bergen op Zoom）的洛文斯堡医院（Ziekenhuis Lievensberg），De Jong Gortemaker Algra事务所设计，2009年。手术室

　　尽管如此，这种模式仍然可以通过使用特殊空间，让无菌器械安全使用。并在无菌密封手推车中运输，同时使用其他容器放置废物和已使用过的医疗设备。

所有交通共享一扇门（图例，第88页，A）

- 手术室流程是线性的，周转时间更长。
- 无菌器械在手术台旁边的手术室中打开包装并准备好。
- 无菌、非无菌和受污染的交通流线相互交叉，增加了感染风险。
- 建议使用单独的可密封容器，以区分无菌器械、非无菌材料用品、废物、已使用过的器具和布品。
- 从侧壁接入自然光可以实现更好的照明方案，更好的可视性以及有利于医务人员昼夜节律的调节。

　　手术室中的废弃物流线可以与无菌流线分离开来。专用"无菌走廊"将无菌设备带入工作场所，"废物处理走廊"可以运输废物和已使用过的材料。这样选择的结果会产生很大影响：

专用废物处理路线（图例，第88页，B）

- 手术过程可以并行执行，已使用过的器具可以在废物处理走廊中处理，同时患者在程序之后恢复意识。
- 无菌器械在手术台旁边的手术室中打开包装做好准备工作。
- 无菌流线和废弃物流线不交叉。
- 无菌器械、医务人员和患者使用相同的走廊和入口。
- 密封容器可用于将器械从患者移入手术室的运输过程中分离出来。
- 无法通过侧壁直接引入自然光。

分离的无菌器械路线（无菌走廊，图例，第88页，C）

- 手术过程可以（部分）并行执行，并且可以在清洁手术室时准备仪器，从而缩短周转时间。
- 器具在具有向下（或向上交叉）流动气流的无菌静压室内制备。
- 无菌流线和废弃物流线不交叉。
- 医务人员、患者和废弃物使用相同的走廊和入口，增加了感染风险。
- 建议使用密封容器将废弃物、用过的器具和布品流线与患者流线分开。
- 无法通过侧壁直接进入自然光。

　　在最精细的模式中，患者和医务人员使用主要入口抵达。无菌器械通过次要入口到达。废物、用过的器具和布品通过单独的废物处理路线移除。

分离的无菌器械和废物处理路线（图例，第88页，D）

- 手术过程可以（部分）并行执行，器具可以在清洁手术室时准备，用过的器具可以在废物处理通道中包装，同时患者恢复意识，从而减少周转时间。
- 器具在具有向下（或向上交叉）流动气流的无菌静压室内制备。

- 无菌设备流线、废弃物处理流线以及患者和病人流线不交叉。
- 无法通过侧壁直接进入自然光。

分散型仪器准备区

分散型，由两个手术室共享并位于手术室之间（图例，第91页，A）

- 器具在具有向下（或向上交叉）流动气流的无菌静压室中制备。
- 共享设施可能会因注意力分散而导致错误，但考虑到准备室中人数有限（最多两人），分散注意力的可能性低于集中模式。
- 镜像手术室配置可能导致错误。
- 准备室入口处的空间可用于不同的功能，例如，用于固定患者的床而不是将床带到操作区更远的位置（物流效率）。

分散型，由两个手术室共享并位于走廊中（图例，第91页，B）

- 器具在具有向下（或向上交叉）流动气流的无菌静压室中制备。
- 共享设施可能会因注意力分散而导致错误，但考虑到准备室中人数有限（最多两人），分散注意力的可能性低于集中模式。
- 镜像手术室配置可能导致错误。
- 准备室入口处的空间可用于不同的功能，例如，用于固定患者的床而不是将床带到远离操作区的位置（后勤效率）。
- 准备室阻碍了走廊的视线通达性。
- 手术区的总长度短于手术室之间的准备室配置。

分散型，每个手术室共用（图例，第92页，C）

- 器具的制备在向下（或向上交叉）流动气流的无菌静压室中制备。
- 不共享设施，最大限度地减少因注意力分散造成的错误。
- 准备室入口处的空间可用于不同的功能，例如，用于固定患者的床，而不是将床带到远离操作区的位置。

集中仪器准备区

集中型，手术室位于边上（图例，第92页，D）

- 共享设施会增加精力分散导致错误的风险。
- 病房的储藏空间一般放置在沿走廊的特殊位置或手术区入口处的特殊房间。建议在手术区入口使用特殊的房间，因为可以降低污染的风险，但这意味着患者和床的运输效率会降低。
- 一条无菌走廊和两条患者及废弃物走廊。

中央的手术室（图例，第93页，E）

- 共享设施增加注意力分散导致错误的风险。
- 病床的存放区域放置在沿走廊的特殊位置或手术区入口处的特殊房间。

西班牙穆尔西亚的洛斯·阿科斯·德尔·马·梅诺大学医院（Los Arcos del Mar Menor University Hospital），Casa Solo Arquitectos事务所设计，2011年。运营部门的走廊

- 两条无菌走廊和一条患者及废弃物走廊。

另一个问题是麻醉师的流线，可以在手术室内外使用单独的门或污洗室。麻醉师每次手术至少两次进出手术室，在不同气压的空间之间打开门会产生气体干扰。

这会导致空气传播的颗粒（如细菌）进入无菌区域，从而导致污染。在角落中使用较小的单独门有助于将此风险降至最低。邻近手术室入口（或与较小的门相邻）的污洗室可以消除这种风险，但它需要额外的投资和空间。

手术室门中包含供麻醉师使用的较小入口

- 减少但不消除空气干扰和相关的感染风险。
- 也可作为放置在手术室入口处的分散消毒点，集中式洗涤站最好位于医务人员更衣室旁边。

污洗室位于手术室内部

- 将空气干扰减少到可以忽略的程度，几乎消除了感染的风险。
- 也可作为放置在手术室入口处的分散消毒点（酒精分配器）。

污洗室位于手术室外部

- 将空气干扰减少到可以忽略的程度，几乎消除了感染的风险。
- 可用作额外清洁空间，为医务人员配备洗脸盆。

手术区

可以通过多种方式配置手术区。这里主要布局选以12个手术室的形式，示意性地描述以说明各个角色的配置、流线和步行距离。

单廊模式（图例，第86页，A）

单廊模式沿着一条走廊安排所有手术室，这些走廊通向病人准备和恢复区域、医疗人员准备区域以及其他功能区域。

- 与其他模式相比，患者和医护人员进出手术室的距离通常更长。
- 废弃物流线拥有直接、独立的路线。
- 所有手术室都可以通过侧壁间接引入阳光。

集群模式（图例，第86页，B）

集群模式将中央仪器准备室周围的手术室进行分组。集群的大小和数量可以不同，最常使用的是四个集群。

- 医疗人员和患者在去往手术室途中的通道指示是相似的。
- 废弃物流线没有独立的路线。
- 只能在有限数量的手术室中有直接或间接阳光。
- 比单一走廊模式有更紧凑的布局。
- 存储区可以位于仪器室附近，作为各种医疗用品的污洗室。

手术室综合体中的工艺流程聚集在三个功能区域：手术室区、准备和恢复区以及污洗区。这些过程来自多个方面：患者、医疗机构、设施服务和信息流

双廊模式（图例，第86页，C）

双廊布局有一个简单的做法，将存储设施与手术室分开，沿着走廊布置，使得空间更紧凑，交通效率更高。

- 医务人员和患者的距离相似，但在某些情况下，患者必须沿着走廊长距离行走。
- 废弃物流线具有直接的、独立的路线。
- 可以从侧壁引入间接日光。
- 比单廊模式有更紧凑的布局。

中间清洁走廊（图例，第86页，D）

清洁走廊模式在交通方面非常有效，因为它在集中式仪器准备区域周围安排了手术室。

- 医务人员和患者的距离相似，但在某些情况下，患者必须走很长的距离才能到手术室。
- 废弃物具有直接的、单独的流线。
- 无法从侧壁引入间接阳光。

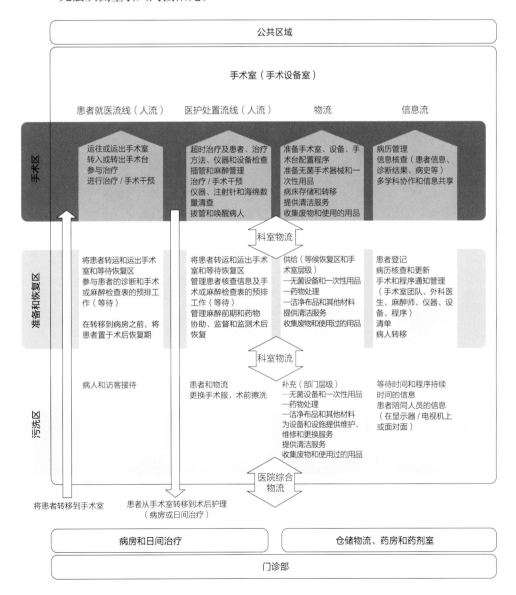

1. 手术室

2. 器具准备室

3. 等候区

4. 恢复区

5. 巡回护士器械台（可移动）

6. 规划和协调办公室

7. 污洗区

8. 员工更衣室

9. 员工休息区

10. 卫星病理学实验室和其他实验室的样本采集区

11. 医疗废弃物临时存放区

12. 已用过器具临时存放区

13. 陪同人员等候区

14. 无菌器械和一次性用品及其他无菌用品的储存区域

15. 洁净布品和其他洁净用品及无菌用品的存储区域

Ⅰ. 患者入口

Ⅱ. 患者出口

Ⅲ. 急性和创伤患者

Ⅳ. 陪同人员

Ⅴ. 医护人员

Ⅵ. 无菌器具、一次性用品、干净的布品等材料

Ⅶ. 废弃物处理

Ⅷ. 器具消毒和洗衣服务

Ⅸ. 用于实验室分析的样品

运营部门布局模式和交通路线

A. 单廊模式

B. 集群模式

C. 双廊模式

D. 洁净走廊居中模式

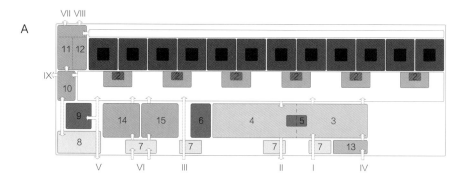

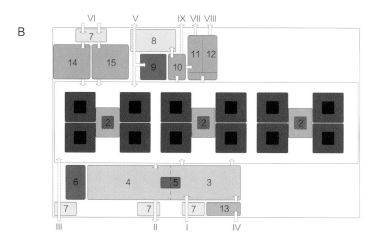

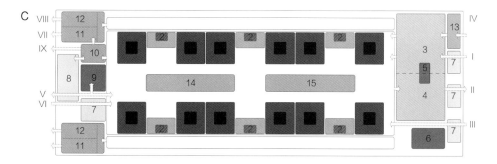

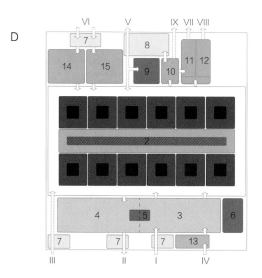

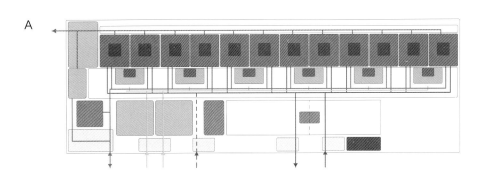

——— 患者流线
- - - 急诊流线
——— 洁净流线
——— 医务流线
～～～ 污物流线

A

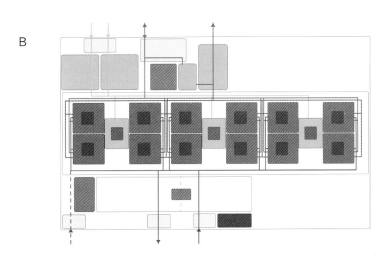

B

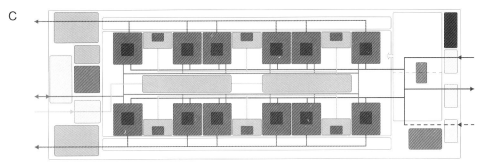

C

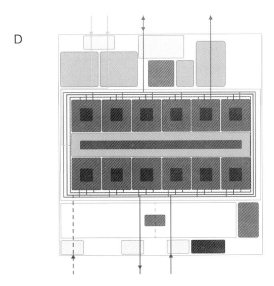

D

空间差异性（特定任务的专用空间）对工艺流程、污染和感染风险以及周转时间的影响

A. 当所有流线共享一条路线时，手术室流程是线性的，周转时间较长。

B. 通过分离的废弃物处理路线，手术室程序可以部分并行执行。

C. 通过分离的无菌器械路线，器具在具有风压的无菌环境下制备。无菌运输和废弃物路线不交叉。

D. 使用分开的无菌器械和废弃物处理路径可以在用过的器械被取走时唤醒患者，并且可以在清洁时准备下一个患者的无菌器械，从而大大缩短了周转时间。

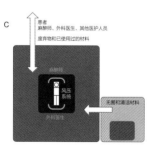

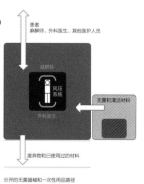

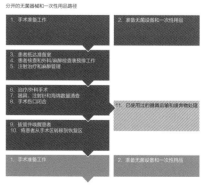

通用手术室布局

手术台的位置靠近患者入口，平行于进入手术室
的病床方向，以便在麻醉师离开房间（麻醉后）
再次进入时最大限度地减少空气扰动的影响（结
束麻醉管理）。麻醉师停留在患者头部前方，设
备位于助手侧（通常是右侧）。手术团队的位置
取决于操作台，通常朝向手术台的中间。

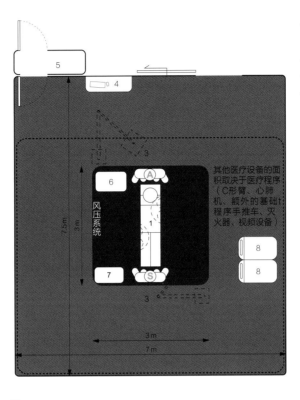

手术室

1. 手术台

2. 可调节手术灯

3. 吊挂式外科手术设备

4. 带医用键盘的医用电脑、电话（都安装在墙
   上，以避免表面积尘）

5. 用于手术过程中移动人或货物的连锁系统

6. 麻醉车

7. 设备台

8. 手术器械推车

9. 住院病床（用于术前或术后将患者转移到手
   术室，或转移出手术室）

混合手术室布局

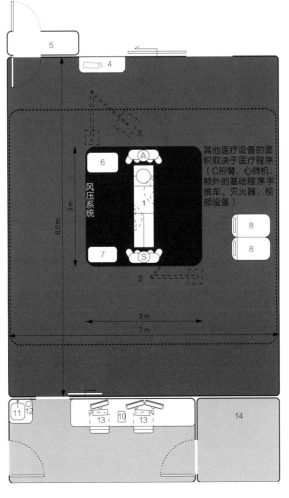

手术室

1. 手术台

2. 可调节手术灯

3. 吊挂式外科手术设备

4. 带医用键盘的医用电脑、电话（都安装在墙
   上，以避免表面积尘）

5. 用于手术过程中移动人或货物的连锁系统

6. 麻醉车

7. 设备台

8. 手术器械推车

9. 住院病床（用于术前或术后将患者转移到手
   术室，或转移出手术室）

混合手术室中医疗技师的房间

10. 对讲机

11. 洗脸盆

12. 酒精机

13. 控制站

14. 服务机房

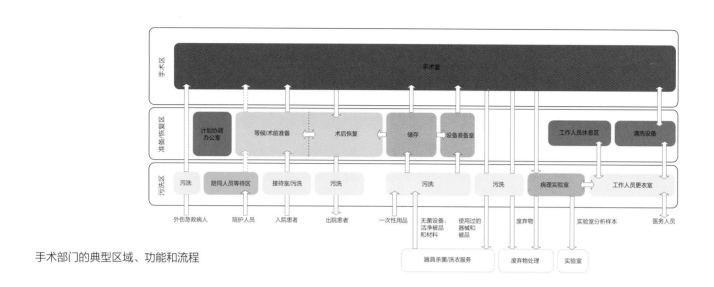

手术部门的典型区域、功能和流程

显示器具准备区域配置的树状图

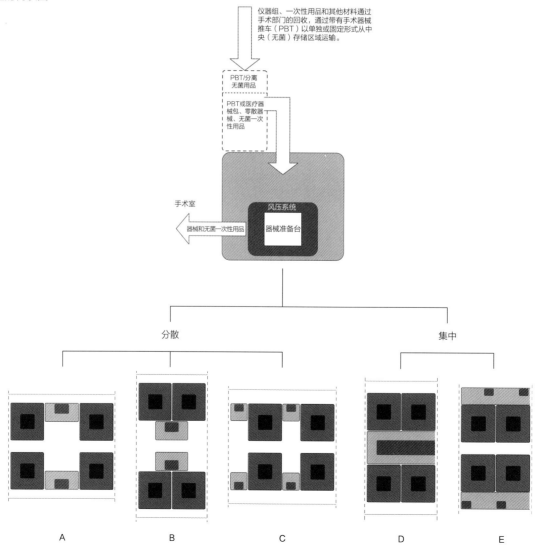

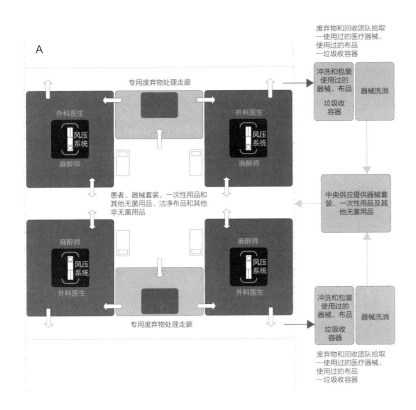

器具准备区域的配置选项

A. 分散的准备区域，由两个手术室共享，位于两个手术室之间

B. 分散的准备区域，由两个手术室共享，位于走廊

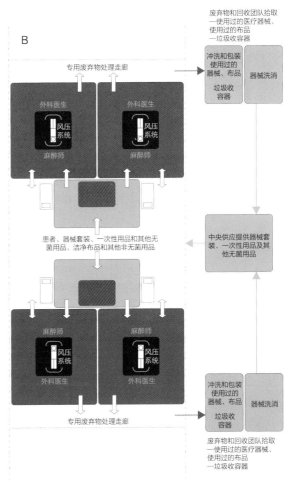

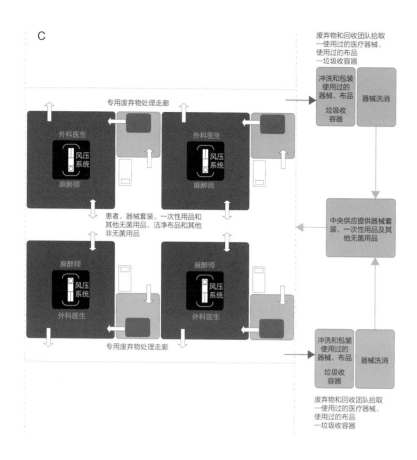

器具准备区域的配置选项

C. 分散的准备区，每个手术室专用
D. 集中准备区，侧面带有手术室
E. 集中准备区，中间有手术室

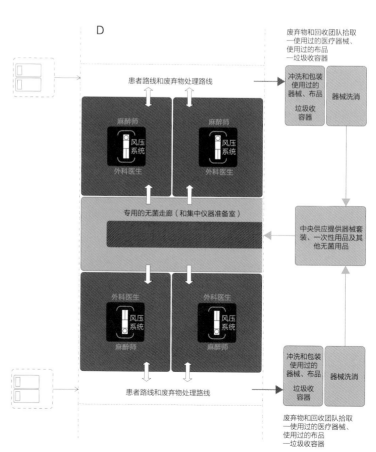

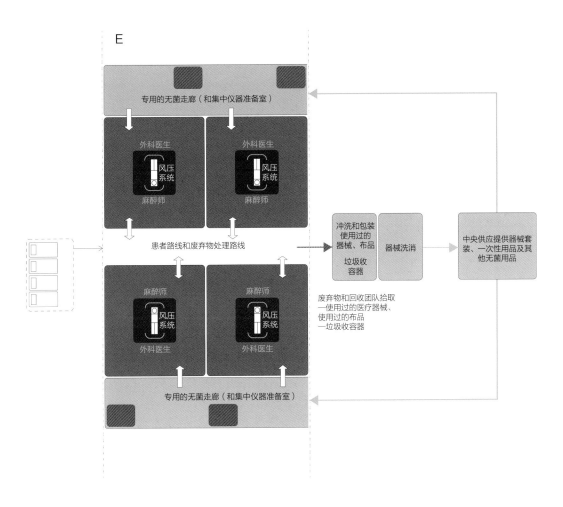

E

专用的无菌走廊（和集中仪器准备室）

外科医生

风压系统

麻醉师

外科医生

风压系统

麻醉师

患者路线和废弃物处理路线

冲洗和包装使用过的器械、布品

垃圾收容器

器械洗消

中央供应提供器械套装、一次性用品及其他无菌用品

废弃物和回收团队拾取
—使用过的医疗器械、
使用过的布品
—垃圾收容器

麻醉师

风压系统

外科医生

麻醉师

风压系统

外科医生

专用的无菌走廊（和集中仪器准备室）

汤姆·库特耐特，古鲁·马尼亚，科莱特·尼梅杰，科尔·瓦格纳

重症监护室

重症监护病房（Intensive Care Unit，ICU）设计是一个相对较新的主题。其他一些部门，如病房和洗衣房等设备服务用房，其传统可以追溯到18世纪甚至更早的临时医院，而重症监护室在20世纪下半叶才出现。第一个ICU于1953年在丹麦哥本哈根成立，以应对脊髓灰质炎流行病，随后该想法在美国获得认可。然而，直到20世纪70年代，这项创新在国际上才得到广泛接受。由于心肌梗死的高发病率和死亡率，ICU最初的焦点是治疗心脏问题。后来发现，通过人工通气、更好的液体管理和更具体的药物治疗，ICU中多发伤患者的存活率得到提高，多器官功能衰竭的治疗也得到了改善。

未来重症监护仍将是技术持续变革的领域，一方面，该领域将会引入新的以及改良的疗法；另一方面，人口统计将转向日益老龄化和多发病的患者群体。然而，重症监护病房背负了不良的声誉。由于ICU的特点是有着恒定且非常明亮的人造光，缺乏自然照明，因此昼夜节律中断，最重要的是ICU还有着持续高分贝的噪声，它们通常被视为医院中最痛苦的地方。一位曾在ICU工作过的护士说，"重症监护，往好了说只是临时的绕行，在此期间，患者的不稳定性受到监控、分析和纠正；往坏了说，它是一个高科技的酷刑室，在这里一个人在地球上的最后几天会感受到地狱的味道"。[127]当然，夸张地说，ICU可能符合《日内瓦公约》规定的酷刑标准。[128]

尽管ICU中的循证设计应用"刚刚起步"，但它可以作为一个起点，因为"证据表明，物理环境会影响那些体验者的生理、心理和社会行为"。还应该注意的是，"为患者和工作人员提供舒适的环境不仅可以提高舒适度，在某些情况下也可以改善护理效果"。[129]ICU应该有效控制噪声，并避免一天24小时让患者暴露在强光下，ICU真正需要的是一种平静、平衡的感觉。[130]这两个方面在提升患者体验方面脱颖而出，为ICU患者的家人提供住宿，并提供自然光线。家庭可以提供社会支持，但如果空间不足和拥挤，这可能会使ICU里的工作人员感到紧张；因此，建筑干预在这方面是不可或缺的。[131]由一个特定设施进行的研究表明，"在新的ICU环境中，家庭和患者对ICU体验的满意度增加了6%，其中包括带有自然日光的降噪单人间，以及适当的色彩和经改善的家庭设施"。[132]自然光"对患者和工作人员的健康至关重要"。[133]自然光"是设计师在医院可以提供的最舒适和最熟悉的事物之一。窗户必须是所有有效ICU和CCU设计的一部分。窗户的高度应足够低，以便获得最佳视野，方便患者可以看到地面和天空。这一想法是为了让患者最大限度地接受自然光，以便与外界进行接触和定位，但在睡眠时，光线应该是可控的"。[134]此外，研究似乎证明"最新设计的设施提高了采光亮度并且扩大了窗户视野，可能会减少工作人员缺勤的情况。关于它们对患者疼痛水平和工作人员医疗失误的影响，结果尚无定论。但是，这些数据可以为该主题的其他研究提供参考"。[135]

一个重要的趋势是重新强调感染控制（由医院细菌感染的增加引发）。应对这种风险的措施包括ICU的单人间、可适应急性或者可扩展的病床（适合容纳ICU患者以及恢复期中的"中等护理"患者）、洗手设备、卫生管理、通风设施、风险评估、饮用水的安全使用和表面清洁。研究表明，在ICU病房中，将铜合金表面放置在6个常见的、经常接触的物体上，可将所有研究地点医院获得性感染（Hospital Acquired

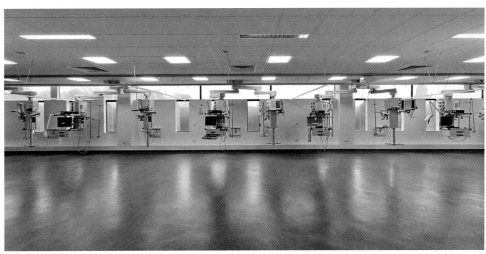

英国格拉斯哥的格拉斯哥皇家医院（Glasgow Royal Infirmary），Reiach and Hall建筑事务所设计，2011年。重症监护病房的接待区

Infections，HAI）的风险降低一半以上。[136]

在ICU中可以区分四个区域：患者护理区、临床救护区、单元救护区和家庭救护区。"玻璃隔断便于监管患者，并且一些特定的医疗设备必须安装在重症监护病房，设计师应尽量使它们有居家感，通常使用天然材料和颜色来缓和ICU冰冷的环境氛围。"[137]

患者角度

为了在患者需要的时候可以及时给予药物治疗，在任何时候，ICU患者都受到密切关注。另外，在医护人员方面，当患者状况危急时，医疗专家和专职护理人员可以随时前来救援。研究重症监护病房设计的柯克·汉密尔顿（Kirk Hamilton）说过，ICU是生活中许多最不寻常戏剧的舞台。[138]ICU的确不寻常，但是认为ICU的病人无法体验在病房的时间却是一种误解。瑞典的研究表明，ICU患者大约在白天60%的时间里意识是清醒的。因此，重症监护设计工作必须密切关注患者的需求。

ICU可能对患者造成许多意外，特别是对于那些停留超过14天的患者而言。研究表明，大约30%的长期ICU患者发生创伤后应激障碍（post traumatic stress disorder，PTSD），这会降低患者恢复日常生活和再次工作的能力。[139]设计干预措施可以帮助缓解，更重要的是防止这种有害影响。

对患者健康有负面影响的条件是：

- 持续迷失方向
- 持续的照明
- 暴露于极端噪声（平均频率高于60分贝）[140]
- 睡眠不足
- 对于大量功能性病床警报鸣响缺乏控制（后者给予患者持续的危及生命的印象）

重症监护具有维持患者生命状态的作用，考虑到这样的目的，故而必须显著改进重症监护室的设计，以防止进一步损害患者健康。在患者仍处于重症监护室时，早期康复活动被证明对患者健康有积极影响。研究表明，调动或移动仍处于有意识状态的患者，甚至调动失去知觉的患者，可能会使长期在ICU的患者平均住院时间缩短1天，使一般住院护理患者的平均住院时间缩短1.5天。这不仅是一个重要的成本因素，而且通过该举措将降低患者肌肉组织萎缩的风险，大大提高了患者的生活质量。[141]因此，重症监护室的设计必须提供足够的空间和设备，以使患者能够进行早期康复活动。

功能观点

ICU护理通常分为三个层次：

一级重症监护（IMCU）

患者的某种器官系统出现功能障碍迹象，需要持续监测和少量药理学或技术的支持。这些患者有发生器官衰竭的未知风险，或刚从器官衰竭中恢复过来，需要高级护理以及更密切的关注。

二级强化治疗（ICU）

需要重症监护，或需要低水平治疗以防止某一器官系统衰竭，导致危及生命的疾病、器官置换、机器辅助通气或持续透析的患者。

三级强化治疗（ICU）

需要重症监护，或需要高级治疗以防止器官系统衰竭，直接危及生命，抑或需要器官替换、支持系统维持血液循环、呼吸机、透析机的患者。[142]

考虑到ICU患者的状况，降噪、灯光管理和报警功能控制必须是其设计的关键参数。在卫生方面，一个大房间内容纳几个患者的大型开放空间解决方案已表明存在风险，不应采用。

空间位置

重症监护室通常与中等护理单元相邻，当重症监护患者数量超过ICU中可用床数时，可以使用这些中等护理单元扩大ICU规模。毫无疑问，ICU最适合那些容纳大多数患者（有风险）的部门，这些患者需要在治疗后进行密切观察和生命保障。在复杂的外科手术干预的情况下，手术区是其中之一，另一个是急诊部。手术区旁边的位置可以确保患者在出现危及生命的症状时，并且在急需手术干预的情况下，能够方便快速地转移到手术室。

在某些情况下，患者可以在手术后进入麻醉后监护室（Post-Anesthesia Care Unit，PACU），而不是转移到ICU，在这里患者可以由专业医务人员进行照看。这里允许来自多个医学专家的全天候监督，因为PACU是最靠近手术区的区域之一。同时，它需要监测人员全天候在场，确保观察到患者任何状态的变化，并在必要时采取行动。PACU的最佳位置是有争议的，但争论倾向于靠近手术室或是靠近ICU。

未来设计面临的挑战

努力减少在医院停留的时间，会导致扩大重症监护设施规模的压力增加。因此，为了减轻有限且昂贵的ICU设施的负担，将持续监测部分纳入一般住院治疗流程是不可避免的。未来的设计可能包括在ICU之外提供麻醉后护理单元，它可以作为OR、OR恢复、急诊与ICU之间的枢纽，这将使ICU更专注于自身核心工作。

以下标准对于未来的ICU设计非常重要：
- 患者的生活质量
- 早期活动设施
- 减少ICU后创伤性应激障碍的可能性
- 从水平设计转向垂直设计，例如将患者床上方的顶棚设计作为疗愈设计的元素
- PACU和住院病房的更多监测设施是重组ICU护理的关键
- 缓解患者的恐惧和焦虑情绪
- 平衡健康与舒适——为患者提供最大舒适度情况下准许的最佳监控和管理
- 刺激并激励患者积极参与康复过程

病床

ICU病床可以根据患者的体位进行广泛的定制，并配备人工通气、生命保障、食物供给和重要功能监测所需的设备。在规则的患者病床周围最小净空区域内，医护人员应能够自由活动，该区域通常是从病床侧面1.8米宽与从床脚测量1.2米宽所涵盖的范围。除生命保障设备外，该区域不应布置家具、设备和其他任何障碍物。患者应该可以在床上方便地与医务人员进行沟通。

病房

病房是ICU单元中最小的模块。一般倡导患者拥有独立房间，可以使阳光直接进入，同时拥有良好的视野，以尽量降低定向障碍的发生率及其他不良影响。为了使患者更容易找到方向，有必要在房间内设置时钟和日历，以显示正确的时间和日期。日历或白板可用于显示值班护士的时间表和姓名。

病房应该考虑到持续监控。护士或医疗监督员需要配备有计算机的工作站，他们需要监测生命体征，并处理与患者状况相关的数据输入。洗脸盆和消毒酒精分配器应该设置在清洁手部的地方。护士的储物柜应允许存放满足医疗设备、药物、文件夹等。患者的物品可以存储在病房外的储物柜中。ICU患者通常处于生命危急的状态，即很少在床外区域移动，因此不需要独立卫浴或浴室。但是，当患者能够行走到或被运送到浴室，

英国布拉德福德的布拉德福德皇家医院（Bradford Royal Infirmary）ICU，Bridger Carr建筑师事务所设计，2016年。重症监护病房有16间单人房，分成四组，玻璃隔墙可以是灰白色或磨砂，半透明或透明的；该重症监护病房设置了一个模仿日光的照明系统，以此来体现白天和黑夜的节律

或者当ICU用作阶梯式护理室时，建议在集群或病房单元设置一些患者浴室。

单元

ICU通常由6~8名患者组成。这有助于缩短步行距离，使医务人员快速访问、紧急监督，同时有助于在紧急情况下做好充分的护理准备。人员配置水平（例如每床护士数）和所需专业知识水平取决于患者数量与ICU水平。限制每个群组的患者数量并将其置于一个团队的监督之下也有助于降低传染风险。每个群组通常都有一名监督护士和一名重症监护专家。

通常每个单元一至两个房间配备一个隔离室，隔离室配备有用于隔离具有高传染性或异常虚弱患者的污洗室。它们的位置应尽量靠近电梯和运输路线，以尽量减少传染风险。污洗室主要是供医务人员进出病房时使用，如果同时供患者使用，那么其尺寸必须足够宽以允许患者的病床通过。

部门

ICU有一个供访客使用的接待区，通常仅允许少量访客看望病人，且不能进入室内。在某些情况下，ICU可以为想在此过夜的患者家属在指定区域提供住宿，地点通常在该病房外面。这些空间大多有温馨的家居氛围。医务人员会与患者家属讨论患者的状况以及治疗计划，并在必要或者可能的情况下，在患者房间内为其提供心理支持。

在患者房间中，可以使用移动影像设备进行部分影像诊断，但是需要在影像部门进行MRI或CT扫描。其他检查和干预措施可以在病人房间进行，如内窥镜检查、精神病评估、物理治疗和透析等。

每个单元必须为医务人员和访客配备一个集中清洗区，一般位于接待区旁边。患者由护士团队监督，他们在进入ICU时遵循严格的卫生程序，并在整个轮班期间都留在ICU。因此，ICU需要设置工作人员厕所、休闲设施、桌面工作的相关设施以及自带用餐区的小厨房。

ICU所需的其他后勤设施包括无菌和非无菌储存区、废物储存和处理区、卫星药房及会议室。大多数必要的仪器、医疗设备、用品和药物一般存储在ICU的中心位置，若是大型ICU，其可存放在为一个或多个集群服务的分散位置。干净病床的储存应由部门层级管理，以确保将清洁患者运送到操作台或影像部门。

ICU可通过不同方式配置，其中提供了五种典型解决方案：第一种模式（第99页图例A）允许主要交通路线通过ICU集群。虽然这种模式满足了充足的自然采光，但也确实对ICU集群的卫生要求提出了挑战。ICU清洗区域不再能用作进入病房的过滤器，因此，由于人员在ICU集群之间移动使得污染风险增加，所以必须要严格遵守卫生规程，以确保患者安全。

第二个模式（第99页图例B），将IC室平行分布在主要交通走廊上，可以减少步行距离和周转时间。然而，在这个模式中，当病房与走廊之间有玻璃窗时，虽然可以通过走廊提供间接自然光，但仍然有某些病房无法接收直接的自然光。工作人员和访客

1. 接待/办公室和工作人员设施
2. 仓储物流，药房

A

B

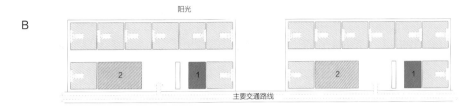

C

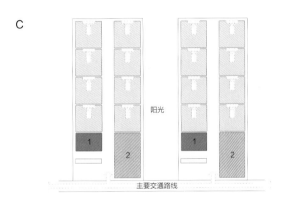

D

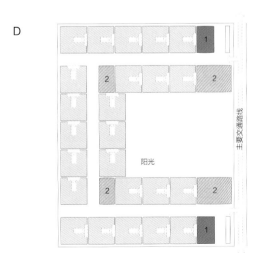

E

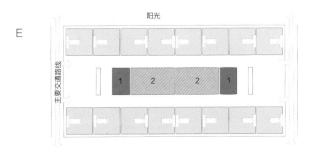

ICU部门的典型布局

A. 主要交通贯穿ICU病房
B. 主要交通路线平行于ICU病房（但在ICU病房外）
C. ICU形成独立的个体，与主要交通路线相连
D. ICU与中央庭院相接，其一侧为主要交通路线
E. ICU围绕集中管理控制室布置

的移动所带来的斑驳的阴影会使患者感到困惑和痛苦。在镜像版本的模式中,只有朝外的房间能接收自然光。增加单元之间的距离并在它们之间插入庭院,虽然可以使一些病房获得自然光照,但代价是更长的步行距离。无论解决方案是什么,在这个模式中,ICU中的某些空间都将无法直接获得自然光。

第三个模式(第99页图例C),实质上是第二个模式的变体,它让人想起早期的医院方案,因为它将ICU分成单侧独立病房,并通过宽阔的天井获得自然光。在该模式的简易版本中,ICU单元沿着走廊分布,这使得其他辅助设施分布在走廊的另一侧。如果该部门需要大量病床,ICU单元可以直接沿主要交通轴线进行镜像对称布置。在这种情况下,将辅助设施放置在ICU单元的任意一侧,会增加步行距离,另一个缺点是单侧病房进深较短,无法灵活地改变空间的功能用途。

第四个模式(第99页图例D),将ICU分布在中央庭院周围。病房可以直接接收自然光照,也方便辅助设施的进入。对于较大的ICU部门,可以沿主要交通路线进行镜像对称功能布置。然而,这种复杂的布置需要正确地分配垂直交通,以此允许患者的快速运输。最终目标应该是确保所有ICU患者与其他部门的连接距离大致相等。

在第五个模式(第99页图例E)中,所有病房都布置在一个大型中央控制室周围,都可以进入自然光。可以非常有效地组织医务人员和其他后勤人员的监督、管理以及工作区域。但控制室只能间接采光且亮度有限,在患者病房使用半透明隔断墙可以增加间接自然光的量,但缺点是会产生移动的阴影。

下图说明了ICU内部监测和管理的四种布局选项,第101页上的图显示出了典型的重症监护室的组成和布局。

ICU内部监控和管理的集中和分散模式

A. 集中监测站
B. 两个病房共用的分散监测站
C. 个人监测站
D. 混合监测

A
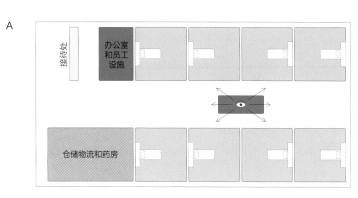

B
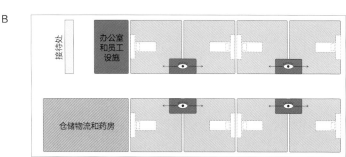

C
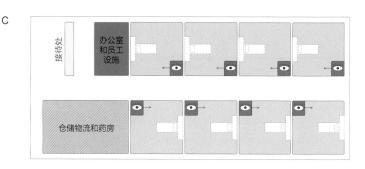

D
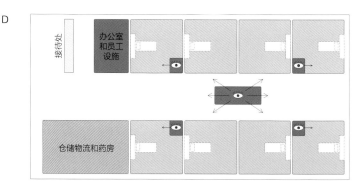

具有典型组件的重症监护室：专门的患者区域（棕黄色）、可容纳额外的医疗设备（粉红色）、自选的污洗室（蓝色）、自选的家庭区域（绿色）、（可能是个人的）监测站（紫色）

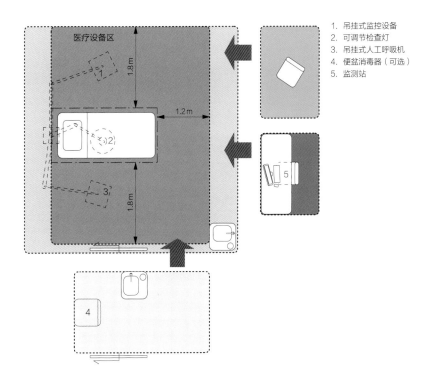

1. 吊挂式监控设备
2. 可调节检查灯
3. 吊挂式人工呼吸机
4. 便盆消毒器（可选）
5. 监测站

重症监护室布局

房间永久配备带有监控和通风的标准设备，通常悬挂在顶棚上，以保留尽可能多的空间

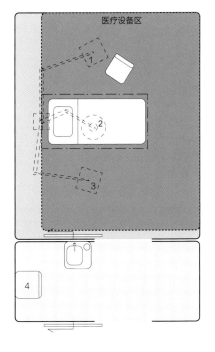

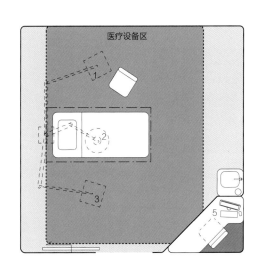

1. 吊挂式监控设备
2. 可调节检查灯
3. 吊挂式人工呼吸机
4. 便盆消毒器（可选）
5. 监测站

汤姆·库特耐特，古鲁·马尼亚，科莱特·尼梅杰，科尔·瓦格纳

急诊科

与电视节目中熟悉的流行观念相反，急诊病房是忙碌的活动现场。事实上，它通常为在那里等候的病人提供一个相对平静的环境。大规模事故是罕见例外。在现实生活中，急诊科主要是一些不局限于固定区域的流程的场所。它需要交通流线分离、病人的优先次序和快速干预，所有这些都与患者疾病或伤痛位置和强度有关。分诊将患者分为五类：重症监护（立即需要救护或保肢手术的医疗干预）、突发急诊（恶化的风险、时间紧迫的医疗问题）、紧急（稳定，需要多次医学调查和评估）、次紧急（稳定，需要简单的医学调查）和非紧急（稳定，无需医学调查和评估）。紧急护理通常包括病人咨询、诊断、固定、治疗程序和医疗监督，所有这些都是同时进行的。

患者、访客和工作人员

到达急诊室的病人可能是事故或犯罪的受害者。有些需要对其身体状况进行及时关注，监视是否出现突发性紧急问题。另一些患者由于一些疾病引起的严重并发症而进入危急状态（通常是因为患者没有保险，无法支付定期治疗的费用），这些疾病通常相对容易治疗但长期未经治疗。对他们而言，急诊部门与拯救生命息息相关。[143]这也可能是精神病患者的情况，他们可能会因为对自身问题感到耻辱，导致不会主动寻求医疗建议。不同类型患者的比例取决于许多因素，包括城市安全和社区类型，以及初级保健基础设施和医疗保健系统的可及性，而这些因素又直接关系到公共卫生系统的质量。回到精神病患者的例子中，当缺乏专门的设施，同时缺乏擅长检测和解决精神病症状的医疗服务人员时，他们到急诊室就诊就变得异常困难，一些病人通过不同的交通工具到达急诊室，而另一些病人可能由家人、朋友或是路人送达。如果病人不能以常规方式自己前往，则需要救护车运送。在特殊情况下，直升机也被用来运送医生及病人往返事故现场。

在急诊部中，均需要对所有患者立即采取救治行动。时间是最重要的，快速地到达急诊科，然后必须就诊断和治疗做出决定。如果同时发生多个紧急情况，医务人员需要在现场优先考虑谁应该先得到帮助，由谁来帮助的问题。一旦紧急治疗开始，就不能浪费时间。其中浪费时间的一种行为方式是运送病人穿过医院，这是将医疗影像设备整合到急诊室很好的理由，同时也是建议一个专门用于急救和创伤护理专家在场的很好的理由。

空间

进入急诊部的路线主要有三条：为所有患者提供的中央医院接待区、为通过常规交通工具到达的患者提供的直接科室入口和救护车入口。由于急诊部的建设和维护费用昂贵，所以其中一些会拥有邻近的诊断和治疗设备，为了在正常工作时间以外能够处理非危及生命的健康问题，由该区域的全科医生负责。因此，通过常规交通方式到达接待区的患者，通常有一个宽敞的等候区，能够为急诊室的患者和邻近的、需要使

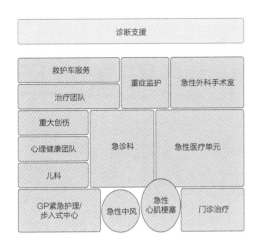

大型医院急诊科的典型组成部分

用初级护理设施的患者提供服务。若干个（3～4个）分诊室的存在，有助于快速处理大量患者的会诊问题，并确定治疗方案。如果病人的病情不严重，他们可能需要在等待一段时间后与当值的全科医生进行协商。肢体扭伤和单纯性骨折可以由工作人员在独立区域内进行治疗。

在病情紧急时，面对需要立即治疗但不危及生命的情况，此时可将患者送往急诊科的快速诊断机构。这减少了患者的等待时间，有效地分离患者人流，并空闲出更专业的设施、设备和工作人员，集中精力治疗有生命危险的患者。建议在患者到达时使用标准化工具对问题的严重性进行分类评估，这有助于客观地确定患者需要的正确护理途径。一些急诊部门具备处理各种紧急情况的能力，如严重创伤和危及生命的疾病、心肌梗死、中风、长期疾病的恶化、急性手术的需要或急性精神健康恶化。在其他情况下，某些特殊的危重患者会被绕过急诊部，转移到专门的设施中治疗，如专门的中风治疗病房。

救护车送来的病人通常是最需要医疗救助的。病人会被运送到特定的急症护理部门，整个稳定和分诊流程由救护人员在途中执行，因此，救护车入口必须可通往医院所有紧急的治疗路线。紧急情况下，如急性心肌梗死、脑血管意外、疑似多器官衰竭或腹主动脉瘤（Abdominal Aortic Aneurysm，AAA），病人可能会完全绕过急诊科，分别送往急性心脏病监护病房（Acute Cardiac Care Unit，ACCU）、冠状动脉护理病房（Coronary Care Unit，CCU）、中风病房、ICU或手术室。外科手术可以在一个集中的手术台或一个专门的急性手术室进行。急诊部门可能包括化学、生物、辐射和核事故净化设施的额外空间，同时包括救护车和治安人员的等候区与会议区。

在医院中，有些病人可能会感到焦虑或不安，因此急诊部应包含一个专门确保安全、监督和控制的房间。同时应为患有急性精神症状的患者提供一个空间，以防其受到过度刺激，并防止患者伤害自己或他人。在紧急情况下，被送往急诊室的儿童遵循相同状态下成年人的护理途径进行治疗，否则，儿童最好在儿科接受治疗。

急性医疗单元（Acute Medical Unit，AMU）是近些年发展起来的，它是急诊科与住院病房之间的桥梁，用于治疗急性病患，这些病患通常占所有住院病患的三分之一到一半。该病房布局与普通住院病房的布局相似，最重要的区别是有专业医务人员的全天候监控。在AMU中，患者最多停留48小时。在此期间，医务人员稳定、诊断病人并确定治疗计划。

在不同的时间段，如一天、一周或一年中，急诊科就诊的频率和性质各不相同。例如，肢体受伤、扭伤或骨折的儿童通常在白天到达。暴力、犯罪的受害者和醉酒的病人在晚上、深夜和周末到达。对于任何既定状况，通常都有可能识别其模式，从而对所需设施和员工的平均数量与类型进行预测。急诊科的最佳服务、规模和配置需要在当地研究的基础上建立，以确保护理的高质量，同时确保过程的有效性和效率。

患者角度

急诊科就诊的病人通常受到创伤，处于备感压力和焦虑的状态，或者对周围的世界一无所知。经过治疗后，他们一般出院回家，或者被送进AMU或住院病房。急诊科环境应有助于维持和增加患者的安全感，减轻患者的压力。举例而言，通过直观的布局、清晰的视线、最小化噪声和视觉干扰，都可实现安全环境营造。

空间位置

急诊科必须有一个单独的入口，方便救护车、私家车和直升机的进入。为了确保快速转移到所有急性干预部门，各部门应彼此靠近，或者通过快速通道连接。例如，ACCU应与心脏介入设施紧密相连，CCU和ICU紧密相连。将需要高度专业化护理的生命垂危患者与其他患者分开，可以减少混乱，并使治疗过程更加有效。

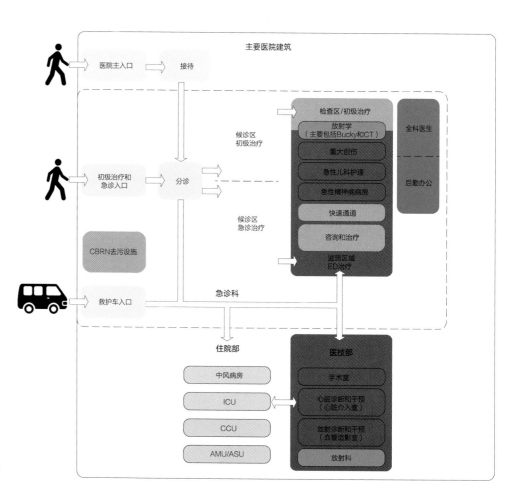

急诊部门和病患流线

实验室

患者极少直接介入实验室设施。由于样品分别在不同的地点采集，以及复杂的运输系统的存在，使得中央实验室远离了样品采集设施。在过去几十年中，虽然多分析序列的技术集成一直是创新的重点，但实际的处理模式大体上保持不变，其工作流程依次为取样、样品分析、产生分析报告和样品排放。然而，实验室设施现在正处于一个基本范式变革的边缘，这将使它们从回顾性分析转向前瞻性的患者干预和治疗。

趋势

未来的实验室服务必须成为面向患者高度互动的一部分，因为这些服务将从简单的诊断转变为参与基因细胞治疗，即将适应的细胞重新导入患者体内。提供能够重新引入活细胞的设施，不仅需要与干预集群密切合作，同时需要一个用于从诊断到操作的装备齐全的房间。向实验室驱动的、以个体为中心的细胞治疗范式的转变，将使实验室部门从一个服务提供者提升为具有战略重要性的治疗设施，与广泛的医疗专业相连接。

功能角度

向主动性细胞治疗的范式转变，将致使实验室部门设计的变化甚至比20世纪90年代引入高氯酸（Perchloric-acid-precipitable，PCA）细胞检测方法所引起的变化更为实质性。就像今天的PCA成为各种检测方法的一部分，附属的房间序列和与之相关的工作流程已成为实验室设计的基本要素。实验室空间必须适应新的工作流程：1）取样细胞；2）细胞分析；3）选择所需细胞进行细胞分离；4）对所选细胞进行遗传处理；5）基因适应细胞的扩增；6）将适应细胞重新引入患者体内，保持高质量的卫生标准；7）监测新引入的细胞整合、增殖和行为。

未来设计面临的挑战

近年来，有一种将实验室设施外包的趋势，主要集中于在许多国家处于地区医院水平的中小型医院。考虑到上述预期的范式变化，实验室设施的外包和实验室专业人员的减少可能因此被证明是一个战略性错误。

虽然目前一些形式的血液癌症的治疗，以及一些心脏病和普通肿瘤学中的细胞治疗看起来前途光明，但要成为标准病例补偿方案的一部分，仍有很长的路要走。因此，决策者和医院规划者发现自身处境异常艰难，因为不可能为尚未纳入财政补偿计划的空间提供资金，最好的建议是保持现有的诊断实验室设施，并允许它们随着新技术的发展而逐渐转变。

在这种情况下，最重要的设计变化无疑是高安全性的一级、二级及三级实验室所需的，以便能提供足够的安全感，在不暴露于感染或其他风险的情况下，使活细胞能重新导入患者体内。到目前为止，实验室设施的安全重点，一直是防止因保护细胞样品状况而产生的危害。在新的治疗环境中，主要的安全问题将是保护选定与适配的细胞免受外部污染。

参考文献

1 Sunand Prasad, *Changing Hospital Architecture*, London: RIBA Publishing, 2008, p. 3.

2 Michael Kimmelman, 'In redesigned room, hospital patients may feel better already', in *The New York Times*, August 22, 2014.

3 Colette Niemeijer, *De Toegevoegde Waarde van Architectuur voor de Zorg in Ziekenhuizen*, Delft, 2012.

4 M. T. Roemer, *National Health Systems of the World. Volume One: The Countries*, New York, 1991.

5 'Gesundheitshäuser werden vorwiegend zu Orten der Information, der Ertüchtigung, der Beobachtung und der Prävention. Im Vordergrund stehen dabei nicht das Diagnostizieren und Therapieren, sondern die Prävention und das Verhindern von Krankheiten.' Franz Labryga, 'Grundlagen und Tendenzen für Planung und Bau von Gesundheitshäusern', in Philip Meuser (ed.), *Krankenhausbauten/Gesundheitsbauten. Handbuch und Planungshilfe. Band I. Allgemeinkrankenhäuser und Gesundheitszentren*, Berlin: DOM Publishers, 2011, p. 47.

6 Department of Health, *Health Building Note 09-02. Maternity Care Facilities*, 2013, p. 10.

7 Robert Wischer, Hans-Ulrich Riethmüller, *Zukunftsoffenes Krankenhaus. Ein Dialog zwischen Medizin und Architektur*, Vienna: Springer, 2007, p. 28.

8 Martin McKee, Judith Healy (eds.), *Hospitals in a Changing Europe*, Buckingham: Open University Press, 2002, p. 10.

9 'Trends in the twenty-first century: a catalog of trends and developments', in Richard L. Miller, Earl S. Swensson, J. Todd, *Hospital and Healthcare Facility Design*, New York, London: W. W. Norton, 2012 (third edition), p. 372.

10 Philip Meuser (ed.), *Krankenhausbauten/ Gesundheitsbauten. Handbuch und Planungshilfe. Band I. Allgemeinkrankenhäuser und Gesundheitszentren*, Berlin: DOM Publishers, 2011, p. 11.

11 'Preface', in Richard L. Miller, Earl S. Swensson, J. Todd, *Hospital and Healthcare Facility Design*, New York, London: W. W. Norton, 2012 (third edition), p. 9.

12 *Healthcare at the Crossroads: Guiding Principles for the Development of the Hospital of the Future*, 2008, p. 21.

13 Martin McKee, Judith Healy, 'Investing in hospitals', in Martin McKee, Judith Healy (eds.), *Hospitals in a Changing Europe*, Buckingham: Open University Press, 2002, p. 134.

14 Martin McKee, Judith Healy (eds.), *Hospitals in a Changing Europe*, Buckingham: Open University Press, 2002, p. 220.

15 Sunand Prasad, *Changing Hospital Architecture*, London: RIBA Publishing, 2008, p. 4.

16 Lawrence Nield, 'Post-script: Re-inventing the hospital', in Sunand Prasad, *Changing Hospital Architecture*, London: RIBA Publishing, 2008, p. 265.

17 Richard Cork, *The Healing Presence of Art. A History of Western Art in Hospitals*, New Haven, London, 2012.

18 Judith Healy, Martin McKee, 'The role and function of hospitals', in Martin McKee, Judith Healy (ed.), *Hospitals in a Changing Europe*, Buckingham: Open University Press, 2002, p. 70.

19 M. Egger, O. Razum (eds), *Public Health*, Berlin, 2012.

20 *Healthcare at the Crossroads: Guiding Principles for the Development of the Hospital of the Future*, 2008, p. 12.

21 Federico Toth, 'Healthcare policies over the last 20 years: Reforms and counter-reforms', in *Health Policy* 95, 2010, pp. 82–89.

22 *Healthcare at the Crossroads: Guiding Principles for the Development of the Hospital of the Future*, 2008, p. 10; Martin McKee, Judith Healy, Nigel Edwards, Anthony Harrison, 'Pressures for change', in Martin McKee, Judith Healy (eds.), *Hospitals in a Changing Europe*, Buckingham: Open University Press, 2002, p. 49.

23 *Healthcare at the Crossroads: Guiding Principles for the Development of the Hospital of the Future*, 2008, p. 28; James Buchan, Fiona O'May, 'The changing hospital workforce in Europe', in Martin McKee, Judith Healy (eds.), *Hospitals in a Changing Europe*, Buckingham: Open University Press, 2002, p. 226.

24 Martin McKee, Judith Healy (eds.), *Hospitals in a Changing Europe*, Buckingham: Open University Press, 2002, p. 3.

25 Nick Freemantle, 'Optimizing clinical performance', in Martin McKee, Judith Healy (eds.), *Hospitals in a Changing Europe*, Buckingham: Open University Press, 2002, p. 260.

26 Martin McKee, Judith Healy, 'Future hospitals', in Martin McKee, Judith Healy (eds.), *Hospitals in a Changing Europe*, Buckingham: Open University Press, 2002, p. 281.

27 The term 'business model', as used here, articulates the long-term 'license to operate' of the organization and addresses not only quality, safety, effectiveness and consumer choice in healthcare delivery but, most importantly, describes how the hospital intends to provide value on a continued basis in the face of increasingly scarce financial, human and natural resources.

28 'Principles. New paradigms in a new century', in Richard L. Miller, Earl S. Swensson, J. Todd, *Hospital and Healthcare Facility Design*, New York, London: W. W. Norton, 2012 (third edition), p. 25.

29 The term 'patient care pathway' as used in this book is a sequence of steps — appointments, tests, interventions, stays, etc. — that a patient goes through for the diagnosis and treatment of a specific disease.

30 Martin McKee, Judith Healy, Nigel Edwards, Anthony Harrison, 'Pressures for change', in Martin McKee, Judith Healy (eds.), *Hospitals in a Changing Europe*, Buckingham: Open University Press, 2002, p. 41.

31 Robert Wischer, Hans-Ulrich Riethmüller, *Zukunftsoffenes Krankenhaus. Ein Dialog zwischen Medizin und Architektur*, Vienna: Springer, 2007, p. 22.

32 Cor Wagenaar, 'The hospital and the city', in Christine Nickl-Weller, Hans Nickl (eds.), *Healing Architecture*, Salenstein: Braun Publishing, 2013, pp. 124–147.

33 Antonio M. Gotto, 'Foreword', in Richard L. Miller, Earl S. Swensson, J. Todd, *Hospital and Healthcare Facility Design*, New York, London: W. W. Norton, 2012 (third edition), p. 6.

34 Johan van der Zwart, *Building for a Better Hospital. Value-Adding Management and Design of Healthcare Real Estate*, Delft, 2014, p. 109.

35 Pierre Wack, 'Scenarios: shooting the rapids', *Harvard Business Review*, November 1985.

36 'A century of medical records', March 19, 2010. http://onhealthtech.blogspot.de/2010/03/century-of-medical-records.html; Dana Sparks, 'Dr. Henry Plummer, Mayo's ultimate renaissance man', in *Mayovox*, April 1989.

37 John Posnett, 'Are bigger hospitals better?', in Martin McKee, Judith Healy (eds.), *Hospitals in a Changing Europe*, Buckingham: Open University Press, 2002, pp. 114, 115.

38 Judith Healy, Martin McKee, 'The role and function of hospitals', in Martin McKee, Judith Healy (eds.), *Hospitals in a Changing Europe*, Buckingham: Open University Press, 2002, p. 68.

39 *Healthcare at the Crossroads: Guiding Principles for the Development of the Hospital of the Future*, 2008, p. 12.

40 P. Boluijt, M. J. Hinkema (eds.), *Future Hospitals: Competitive and Healing*, Utrecht, 2005.

41 John Worthington, 'Managing hospital care: lessons from workplace design', in Sunand Prasad, *Changing Hospital Architecture*, London: RIBA Publishing, 2008, p. 49.

42 Peter Swinnen, *Pilootprojecten Onzichtbare zorg. Innoverende zorgarchitectuur*, Brussels, 2012.

43 Jeff Hardy, Ron Lustig, 'No hidden patient', in *HealthcareDesign*, June 30, 2006. Cf. also: G. van der Wal, *Grote intensive care-afdelingen werken continu aan kwaliteit*, Utrecht, September 2011, p. 5.

44 Massimiliano Panella, Kris Vanhaecht, 'State of the art of research in care pathways: do care pathways work?' in *International Journal of Care Pathways*, vol. 16, no. 31, 2012.

45 Kris Vanhaecht, *The Impact of Clinical Pathways on the Organisation of Care Processes*, Ph.D. dissertation, Leuven, 2007, p. 149.

46 Richard L. Miller, Earl S. Swensson, J. Todd, *Hospital and Healthcare Facility Design*, New York, London: W. W. Norton, 2012 (third edition), p. 285.

47 Department of Health, *Health Building Note 09-02. Maternity Care Facilities*, 2013.

48 Department of Health, *Health Building Note 09-02. Maternity Care Facilities*, 2013, p. 8.

49 T. de Neef, C. W. Hukkelhoven, A. Franx with E. Everhardt, 'Uit de lijn der verwachting', in *NTOG – Nederlands Tijdschrift voor Obstetrie en Gynaecologie*, vol. 122, no. 10, 2009, pp. 341–342. This study found that although 90 % of deliveries in 2007 were intended to take place outside the hospital (45 % at home and another 44 % at community maternity centers), 73 % of all deliveries eventually took place in hospitals, quite a few of them involving risky transfers during labor.

50 Department of Health, *Health Building Note 09-02. Maternity Care Facilities*, 2013, p. 10.

51 Department of Health, *Health Building Note 09-02. Maternity Care Facilities*, 2013, p. 4.

52 Robert Wischer, Hans-Ulrich Riethmüller, *Zukunftsoffenes Krankenhaus. Ein Dialog zwischen Medizin und Architektur*, Vienna: Springer, 2007, p. 183.

53 Department of Health, *Health Building Note 09-02. Maternity Care Facilities*, 2013, p. 37.

54 Roger Ulrich, 'Views through a window may influence recovery from surgery', in *Science*, vol. 224, 1984, pp. 420–421.

55 Sunand Prasad, *Changing Hospital Architecture*, London: RIBA Publishing, 2008, p. 5.

56 Cited in D. Kirk Hamilton, Mardelle McCuskey Shepley, *Design for Critical Care. An Evidence- Based Approach*, Oxford: Architectural Press, 2010, p. 4.

57 Cited in D. Kirk Hamilton, Mardelle McCuskey Shepley, *Design for Critical Care. An Evidence- Based Approach*, Oxford: Architectural Press, 2010, p. 4.

58 D. Kirk Hamilton, Mardelle McCuskey Shepley, *Design for Critical Care. An Evidence-Based Approach*, Oxford: Architectural Press, 2010, p. 4.

59 'Trends in Healthcare Architecture', in *Facility Care*, September 2009, p. 16.

60 D. Kirk Hamilton, Mardelle McCuskey Shepley, *Design for Critical Care. An Evidence Based-Approach*, Oxford: Architectural Press, 2010, p. 4.

61 Fiona de Vos, *Building a Model of Holistic Healing Environments for Children's Hospitals. With Implications for the Design and Management of Children's Hospitals*, New York, 2006, p. 4.

62 Sunand Prasad, *Changing Hospital Architecture*, London: RIBA Publishing, 2008, p. 5.

63 Leonard L. Berry, Derek Parker, Russell C. Coile, D. Hamilton, David D. O'Neill, Blair L. Sadler, 'The Business Case for Better Buildings', in *Frontiers of Health Services Management*, vol. 21, no. 1, 2004, pp. 3–24.

64 Charles Jencks, 'Maggie Centers and the Architectural Placebo', in Cor Wagenaar (ed.), *The Architecture of Hospitals*, Rotterdam: NAI Publishers, 2006, pp. 448–459.

65 Phil Leather, Diane Beale, Angeli Santos, Janine Watts, Laura Lee, 'Outcomes of environmental appraisal of different hospital waiting areas', in *Environment and Behavior*, November 1, 2013, p. 862.

66 H. Dalke, P. J. Littlefair, D. L. Loe, *Lighting and Colour for Hospital Design: a Report on an NHS Estates Funded Research Project*, London, 2004.

67 Jin Gyu Park, 'Environmental Color for Pediatric Patient Room Design', Ph.D. dissertation, Texas A&M University, 2007, p. iii. (Remarkably, the use of simulation techniques instead of small pieces of colored paper is seen as a methodological innovation; no reference is made to the groundbreaking work of the Hungarian scholar Antal Nemcsics, summarized in his book: Antal Nemcsics, *Colour Dynamics. Environmental Colour Design*, Budapest, 1993.)

68 Blair L. Sadler, Jennifer R. Dubose, Elileen B. Malone, Craig M. Zimring, 'The business case for building better hospitals through evidence-based design', in *Healthcare Leadership. White Paper Series. Evidence-Based Design Resources for Healthcare Executives*, September 2008.

69 Blair L. Sadler, Leonard L. Berry, Robin Guenther, D. Kirk Hamilton, Frederick A. Hessler, Clayton Merritt, Derek Parker, 'Fable hospital 2.0: the business case for building better healthcare facilities', in *Research Paper No. 2012-67*, Mays Business School, Texas A&M University. Reprint from *The Hastings Center Report*, volume 41, no. 1, January–February 2011.

70 'Principles. New paradigms in a new century', in Richard L. Miller, Earl S. Swensson, J. Todd, *Hospital and Healthcare Facility Design*, New York, London: W. W. Norton, 2012 (third edition), p. 17.

71 D. Kirk Hamilton, Mardelle McCuskey Shepley, *Design for Critical Care. An Evidence-Based Approach*, Oxford: Architectural Press, 2010, p. 7.

72 D. Kirk Hamilton, 'Bridging design and research', in *Herd 1*, 2007, p. 29.

73 Ricardo Codinhoto, *Evidence and Design: An Investigation of the Use of Evidence in the Design of Healthcare Environments*, Salford, 2013, p. 208.

74 Ricardo Codinhoto, *Evidence and Design: An Investigation of the Use of Evidence in the Design of Healthcare Environments*, Salford, 2013, p. 211.

75 John Worthington, 'Managing hospital change: lessons from workplace design', in Sunand Prasad, *Changing Hospital Architecture*, London: RIBA Publishing, 2008, p. 49.

76 Cor Wagenaar, *Town Planning in the Netherlands since 1800. Responses to Enlightenment Ideas and Geopolitical Realities*, Rotterdam: 010 Publishers, 2011.

77 Derek Stow, 'Transformation in healthcare architecture: from the hospital to a healthcare organism', in Sunand Prasad, *Changing Hospital Architecture*, London: RIBA Publishing, 2008, p. 16.

78 A. H. Murken, *Vom Armenhospital zum Großklinikum. Die Geschichte des Krankenhauses vom 18. Jahrhundert bis zur Gegenwart*, Keulen, 1988, p. 25.

79 A. H. Murken, *Vom Armenhospital zum Großklinikum. Die Geschichte des Krankenhauses vom 18. Jahrhundert bis zur Gegenwart*, Keulen, 1988, p. 37.

80 Anthony Vidler, *The Writing of the Walls. Architectural Theory in the Late Enlightenment*, New York. Princeton Architectural Press, 1987, p. 60.

81 Claude-Philibert Coquéau, *Mémoire sur la nécessité de transférer et reconstruire l'Hôtel-Dieu de Paris: suivi d'un projet de translation de cet hôpital, proposé par le sieur Poyet, architecte & contrôleur des bâtimens de la ville*, Paris, 1785.

82 J. B. Leroy, *Précis d'un ouvrage sur les hôpitaux dans lequel on expose les principes, résultats des observations de physique et de médecine qu'on doit avoir en vue dans la construction des édifices, avec un projet d'hôpital disposé d'après ces principes*, Paris, 1787, p. 589.

83 Anthony Vidler, *The Writing of the Walls. Architectural Theory in the Late Enlightenment*, New York. Princeton Architectural Press, 1987, p. 60.

84 M. Armand Husson, *Étude sur les hôpitaux considérés sous le rapport de leur construction, de la distribution de leurs bâtiments, de l'ameublement, de l'hygiène & du service des salles de malades*, Paris, 1862, p. 8.

85 Martin McKee, Judith Healy, Nigel Edwards, Anthony Harrison, 'Pressures for change', in Martin McKee, Judith Healy (eds.), *Hospitals in a Changing Europe*, Buckingham: Open University Press, 2002, p. 43.

86 J. Abram, 'The filter of reason: experimental projects, 1920–1939', in J. Abram, T. Riley, *The filter of reason*, New York, 1990, pp. 52–62.

87 I. Rosenfield, *Hospitals. Integrated Design*, New York, 1947.

88 N. Mens, A. Tijhuis, *De architectuur van het ziekenhuis. Transformaties in de naoorlogse ziekenhuisbouw in Nederland*, Rotterdam 1999, p. 107.

89 Paul W. James, William Tatton-Brown, *Hospitals: Design and Development*, London: The Architectural Press, 1986.

90 Derek Stow, 'Transformation in healthcare architecture: from the hospital to a healthcare organism', in Sunand Prasad, *Changing Hospital Architecture*, London: RIBA Publishing, 2008, p. 16.

91 Robert Wischer, Hans-Ulrich Riethmüller, *Zukunftsoffenes Krankenhaus. Ein Dialog zwischen Medizin und Architektur*, Vienna: Springer, 2007, p. 15.

92 Robert Wischer, Hans-Ulrich Riethmüller, *Zukunftsoffenes Krankenhaus. Ein Dialog zwischen Medizin und Architektur*, Vienna: Springer, 2007, p. 37.

93 For building forms cf. also Bert Bielefeld (ed.), *Planning Architecture. Dimensions and Typologies*, Basel: Birkhäuser, 2016, pp. 386–387.

94 P. G. Luscuere, 'Concurrentie in de zorg: de rol van duurzaamheid, flexibiliteit en andere ambities', in P. Luscuere (ed.), *Concurrentie in de zorg: consequenties voor gebouw en techniek*, Delft, 2008, pp. 37–50; P. G. Luscuere, 'Flexibel, duurzaam en integral ontwerpen', in J. W. Pleunis (ed.), *NVTG BouwAward 2007: exploitatiegericht bouwen in de zorgsector*, Blaricum, 2007.

95 Jonathan Hughes, 'Hospital-City', in *Architectural History*, 40, 1997, p. 280.

96 Robert Wischer, Hans-Ulrich Riethmüller, *Zukunftsoffenes Krankenhaus. Ein Dialog zwischen Medizin und Architektur*, Vienna: Springer, 2007, p. 120.

97 Mies van der Rohe, cited in Robert Wischer, Hans-Ulrich Riethmüller, *Zukunftsoffenes Krankenhaus. Ein Dialog zwischen Medizin und Architektur*, Vienna: Springer, 2007, p. 10.

98 Judith Healy, Martin McKee, 'The role and function of hospitals', in Martin McKee, Judith Healy (eds.), *Hospitals in a Changing Europe*, Buckingham: Open University Press, 2002, p. 70.

99 Robert Wischer, Hans-Ulrich Riethmüller, *Zukunftsoffenes Krankenhaus. Ein Dialog zwischen Medizin und Architektur*, Vienna: Springer, 2007, p. 10.

100 Stephen Verderber, *Innovations in Hospital Architecture*, New York, 2010.

101 cf. chapter on circulation spaces in Sylvia Leydecker, *Designing the Patient Room: A New Approach for Healthcare Interiors*, Basel: Birkhäuser, 2017.

102 Janet R. Carpman, Myron A. Grant, *Design that Cares. Planning Health Facilities for Patients and Visitors*, San Francisco: Jossey-Bass, 1993 (second edition 2001).

103 Robert Wischer, Hans-Ulrich Riethmüller, *Zukunftsoffenes Krankenhaus. Ein Dialog zwischen Medizin und Architektur*, Vienna: Springer, 2007, p. 106.

104 Franz Labryga, 'Grundlagen und Tendenzen für Planung und Bau von Gesundheitshäusern', in Philip Meuser (ed.), *Krankenhausbauten/ Gesundheitsbauten. Handbuch und Planungshilfe. Band I. Allgemeinkrankenhäuser und Gesundheitszentren*, Berlin: DOM Publishers, 2011, p. 49.

105 'Public spaces in healthcare can have a big impact if properly designed', in *Healthcare Facilities Today*, March 25, 2013.

106 M. McCarthy, 'Healthy Design', in *The Lancet*, Vol. 364, July 2004, p. 405.

107 David Allison, 'Hospital as a city. Employing urban design strategies for effective wayfinding', in *Health Facilities Management*, June 2007, p. 61.

108 'Ambulatory care design, professional offices, and bedless hospitals', in Richard L. Miller, Earl S. Swensson, J. Todd, *Hospital and Healthcare Facility Design*, New York, London: W. W. Norton, 2012 (third edition), p. 250.

109 Robert Wischer, Hans-Ulrich Riethmüller, *Zukunftsoffenes Krankenhaus. Ein Dialog zwischen Medizin und Architektur*, Vienna: Springer, 2007, p. 140.

110 Peter Pawlik, Linus Hofrichter, 'Die Krankenhausambulanz', in Philip Meuser (ed.), *Krankenhausbauten/Gesundheitsbauten. Handbuch und Planungshilfe. Band I. Allgemeinkrankenhäuser und Gesundheitszentren*, Berlin: DOM Publishers, 2011, p. 67.

111 Franz Labryga, 'Der Pflegebereich', in Philip Meuser (ed.), *Krankenhausbauten/Gesundheits-bauten. Handbuch und Planungshilfe. Band I. Allgemeinkrankenhäuser und Gesundheitszen-tren,* Berlin: DOM Publishers, 2011, p. 84.

112 Franz Labryga, 'Grundlagen und Tendenzen für Planung und Bau von Gesundheitshäusern', in Philip Meuser (ed.), *Krankenhausbauten/ Gesundheitsbauten. Handbuch und Planungs-hilfe. Band I. Allgemeinkrankenhäuser und Gesundheitszentren,* Berlin: DOM Publishers, 2011, p. 39.

113 Michael Kimmelman, 'In Redesigned Room, Hospital Patients May Feel Better Already', in *The New York Times,* August 22, 2014.

114 Elisabeth Rosenthal, 'Is this a Hospital or a Hotel?', in *The New York Times,* September 21, 2013.

115 Susanne Lieber, 'Check-up mit Aussicht', in *Baumeister,* B8, 2009.

116 Terri Zborowsky, Lou Bunker-Hellmich, Agneta Morel, 'Centralized vs. decentralized nursing stations', in *Healthcare Design,* October 3, 2010.

117 'The patient care unit', in Richard L. Miller, Earl S. Swensson, J. Todd, *Hospital and Health-care Facility Design,* New York, London: W. W. Norton, 2012 (third edition), p. 240.

118 Franz Labryga, 'Der Pflegebereich', in Philip Meuser (ed.), *Krankenhausbauten/Gesundheits-bauten. Handbuch und Planungshilfe. Band I. Allgemeinkrankenhäuser und Gesundheitszen-tren,* Berlin: DOM Publishers, 2011, p. 80.

119 The ISO-TR 12296 2012, *Ergonomics – Manual handling of people in the healthcare sector, outlines the spatial and technical require-ments for a safer and more efficient working environment of wards.* http://www.iso.org/iso/catalogue_detail.htm?csnumber=51310.

120 'Diagnostics', in Richard L. Miller, Earl S. Swensson, J. Todd, *Hospital and Healthcare Facility Design,* New York, London: W. W. Norton, 2012 (third edition), p. 154.

121 'All in one place', in *Metropolis. Architecture Design,* October 2011, p. 42.

122 Catherine Gow, Brenda Byrd, 'Redefining the operating room', in *Healthcare Design,* August 20, 2013.

123 O. M. Lidwell, E. J. Lowbury, 'Effect of ultra-clean air in operating rooms on deep sepsis in the joint after total hip or knee replacement: a randomised study', in *British Medical Journal,* 1982/7, 6334, pp. 10–14.

124 'Surgery facilities', in Richard L. Miller, Earl S. Swensson, J. Todd, *Hospital and Healthcare Facility Design,* New York, London: W. W. Norton, 2012 (third edition), p. 174.

125 Tom Guthknecht, 'Kostenreduktionen im baulichen und betrieblichen Operationsraum-konzept', in *Krankenhausumschau,* no. 10, 1997.

126 Tom Guthknecht, 'Schneller und effizienter im OP: Kostenreduktionen mit dem Berner Modell der OP-Cluster', in *Krankenhausumschau,* vol. 68, no. 9, 1999.

127 Kristen McConnell, 'Diary of an intensive-care nurse', in *The New York Post,* December 9, 2012.

128 Maria Deja, Head of Intensive Care and Anesthesiology at Charité, Berlin, Lecture at ETH Zürich, October 12, 2012.

129 D. R. Thompson et al, 'Guidelines for inten-sive care unit design', in *Critical Care Medicine,* vol. 40, no. 5, 2012, pp. 1587, 1590.

130 Doug Bazuin, Kerrie Cardon, 'Creating heal-ing intensive care unit environments. Physical and psychological considerations in designing critical care areas', in *Crit Care Nurs Q,* vol. 34, no 4, 2011, p. 259.

131 Mahbub Rashid, 'Environmental design for patient families in intensive care units', in *Jour-nal of Healthcare Engineering,* vol. 1, no. 3, 2010, p. 390.

132 'Effect of intensive care environment on family and patient satisfaction: a before-after study', in *Intensive Care Med,* 39, 2013, p. 1632.

133 D. R. Thompson et al, 'Guidelines for inten-sive care unit design', in *Critical Care Medicine,* vol. 40, no. 5, 2012, pp. 1587, 1589.

134 'Critical care', in Richard L. Miller, Earl S. Swensson, J. Todd, *Hospital and Healthcare Facility Design,* New York, London: W. W. Norton, 2012 (third edition), p. 198.

135 'The impact of daylight and views on ICU pa-tients and staff (CEU)', in *Herd,* March 1, 2012.

136 Jurdene Bartley, Andrew J. Streifel, 'Design of the environment of care for safety of patients and personnel: does form follow function or vice versa in the intensive care unit?', in *Critical Care Medicine,* vol. 38, no. 8, 2010, suppl.; 'Copper surfaces reduce the rate of healthcare-acquired infections in the intensive care unit', in *Chicago Journals, Infection Control and Hospital Epide-miology,* vol. 34, no. 5, May 2013.

137 Robert Wischer, Hans-Ulrich Riethmüller, *Zukunftsoffenes Krankenhaus. Ein Dialog zwischen Medizin und Architektur,* Vienna: Springer, 2007, p. 203.

138 D. Kirk Hamilton, Mardelle McCuskey Shepley, *Design for Critical Care. An Evi-dence-Based Approach,* Oxford: Architectural Press, 2010, p. xv.

139 Craig R. Weinert et al., 'Health-related qual-ity of life after acute lung injury', in *American Journal of Respiratory and Critical Care Medi-cine,* vol. 156, no. 4, 1997, pp. 1120–1128; M. Deja et al., 'Social support during intensive care unit stay might improve mental impairment and conse-quently health-related quality of life in survivors of severe acute respiratory distress syndrome', in *Critical Care,* vol. 10, no. 5, 2006, p. 147.

140 A. J. Salandin, 'Noise in an intensive care unit', in *Journal of the Acoustical Society of America,* vol. 130, no. 6, 2011, pp. 3754–3760.

141 D. M. Needham, 'Mobilizing patients in the intensive care unit: improving neuromuscular weakness and physical function', in *JAMA,* vol. 300, no. 14, October 8, 2008, pp. 1685–1690; M. S. Herridge, Canadian Critical Care Trials Group et al., 'One-year outcomes in survivors of the acute respiratory distress syndrome', in *New England Journal of Medicine,* vol. 348, no. 8, 2003, pp. 683–693.

142 Maria Deja, Head of Intensive Care and Anesthesiology at Charité, Berlin, Lecture at ETH Zürich, October 12, 2012.

143 'The emergency unit', in Richard L. Miller, Earl S. Swensson, J. Todd, *Hospital and Health-care Facility Design,* New York, London: W. W. Norton, 2012 (third edition), p. 116.

144 Ernst and Peter Neufert, *Architects' Data,* fourth edition, Chichester, West Sussex: Wiley-Blackwell, 2012, p. 291.

145 Bert Bielefeld (ed.), *Planning Architecture: Dimensions and Typologies,* Basel: Birkhäuser, 2016, p. 392.

146 Bert Bielefeld (ed.), *Planning Architecture: Dimensions and Typologies,* Basel: Birkhäuser, 2016, p. 395.

项目精选

综合医院
儿童医院
大学医院
专科医院
门诊诊所和卫生中心
康复和支持诊所

综合医院

综合医院按照不同使用功能，可分为问诊、治疗、住院护理、实验室、药房、行政管理、公共服务及后勤管理、废物处理与维护服务。除此之外，大多数综合医院还设置急诊科。所有功能区在运作上互不干扰，并通过较短的水平、垂直交通联系。[144]合理的后勤布局与患者流线有助于改善医疗水平，提高就医安全性，增加患者友好度，使综合医院实现流畅运作。

时下医疗改革发展将对代表大多医疗机构的综合医院产生深远影响。从公共卫生角度看，综合医院在大多数经济合作与发展组织（Organization for Economic Co-operation and Development，OECD）国家中可能显得有些多余。为应对医疗技术发展，综合医院提供越来越多的数字化护理途径，更加重视患者的授权，提高医疗结果的透明度与满意度。为弥合预防与危机管控之间的差距，许多综合医院将努力使用更小的、量身定制且不失灵活的建筑来取代大量现有设施，以适应一系列相关疗法。

因此，医疗设施的重新分配体现以下两种明显趋势：大型、跨区域专科门诊提供复杂、高风险、技术先进的治疗；而小型社区卫生中心则提供低风险、相对简单、大量性的治疗。虽然这些专科门诊和社区卫生中心网络发展较慢，但综合医院在提供医疗健康方面依旧发挥着重要作用。

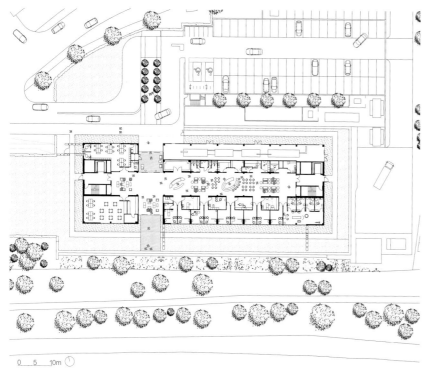

首层平面

建筑外观带有尖角和银色外墙 | 建筑周边景观
概况

巴斯圆形医院
Circle Bath
英国巴斯

建筑设计	Foster+Partners建筑事务所
业主	Circle/健康物业管理有限公司
完成时间	2009年
建筑面积	6400平方米
床位数	28张

巴斯圆形医院是一所规模极小的医疗机构，仅有28张非紧急医疗床位。其发起者——私人医疗健康供应商Circle，引领医疗领域的改革。预期会有大量来自英国国家医疗服务体系（National Health Service，NHS）的患者在此接受治疗。（前期建设医院的）部分投资将从公共资金中收回，这就要求服务提供者以类似成本提供符合公共系统标准的医疗服务。因此，相较于国家常规的大型医疗机构，未来的

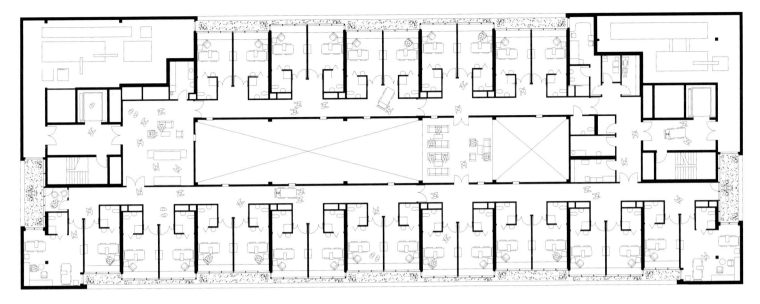

二层平面

患者应该更青睐巴斯圆形医院。它不仅（给患者）提供优质的医疗服务，还有五星级酒店般的建筑体验。它如同一家舒适的酒店，而非传统意义上的医院——这是巴斯圆形医院最明显的特征。

该医院位于巴斯市中心外9公里处，从医院可俯瞰整个工业区和萨默塞特郡（Somerset）的景色。它如同酒店一般，因此，附近及其他地区的患者更愿意来此治疗，该院建筑特征明晰，与附近工业建筑差异较大。长方形体量，首层凹进，立面覆以玻璃幕及黑色面板——盒子如同飘浮在景观之上。而建筑内部，被隐藏的三层设有医技部，突出的部分是一个面向小花园的玻璃手术室。先进的医疗设备让地下室如同古典医院一般。首层的问诊室与门诊部朝南，以通用空间为主：医疗程序所需的专业设备没有固定在房间内，而是安装在方便移动的轮子上。没有指定功能的房间保证其最大灵活性，能置换不同功能。顶部带有金属光泽的盒子设有病房：28间带有浴室的单人间，配备一个带顶的阳台，所有的病房还配备了小型药草花园。在房间内部，设有一张供游客休息的椅子背靠内墙，其位置平日可放置一张床供访客过夜使用。

医院设有一间理疗室和九间门诊咨询室。病房配备先进的设备，包括步入式淋浴间以及可拉伸式客床。室内则使用赭

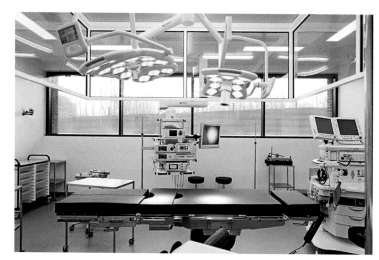

主门厅特有、类似酒店的氛围 | 透明的白色窗帘过滤通过圆形天窗照射到大堂的自然光线 | 拥有采光的手术室 | 雪中灯火通明的建筑外观

色、铁锈色混合而成的暖色调。最大化利用自然采光，同时尽可能使用自然材料装饰室内。四间手术室配备了最新技术，它们与传统手术室有所不同，内部具有自然采光。后勤布局以清晰简明的方式适应医院功能布局要求：入口直通中庭，中庭提供建筑各个部分的视觉联系。这使得寻路与标识系统显得有些多余，因此也无需设置长走廊。巴斯圆形医院的规模较小，布局清晰，流线简洁。酒店般的氛围意味着未来医院由类似的小型高质量医院主导。从长远来看，这些医院可能成为新的医疗网络节点。

南立面

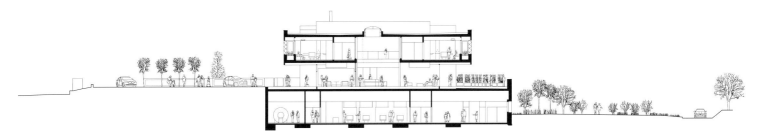

展示接待服务的横剖面

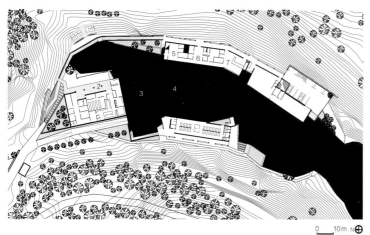

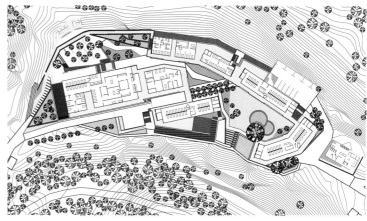

一层平面

1. 门诊　　　　5. 会议室
2. 药房　　　　6. 员工培训室
3. 化验室　　　7. 妇科病房
4. 儿科病房

二层平面

1. 重症监护室　　7. 临产房
2. 术后病房　　　8. 儿科病房
3. 手术室　　　　9. 产后病房
4. 登记处　　　　10. 男性病房
5. 新生儿ICA　　11. 洗衣房
6. 产房

从西南方向望向建筑｜从北向重症监护室和术后
病房的角度看

Butaro地方医院
Butaro District Hospital
卢旺达Butaro

建筑师	MASS设计团队
业主	卢旺达卫生部；健康/保险合作伙伴
完成时间	2011年
建筑面积	8040平方米
床位数	140张

很难判断Butaro地方医院哪方面最具吸引力：是优雅的设计、人道主义理念还是社区参与？政府部门花费553800美元雇佣当地劳工挖掘基地并从事相关建筑工作，以提供4000多人的就业机会。该项目得到卫生合作伙伴（Partners In Health, PIH）的支持，该组织由保罗·法默（Paul Farmer）博士和奥菲利亚·达尔（Ophelia Dahl）于1987年创立。PIH起源于解放神学运动（Liberation Theology Movement），

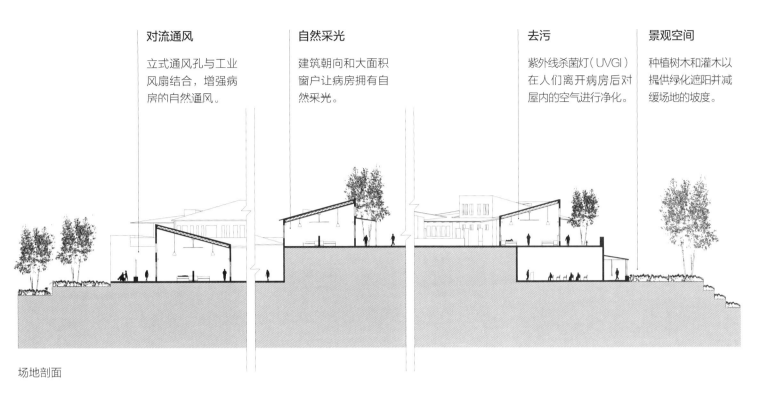

对流通风

立式通风孔与工业风扇结合，增强病房的自然通风。

自然采光

建筑朝向和大面积窗户让病房拥有自然采光。

去污

紫外线杀菌灯（UVGI）在人们离开病房后对屋内的空气进行净化。

景观空间

种植树木和灌木以提供绿化遮阳并减缓场地的坡度。

场地剖面

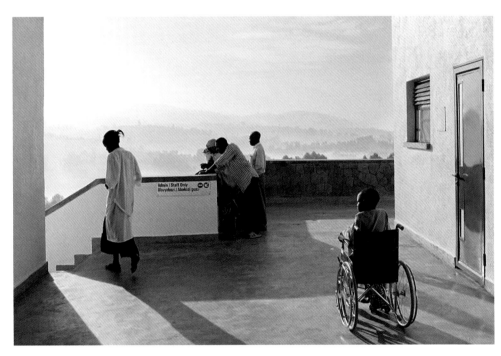

从露台上看 | 病房

其宗旨是为世界上最贫穷的人提供医疗服务。在Butaro地方医院，卢旺达卫生部于2007年与卫生合作伙伴（PIH）以及克林顿基金会（Clinton Foundation）合作。

该医院位于一座曾是军营的高山上，现已被重新设计成医学院的建筑群。医院配有140张病床、一间门诊癌症输液中心、一个为医生与护士提供的居住空间和一个为工作人员、患者及其家属提供的景观空间。医疗卫生与传染预防两方面是该建筑的主要设计标准。针对传染病传播媒介的问题，该医院利用大型工业级风扇将先进的自然通风系统与百叶窗集成，增加空气流速，同时增设杀菌紫外线灯。空气质量是院内疾病产生与否的主要因素，因此它必须不断地与室外新鲜空气进行交换。该系统每小时换气12次，达到世界卫生组织的最低标准。此外，整栋建筑在停电时也能正常工作。过分拥挤的走廊会增加感染的风险，因此走廊空间被最小化利用。主要的交通基础设施充分利用独立体量之间的开放空间，将其中几个体量与人行通道、等候空间进行连接。该医院主要的建筑特色——深色火山石（一种当地的材料）被率先应用在Butaro地方医院的建筑立面上，从而产生精美的纹理感。这种看似无结构、粗糙的石头纹理，是用最少的砂浆堆砌而成。这与整齐的矩形门窗开口、抹灰墙、天花板以及地板形成鲜明的对比。色彩上，火山石材料则是为该建筑营造了明亮的基调。

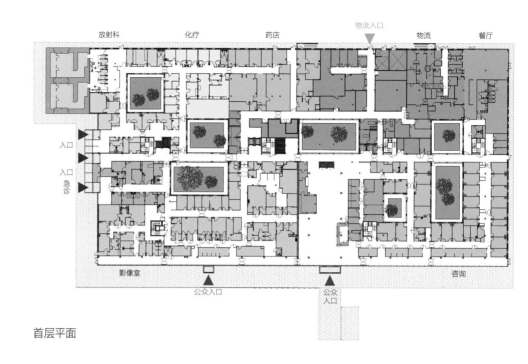

放射科　　化疗　　药店　　物流入口　　物流　　餐厅

入口

入口
急诊

影像室　　公众入口　　公众入口　　咨询

首层平面

维伦纽夫·德阿斯克私立医院
Private Hospital Villeneuve d'Ascq
法国里尔

建筑师	Jean-Philippe Pargade建筑事务所
业主	Generale de Sante（运营商），Icade Sante（所有者）
完成时间	2012年
建筑面积	22700平方米
床位数	225张

里尔（Lille）在医疗建筑史上有重要作用。保罗·纳尔逊（Pual Nelson）被拒绝的教堂医院项目以及让·沃尔特（Jean Walter）设计的同一项目是20世纪30年代探索新思维方式的里程碑。同样，让·菲利普·帕加德（Jean-Philippe Pargade）设计的拥有225张床位的私立医院正努力开拓新的领域，并取代两个传统的医疗机构。考虑建造新大楼之前，董事会决定雇用专门从事编程工作的人，促使他们研究

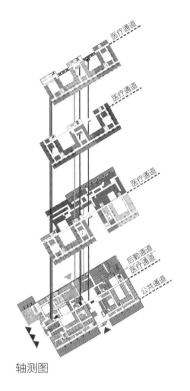

轴测图

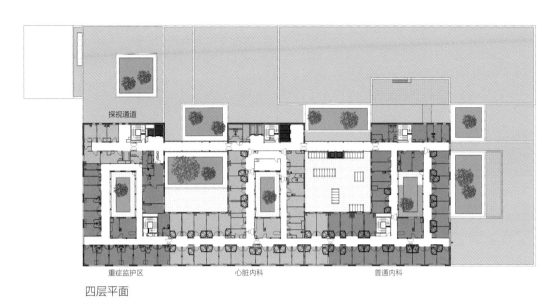

探视通道

四层平面

重症监护区　　　　　心脏内科　　　　　普通内科

夜间的主立面｜背立面｜立面细部，体现色彩的
运用。

新的工作方法，并且告知员工该过程可获利，以调动他们工作的积极性。医院董事会设法通过专业知识来确定他们的哪些专业技能无法转移，以及如何组成能够执行分配给他们具体任务的运营单位。无论何种服务，新大楼均可容纳。

该建筑位于住宅区和商业区之间，同时兼顾两者体量，尺度显然依据维伦纽夫·德阿斯克医院周边建筑的体量规模。建筑以现代主义风格为主，立面大部分黑砖则是对当地乡土建筑的致敬。这次设计竞赛的获胜者——帕尔加德（Pargade）设计出一个窗户上嵌有花卉印花图案的长方形盒子，提升了医院的视觉形象。最显著的特征是首层玻璃画廊，它模仿酒店大堂的设计，让人们从两层通高的入口大厅进入。置入的小型室内花园可以让整栋建筑采光充足，同时照亮手术室。医院有10间手术室以及225张病床，其中42张病床位于产科病房。这似乎表明该医院有一定

规模的设施，可充当一个特殊的、正逐步发展的网络节点。该医院还包括一所只有30张床位、尺度适中的门诊诊所。三层总体布局十分相似，主要依据几何结构紧凑的组合排序。医疗流程的横向组织实现各部门的交流，减少交通运输需要。影像、问询空间位于建筑首层前侧；放疗、化疗、药房、后勤服务以及餐厅位于后侧，急诊室位于西侧。二层设有产科室，其中一边是门诊服务，另一边是产科病房与手

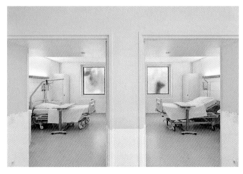
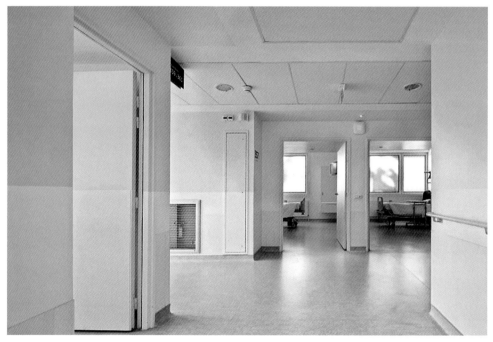

术室。外科位于三层，而心脏病科位于四层。室内主要使用柔和的色彩。医院提供不同级别的酒店般服务。最豪华的客房配有睡眠沙发；相较之前的设施，单人卧室的数量有所增加，餐厅还可以进行点餐。标识系统由多米尼克·皮耶罗·康塞尔（Dominique Pierzo Conseil）设计，这与机场使用的系统类似。导视系统是基于数字运行的一种简单有效的方法，避免使用难以理解的医疗术语，以防更改部门名称而导致的混淆。这栋新建筑特征可以用"现代""美学""功能"与"技术"这四个词进行描述；医院董事会一直将其称为"an outil"（乌蒂），这是重新定义未来医院前景重要一步的"工具"。

南立面

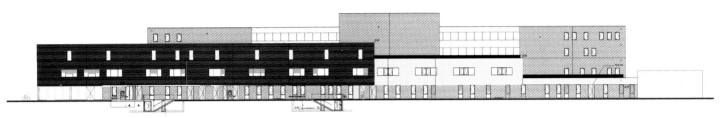

东立面

西立面

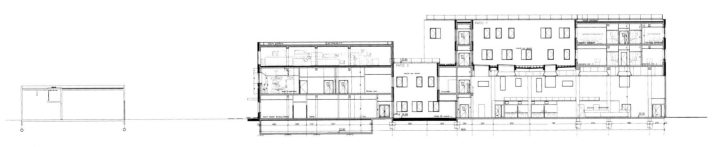

横剖面

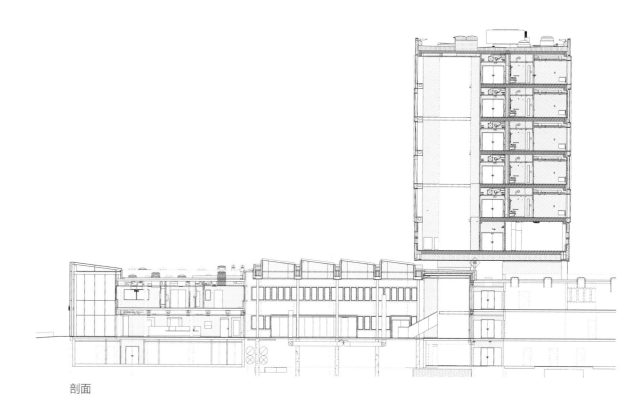

剖面

外观 | 主入口

科灵医院扩建工程
Extension Kolding Hospital
丹麦科灵

建筑师	Schmidt Hammer Lassen建筑事务所 Creo建筑事务所
业主	Syddanmark地区
完成时间	2016年
建筑面积	32000平方米
床位数	300张

丹麦医院建筑师率先为20世纪50年代流行的庞大、高层模型开发了替代类型。水平组织结构被取代，并快速传到其他国家。现存于日德兰半岛科灵的医院就是一个典型例子：中央街道连接三个街区，每个街区围绕一个中央庭院，一边是病房，另一边是医疗部门。丹麦政府在考虑重新分配卫生健康设施的过程中，选择将集中、相对较大的医院与卫生中心网络结合的策略。科灵已被指定为一个集中高端医

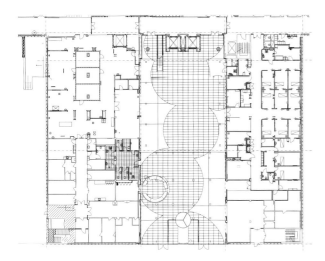

首层平面

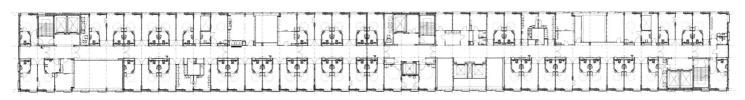

病房平面

大厅内电梯入口 | 桥梁连接着建筑两翼

疗服务的设施，以服务更多地区。在乡村地区，医疗机构拥有300张床位已经足够。科灵还与南丹麦大学合作，为医科学生与护理人员提供教育机会。它的功能作为一个医疗健康网络节点需要对既有建筑做完整的改建与扩建。新建部分与原始结构完全分离，因此在视觉上不具有任何层次，每部分均以同样的方式规划布局——沿医院街增加体量。建筑师用一块条形板取代走廊上方的病房，让人想起

传统的松饼上火柴盒类型。一侧增加一个紧急病房，旁边则是新的入口大厅，它与原有交通进行连接。玻璃屋顶掩盖了它只有2层的高度，并提供上层建筑以良好视野。人们无需通过垂直交通即可到达医疗部门——医技部位于脊柱中部一侧，门诊位于另一侧。通过战略性决策，建筑师将主入口从建筑的"长端"移动至更中心的位置，从而改善导视功能。这一举措与提供一系列公共空间有关——从迎客门廊

下的入口广场，人们可以在穿越敞亮的门厅后乘坐电梯。在这里，访客被带到顶层的住院部。四个中庭打破连续180米长的跨度。医院内设置护士站与病人餐饮/休息等常见功能的同时，还能供人们欣赏到周围的壮丽景色。所有单人病房都带有浴室、卫生间以及个性化的平板显示器。

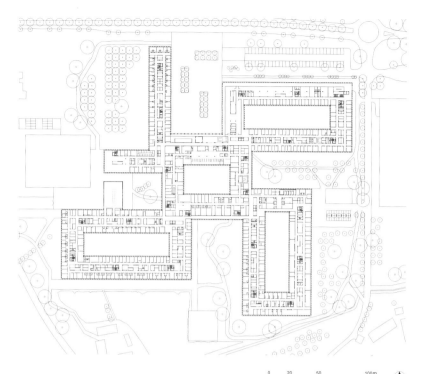

0 20 50 100m ▶ 总平面及首层平面

大厅候诊区 | 从医院两翼的开放空间看向建筑

AZ Groeninge医院
AZ Groeninge
比利时科特赖克

建筑师	Baumschlager Eberle建筑事务所
业主	AZ Groeninge vzw
完成时间	2010年（第一期）
建筑面积	38054平方米
床位数	385张

在比利时的科特赖克市（Kortrijk），著名的鲍姆施拉格·埃伯利建筑事务所（Baumschlager Eberle Architekten）的迪特马尔·埃伯尔（Dietmar Eberle）设计了一家医院，取代了现有的四家设施。因此，规模宏大是该建筑最显著的特征：它具有小城市的规模与复杂性。该医院占地15公顷；立面长达1.5千米，最终形成3层高的低层综合体的建筑形象。显然，如此规模的建筑很难融入科特赖克历史悠久的城市环境中，即

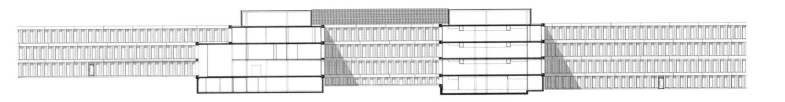

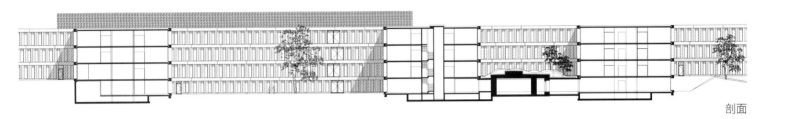

剖面

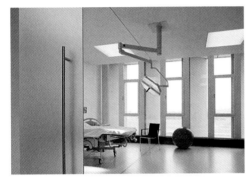

检查室 | 三层走廊

使在它现在所处的位置，也势必会忽略其物理环境：它与法国交界、邻近高速公路网络、设有商业园区和后勤设施，以及一个类似公园的景观环境。认识到大型建筑应该设计为统一、内向的综合体后，埃伯尔（如愿）赢得1999年的建筑设计竞赛。他选择用一个宏伟的建筑形象打造城市的地标，并将该过程分为两个阶段进行。汤姆·库特耐特协助确定医疗功能分布及其空间关系，该布局包括从容纳医技部的中央部分向外呈扇形散开的四个体量，四个外翼与中央部分分别围合一个庭院。该医院入口朝南并位于两翼之间；它连接一个2层高的大厅，并作为建筑的中央交通枢纽。由于中央走廊包含医技部，人们进入建筑只能绕道而行。主要的交通空间呈细长状，大部分走廊位于两侧的中心。室内公共空间满足自然采光，它们面向庭院或景观。与大家期待中的类似Groeninge这类大型医院不同，这所医院内的商店和餐厅等公共空间被限制在一定范围内运营。除此之外，这家医院最重要的特点是：它是一个冥想空间，在一定程度上令人回想起中世纪修道院及其封闭的修道院花园。建筑设计最突出的方面是，立面使用统一的承重混凝土构件，避免室内存在过多直射光。因此，该医院给人以庞大的混凝土雕塑的整体印象，但从外部又难以解读其内部的功能布局。2012—2017年，该医院第二期工程新增77663平方米面积以及675张床位。

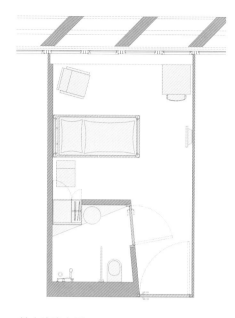

双人病房布局

单人病房布局

0 1 2.5 5m

柔和的颜色营造出舒缓的氛围 | 混凝土立面与玻璃幕墙之间的走廊

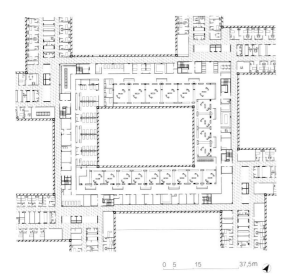

手术单元平面

住院病房平面

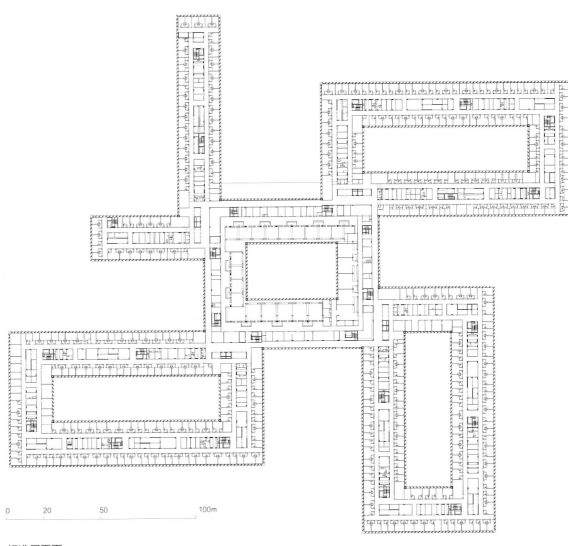

标准层平面

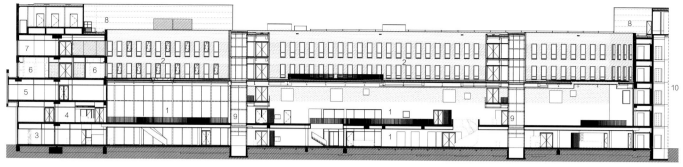

纵剖面

1 3 5 10m

带橙色砖块和灰白色镶板的起伏墙体 | 建筑的外
部景观 | 带有天窗与艺术品的大厅 | 大厅的楼梯

Zaans医疗中心
Zaans Medisch Centrum
荷兰赞丹

建筑师	Mecanoo
业主	Zaans Medisch Centrum和Vitaal Zorg Vast
完成时间	2017年
建筑面积	39000平方米
床位数	137张

　　Zaans医疗中心是欧洲第一家精益医疗机构。精益医院的关键在于防止各个方面（如金钱、时间以及资源等）的浪费。该医院规模相对较小，高度上几乎不超过附近树木，实现与赞丹市的柔和过渡。所谓的"护理林荫大道"（care boulevard）旨在建筑与城市环境实现无缝结合。这条"林荫大道"具有清晰的步行路线标识，引导人们进入医院。大道里有各种商店，实现医院与城市之间的连接。已通过15个

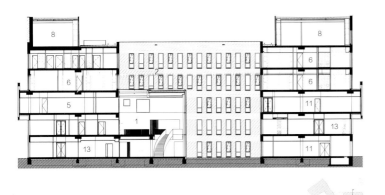
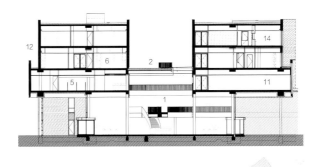

横剖面

1. 街道
2. 屋顶花园
3. 口腔外科
4. 疼痛门诊
5. 知识中心
6. 诊室
7. 手术室
8. 服务
9. 客梯
10. 患者电梯
11. 后勤区
12. 阳台
13. 门诊
14. 重症监护室

科室的真人尺寸模型对精益设计如何结合疗愈环境原理进行了测试实验。

Zaans医疗中心将患者分为五类：急诊、分诊、门诊、诊断（支持初级护理）以及临床。首层、二层以及三层作为门诊与医技部的预留场地，配有8间手术室，重症监护室、心脏护理、诊断中心、日托中心、实验室、药房以及公共职能用房。医院根据"店中店"（shop-in-shop）原则组织多个主题组，并将其作为这些部门的补充。而这些主题组又产生指定区域，如疼痛研究中心、运动中心、设施肿瘤学（与Hoorn的Westfriesgasthuis和Purmerend的Waterlandziekenhuis合作）和心血管中心。医院诊所位于五、六层，阳台则提供患者与外界接触的条件。

梅卡诺（Mecanoo）将方形建筑与矩形体量（以45°角放置）组合；入口大厅将建筑首层与二层分隔，通过林荫大道连接面向城市的广场。两层高的内街与大厅垂直，且连接两个体量。天窗的设计保证建筑内部采光充足。街道的两端各有一个绿色中庭。而建筑底部则参照附近建筑使用红砖材质。四层悬臂略微向外；诊所用浅灰色的垂直面板装饰。代表Zaans地区历史的木制曲线（标志着二层天窗与室内阳台）结构以及艺术品，有助于创造一个友好、睦邻的形象。

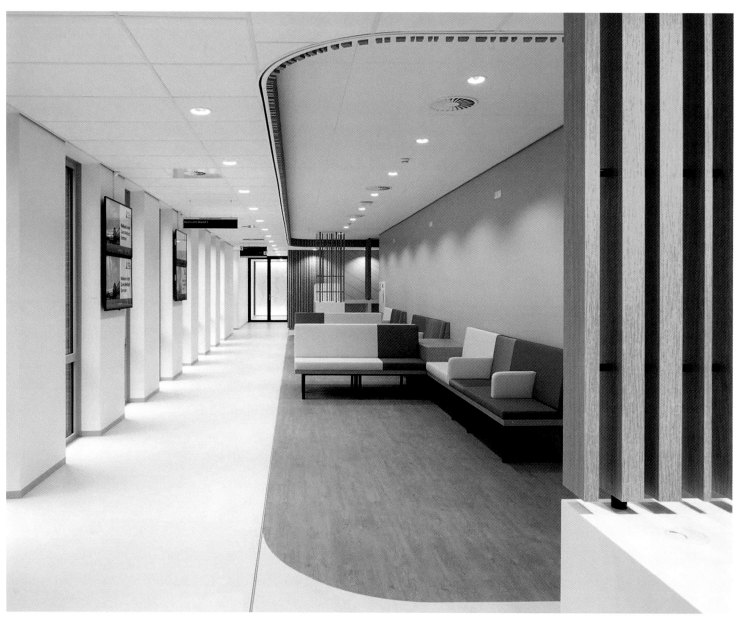

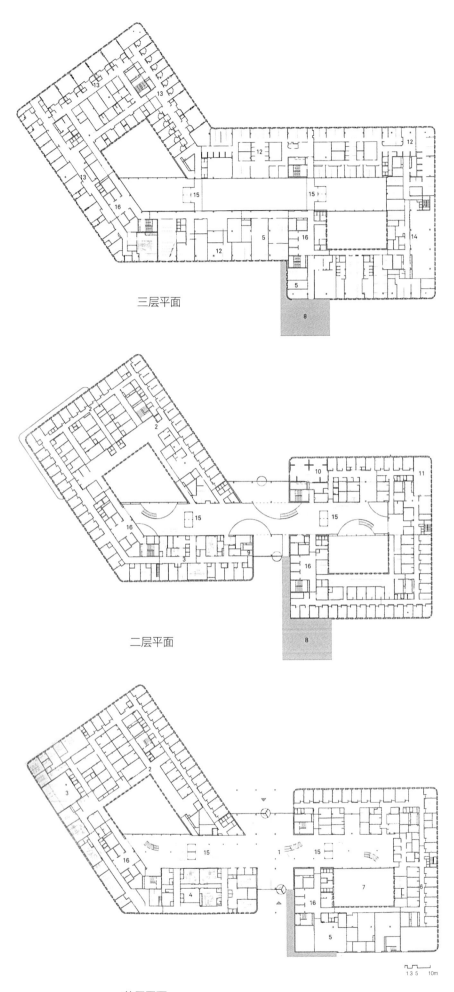

三层平面

二层平面

首层平面

1. 街道
2. 门诊
3. 急诊室
4. 放射科
5. 后勤区
6. 操作前检查室
7. 露台
8. 护理林荫大道
9. 核医学科
10. 肿瘤学
11. 疼痛门诊
12. 知识中心
13. 诊所
14. 实验室
15. 客梯
16. 患者电梯

1 3 5   10m

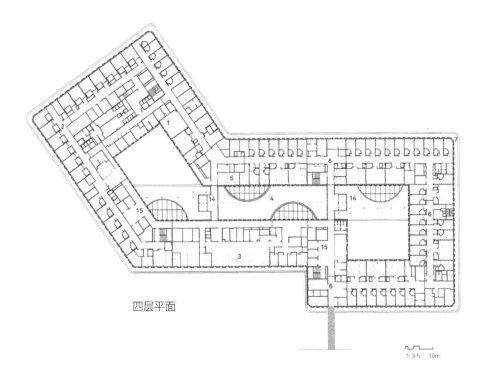

四层平面

1 3 5　10m

接待处 | 玻璃面板与走廊中的艺术品 | 雕塑般的楼梯连接各层

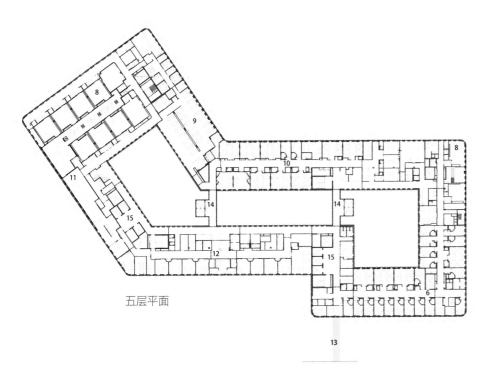

1. 儿童用品部
2. 护理客房
3. 透析室
4. 屋顶花园
5. 游戏室
6. 诊室
7. 阳台
8. 手术室
9. 康复/等待区
10. 门诊治疗室
11. 中央消毒部
12. 重症监护室
13. 护理林荫大道
14. 客梯
15. 患者电梯

五层平面

总平面

纵剖面

Riviera-Chablais医院
Hôpital Riviera-Chablais
瑞士伦纳兹

建筑师	Groupe-6（Denis Bouvier），GD建筑事务所（Laurent Geninasca）
业主	Conseil d'Etablissement Hôpital Riviera-Chablais，Vaud-Valais
完成时间	2019年
建筑面积	60000平方米
床位数	350张

Riviera-Chablais医院位于沃州（Vaud）和瓦莱州（Valais）两个瑞士行政区（"州"）边界的一个小村庄附近，由两个地区医院合并而成。它将整合目前分散在5个区域的医疗设施。在农村地区，这被视为提供高质量护理的唯一选择。由于大多患者与医护人员希望乘坐汽车抵达医院，因此将医院建在靠近主要交通干道的位置是十分关键的。2011年，Group-6和GD建筑设计事务所赢得新厂房的设计竞赛。方案中的医院布局似乎是对20世纪60年代首次引

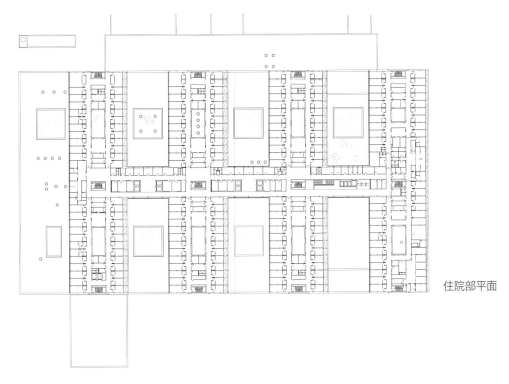

住院部平面

底层玻璃与入口 | 欣赏高山环境 | 主门厅 | 病房
（效果图）

入的梳状结构进行重新改造（特别是在哥本哈根附近著名的哈维德夫医院），并在20世纪70年代开始流行。这些低层建筑缺乏20世纪五六十年代典型的楼板和塔楼的高耸与敦实的特质。相反，它们效仿有机生长的历史城市中公共空间和区块之间的互动，这种互动的优势之一是具有高度灵活性，指导建筑师确定类似布局。虽然场地缺乏城市特色，但结构主义建筑依然能与城市联系。该医院只有3层，与周围环境无缝过渡。来自法国Group-6的丹尼

斯·布维耶（Denis Bouvier）和来自瑞士GD建筑设计事务的Laurent Geninasca设计了一个具有中央脊柱的内向结构。服务设施并非设置在地下室，而是在屋顶层。通过相同的深色矿物石材包层，区分顶层与病房的同时，隐藏在人们视野之中。屋顶还设有直升机停机坪。住院区被设计成4个矩形体块，它位于中央脊柱两侧，还带有一个宽敞的庭院；中间的空间作为屋顶花园，病房因此带有凉亭的特征。许多屋顶花园都设有贯穿建筑的采光井，能兼顾

下面楼层的采光。患者从病房内可以看到阿尔卑斯山（Alpine）的优美景色。（屋顶花园）下面的两层楼设置医疗功能；建筑立面的一个显著特点是设置的大片玻璃幕，这让工作人员、患者以及访客能使用采光充足的走廊。建筑内部还设有一条直通二层急诊科以及急症护理中心的坡道，需要经常补充库存的门诊部与设施则设置在一层。该医院布局十分紧凑，扩建相对容易。

中庭纵向剖

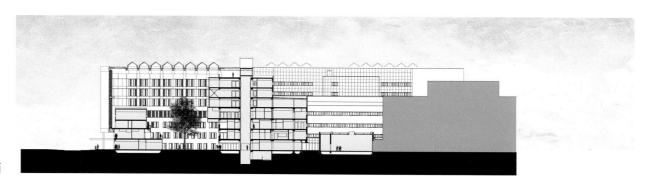

横向剖面

接待台｜入口有玻璃大厅以及圆角｜"房中房"
主厅与天花板上悬挂的艺术作品｜主要走廊的中
庭和楼梯

Twente光谱医院
Medisch Spectrum Twente

荷兰恩斯赫德

建筑师	IAA建筑事务所
业主	Twente光谱医院
完成时间	2016年
建筑面积	78400平方米
床位数	620张

Twente光谱医院的扩建项目取代了两个现有设施。这些设施彼此相邻，由一条800米长的人行天桥连接，在两所医院旧址上建设。该医院与格罗宁根大学医学中心（University Medical Center of Groningen）合作。综合来说，该医院具有完备的医疗条件，治愈了大量患者，符合成为教学医院的资格要求。MST通过网络与奥尔登扎尔（Oldenzaal）、哈克斯伯格和洛赛尔（Haaksbergen and Losser）的医院连接，并

首层平面

1. 入口
2. 停车库入口
3. 接待室
4. 中庭
5. 冥想空间
6. 救护车入口
7. 急诊科
8. 综合医疗中心
9. 现有医院
10. 妇幼保健院
11. 餐厅
12. 透析室
13. 眼科
14. 实验室

且充当该网络的中心枢纽。邻近的、已倒闭的医院都已升级，该医院因此作为新的服务大楼。哈里·阿贝尔斯（Harry Abels，IAA建筑设计师）设计了一栋位于市中心，外观十分透明却并不显眼的建筑——这是设计师明确保留历史遗迹，同时又尽可能缩小医疗领域与城市之间差距的结果。这允许阿贝尔斯通过此项目促进城市修复进程（Stadtreparatur，更常见的德语表达）：该建筑有助于修复此

前由于拆除纺织厂遗留下的大量城市创伤问题。市议会支持其保留在市中心的决定，并通过一条隧道将附近的停车场与新建筑进行连接。五层是医院的核心功能，它包括10间普通手术室、3间心脏手术室以及2间混合手术室，并且设有重症监护室、心脏护理以及心脏导管检查（heart catheterization）等功能。下面楼层设有公共空间以及医疗设施，吸引大量患者和访客。病房位于较高的楼层。尽

管交通在垂直方向组织，但该分区方案类似于"分区和交通系统"（Zoning and Traffic System）一章（第53页）中讨论的三种交通流线模型。建筑师将此策略与功能模式结合：母婴或肿瘤科等医疗中心集中提供适合治疗以及护理所需的大多数医疗功能。这使患者群体中的水平分区，转而形成对病房、医技部以及公共区域的垂直细分。

主入口位于L形建筑外角，科宁斯特

拉特（Koningstraat）衬砌墙略微向前移动，似乎在表达对游客的欢迎。圆角以及大量使用的玻璃更是凸显出这一形态。入口通向内部广场，宽敞走廊提供侧翼空间，如接待区以及餐厅的公共空间。

入口广场是其中一个采光充足的中庭，每个中庭都是功能组团的核心。从楼上的病房可以看到悬挂在中庭玻璃屋顶上的艺术品。主题集群的主要交通枢纽位于二层。医院参考循证设计的原则，将阳光和艺术品作为正向刺激，更重要的是使用单人间为患者提供私密空间——这是在设计Twente光谱医院时就设立的一个主要目标。

明确区分功能区和主题集群为人们寻路提供便利，艺术品有助于患者和访客了解他们的具体位置。一张由Geert Mul设计、不断变化的动态大屏位于停车场——这是该建筑的亮点之一；此外，由Merijn Bolink、Maria Roosen、Karin van Dam、Hans van Bentem以及Ram Katzir创作了位于中庭的画作。

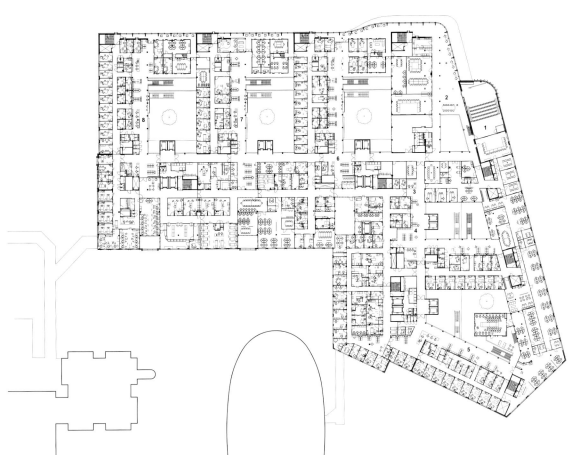

三层平面

1. 报告厅
2. 门厅/会议室
3. 血管外科
4. 肺科
5. 心脏病科/胸外科
6. 神经科
7. 肠胃病科
8. 肿瘤中心

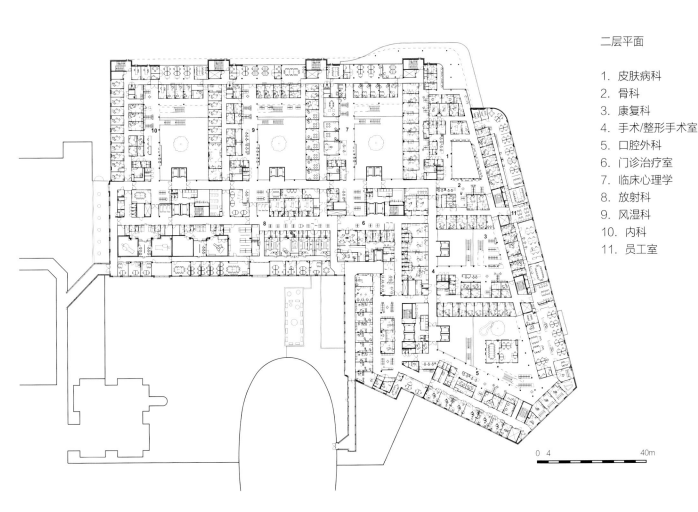

二层平面

1. 皮肤病科
2. 骨科
3. 康复科
4. 手术/整形手术室
5. 口腔外科
6. 门诊治疗室
7. 临床心理学
8. 放射科
9. 风湿科
10. 内科
11. 员工室

0 4   40m

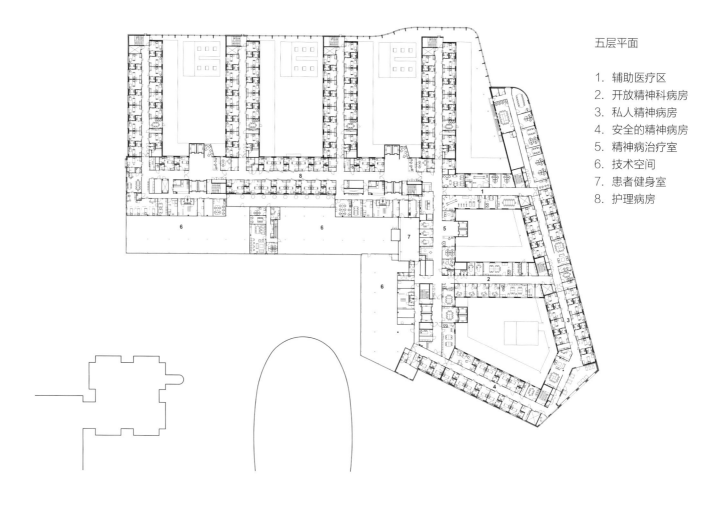

五层平面

1. 辅助医疗区
2. 开放精神科病房
3. 私人精神病房
4. 安全的精神病房
5. 精神病治疗室
6. 技术空间
7. 患者健身室
8. 护理病房

四层平面

1. 混合手术室
2. 心脏导管插入术
3. 胸腔重症监护室
4. 胸腔手术室
5. 手术室
6. 等候区
7. 心脏监护室
8. 中等护理室
9. 重症监护室
10. 术后区域

0 4   40m

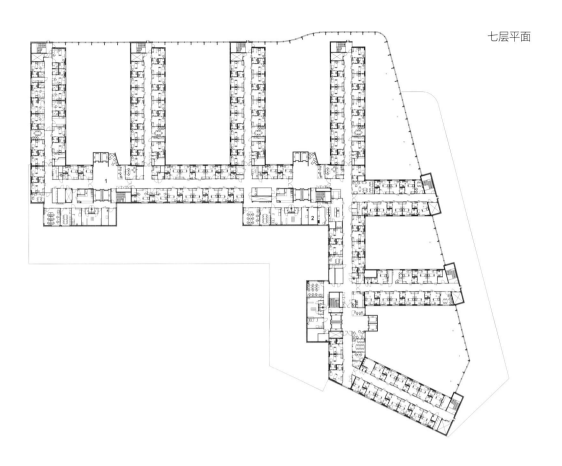

七层平面

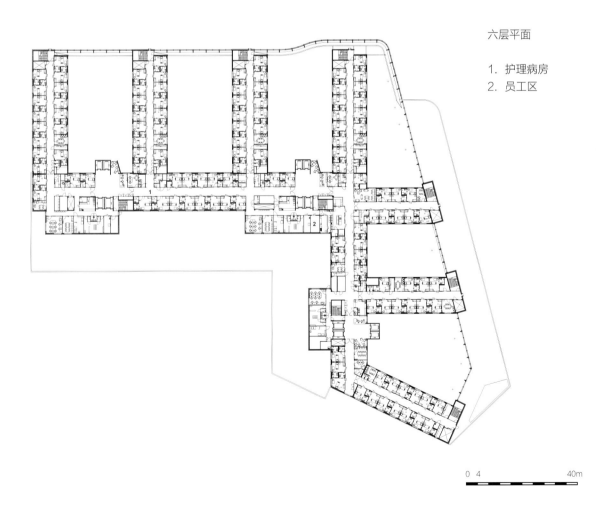

六层平面

1. 护理病房
2. 员工区

0 4   40m

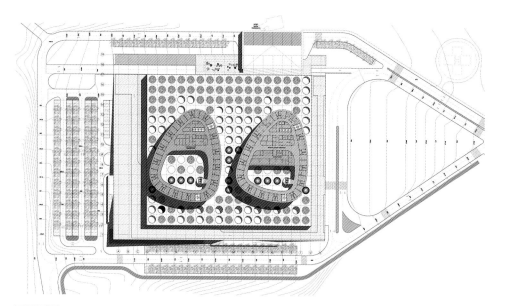

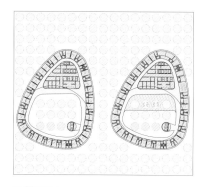

五层平面

四层平面

外观 | 入口 | 椭圆形的病房 | 急诊科入口

雷伊·胡安·卡洛斯国王医院
Rey Juan Carlos Hospital
西班牙马德里

建筑师	拉斐尔·德拉-霍斯（Rafael de La-Hoz）
业主	马德里市公共卫生署
完成时间	2012年
建筑面积	94705平方米
床位数	260张

　　雷伊·胡安·卡洛斯国王医院为莫斯托莱斯（Móstoles）的马德里郊区增添了一处亮眼的景观：它看起来不像一个医疗机构，甚至对某些人来说，它看起来根本不像一个建筑——至少不是传统意义上的建筑。几乎所有建筑中常见的结构，如矩形的门窗，都没有在这栋建筑上体现。相反，拉斐尔·德拉·霍斯建筑事务所设计了一个矩形盒子的抽象组合，它被黑色窄水平带状的面板覆盖，避免

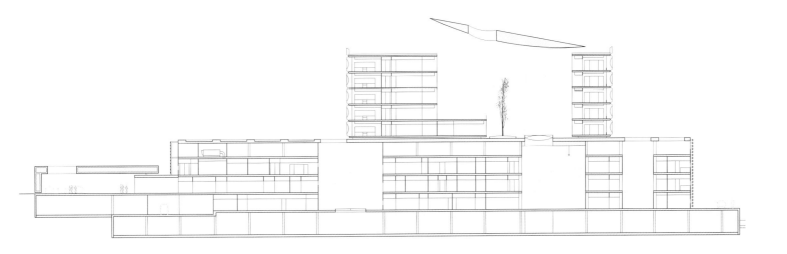

纵剖面

室内受到强烈的阳光直射。建筑顶部是两个椭圆形塔楼，覆盖着明亮、闪光的材料，形成菱形面板，与下方盒子的水平形态形成鲜明对比。无论从规模、视觉特征还是所选用的材料上看，这个雕塑般的建筑都与周围环境格格不入。正如设计师们所预想的，这是一个完全内向型的综合体，更为关注内部空间的营造。尽管这座建筑可能是特别的，但在此之前也有先例。这是彻底地重新定义过去人们所熟知的医院类型。该医院类型通常被称为"松饼上的火柴盒"，以其德语名称"塔台"式而闻名，即在底部的盒子容纳治疗区、门诊以及急诊科，并在顶部分隔出患者的使用空间。雷伊·胡安·卡洛斯国王医院的三层盒子由三个平行区组成：住院部临街并与主入口连接；中央保留治疗区域；而第三区，利用静谧的露台区分医技部中间区域以提供急诊。天井通过圆形天窗采光，门诊部咨询室临街，表皮包裹、遮阳面板有效阻挡直射光。

盒子顶部的两个病房围绕花园庭院。每座塔楼的5层均设病房，通过走廊可欣赏室外花园景观，到达朝向室外的病房；每块覆盖在墙上的闪亮面板镶嵌着圆形窗户，提供患者周围郊区的景观，同时避免阳光直射。

病房 | 患者浴室 | 大厅 | 带倾斜屋顶的露台 | 入口

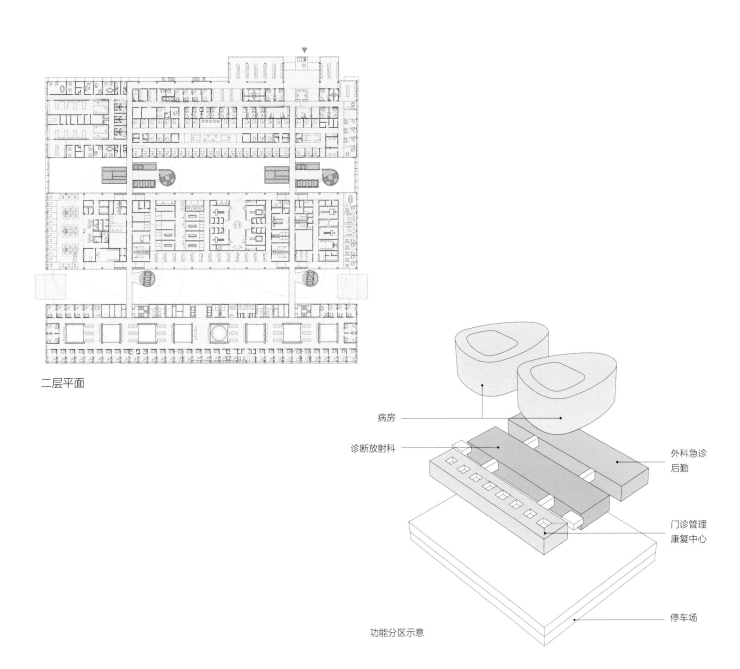

二层平面

病房

诊断放射科

外科急诊
后勤

门诊管理
康复中心

停车场

功能分区示意

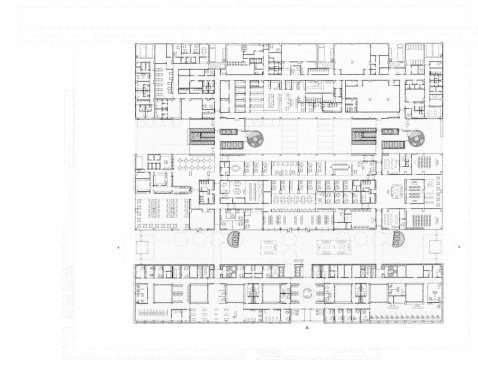

底层平面

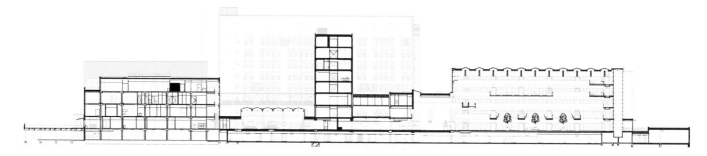

纵剖面

医院田园般的环境 | 主入口夜间外观 | 与桥廊相连接的外观

米安德医疗中心
Meander Medisch Centrum
荷兰阿默斯福特

建筑师	Atelier PRO建筑事务所 汉斯·范·贝克
业主	米安德医疗中心
完成日期	2013年
建筑面积	112000平方米
床位数	600张

这所了不起的医院以截然不同的文化取代之前的两所医院——一所由天主教信徒建造，另一所由新教徒建造。新医院其中一个目标是在工作人员中培养社区精神。考虑合并这两家医院之前，荷兰的医疗建筑仍然由少数几家公司主导，它们按照国家规划局的规定建造了一些没有特色的建筑。

病房将中心脊柱（central spine）与医技部分开，这导致医技部与门诊之间有相

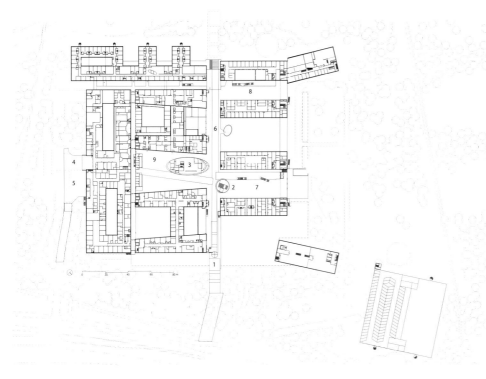

1. 主入口
2. 停车场入口
3. 问询处
4. 救护车通道
5. 急诊室
6. 中央大街
7. "边缘"公共空间
8. "门厅"公共空间
9. "橘园"阳光房

场地及首层平面

当长的距离。医技部的设计取决于医疗流程，其他部分则参照医学领域以外的其他建筑类型：病房被视为豪华酒店的客房，而门诊则从办公空间中获取灵感。新医院强调一种私密氛围，单人病房因此成为新常态。这是荷兰第一家完全摒弃传统多床位布置的综合型医院。

推拉门将房间与所谓的"诊所生活区"连接，客厅是一个楔形休息室，可以欣赏室外的绿地或林荫大道的景色。每个客厅都有一个网咖。通过休息室的半私密空间，患者可以自由地从房间的私人领域过渡到宽敞流动空间的公共领域，这有望引导患者逐渐扩大自己的行走半径。内部简单的整体布局与外部的视觉联系使寻路变得更加便捷有效。

颜色进一步增强了建筑的导向性。例如，发光的绿色面板指明医院接待处的位置；诊所入口采用信号颜色标识，等候区则用绿色墙壁标识。色彩也被用于制造室内宁静平和的整体氛围，像木材这类温暖、自然的材料用在公共区域。大量玻璃的使用让病房光线充足。医院的照明设计旨在防止产生眩光效果，在低光条件下，它更有助于创造一个愉快的氛围。为缓解在医院治疗的压力感，建筑师亲自设计所有的家具——大约3000件。

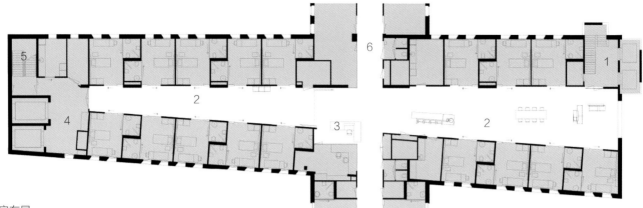

病房布局

1. 公共空间
2. 社交空间
3. 接待柜台
4. 服务区域
5. 员工及服务人员入口
6. 护理单元

橘园阳光房｜楔形休息室和单人间｜通往接待室
的路径

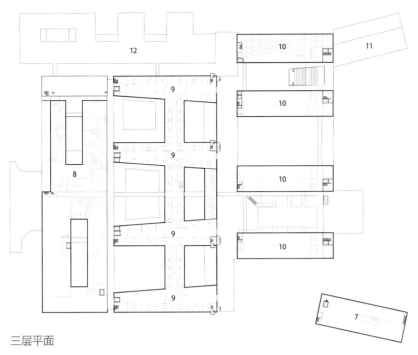

三层平面

1. "林荫大道"上方的空间
2. "Brink"上方的空间
3. "Foyer"上方的空间
4. 临冬花园"橘园"上方的空间
5. 礼堂
6. 餐厅
7. ROC（区域教育中心）
8. 重症监护、手术室、急诊室、实验室
9. 住院病房
10. 门诊和办公室
11. 康复和理疗
12. 精神病学中心
13. 员工停车场

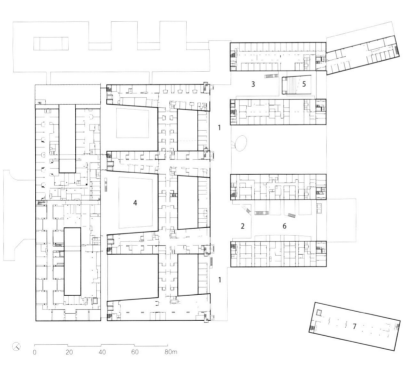

0   20   40   60   80m

二层平面

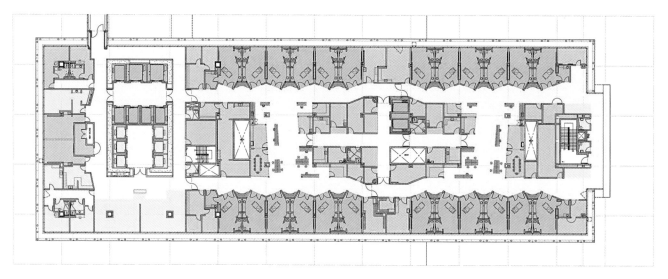

ICU平面

双表皮与周围环境 | 景观建筑 | 玻璃走廊的景观
与棕榈树 | 中央脊柱的景观

阿布扎比克利夫兰诊所
Cleveland Clinic Abu Dhabi
阿拉伯联合酋长国阿布扎比

建筑师	HDR
业主	穆巴达拉开发公司（Mubadala Development Company）
完成时间	2015年
建筑面积	409234平方米
床位数	364张（可扩展至490张）

　　以往，阿拉伯联合酋长国的居民前往欧洲、美国接受先进的医学治疗与护理。但近年来，政府与国际领先的医疗机构合作，开始尝试投资新设备与技术，为国家带来专业的知识技能。2015年3月阿布扎比克利夫兰诊所开业，阿联酋的居民可享受到精细化的护理服务，这是美国克利夫兰诊所在北美外做出的第一个尝试。克利夫兰诊所的网络覆盖俄亥俄州、拉斯维加斯、佛罗里达州和多伦多等地区。阿布扎

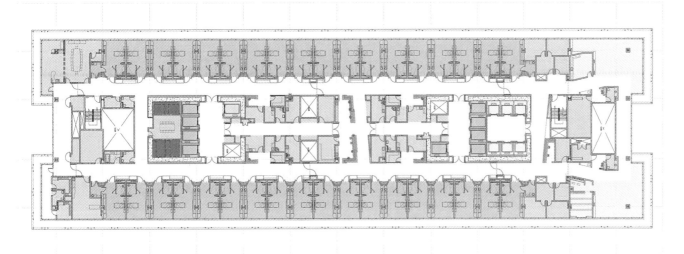

病房楼标准
层平面

比克利夫兰诊所设有364张床位，由6个矩形体块、楼板组成，包括画廊（一个公共空间）、诊室与治疗区、重症监护室、行政楼与门诊楼。而门诊诊所由243间检查室组成。最上方的楼板覆盖着双层玻璃幕墙，内部包含独立的急性护理病房（ICU位于其下的悬臂翼中）。该建筑可以被看作一个20世纪60年代"松饼上的火柴盒"或者塔台式类型的现代诠释。低层体量划分代表着在一些特定体量中，医院正逐渐向"以病人为中心"转变。病房塔楼的规模显示出患者住院时间正在逐渐减少。寻路系统基于楼层与体块功能以及人流组织，并借助外部环境实现运行。水是医院的重要元素，建筑坐落于一个岛上，围绕着中心水景，从这可以俯瞰阿拉伯海湾。

建筑内部的景观、屋顶花园和绿化给人们提供直接接触自然的条件。这些空间品质反映循证设计的原则，在各个层面激发项目的灵感。零售画廊为患者以及访客缓解焦虑情绪。阿布扎比的克利夫兰诊所高度超过20层，为城市的新商业区阿尔马耶岛（Al Maryah）中心新增一个地标性建筑，同时也象征着最高的医疗水平。

儿童医院

儿童是一类特殊患者，每个年龄段都有独特的需求，从新生儿到青年可分为五个年龄段：新生儿（0—28天）、婴儿（28天—1岁）、幼儿（1—3岁）、学前儿童与青春期前（3—12岁）以及青少年与青年（12—18岁）。虽然综合医院会将建筑中的一部分用于儿童医疗，但是儿童友好的设计仍然滞后，因此衍生出儿童专科医院。儿童专科医院致力于缓解儿童由疾病或医疗干预引起的疼痛与恐惧，并为他们提供游戏和学习的场所。在儿童肥胖问题尤为突出的美国，提供户外游戏设施已成为新儿童医院的趋势。例如通过利用景观花园吸引儿童进行户外活动的方式，取代他们长时间使用电子产品的行为。此外，医疗设备会增添儿童的恐惧与痛苦，为实现儿童友好设计，应尽可能隐藏医疗设备。儿童相比成年人对环境质量更为敏感，治疗环境的设计尤为重要。不仅色彩、自然光、低噪声与绿色植物对儿童有着积极影响，校园空间、主题公园和玩具店亦是如此。儿童专科医院设计中最为重要的是让儿童与父母保持密切联系。理想情况下，父母应该能长时间在孩子附近，例如在"麦当劳叔叔之家"（Ronald McDonald houses）或孩子的病房里过夜。近年来，儿童病房设计发生了重大变化，病房面积扩大、私密性增强、以家庭为中心，而且可细分为儿童病患、父母、医护人员三个区域。

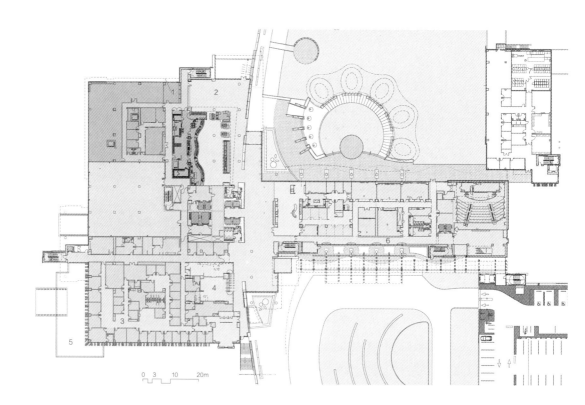

一层平面

1. 图书馆
2. 餐厅
3. 行政管理区
4. 商业区
5. 屋顶
6. 学习中心
7. 数据中心

内穆尔儿童医院
Nemours Children's Hospital
美国奥兰多

建筑设计	Stanley Beaman & Sears及 Perkins + Will（助理建筑师）
业主	内穆尔儿童医院
完成时间	2012年
建筑面积	58527平方米
床位数	95张

内穆尔儿童医院从外部看最引人注目的是夜晚的住院病房，病房的灯光颜色由儿童选择，每天都变化着。当代医疗建筑的设计理念之一是患者享有权利，而自由选择灯光是其中一种。这栋建筑服务于住院儿童，因此采用令人愉悦的缤纷色彩。佛罗里达州气候宜人，阳光充沛，有众多主题公园，是美国主要的休闲胜地。奥兰多（Orlando）旅游景点散布，内穆尔儿童医院坐落于城市附近的森林地带，为这

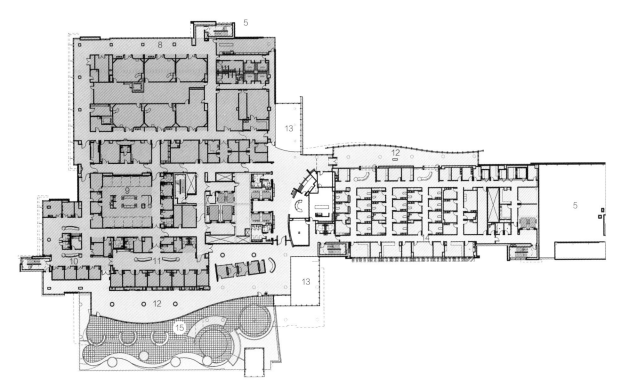

二层平面

8. 外科手术室
9. PACU（麻醉后监测治疗室）
10. 手术前室
11. 康复区
12. 公共空间
13. 空闲空间
14. 门诊诊所
15. 屋顶花园

外观细节与阴影｜周围的建筑物｜屋顶花园｜孩子们在屋顶花园中玩耍

片风景增添了一个很棒的地标。建筑师没有把医院设计为主题公园，而是以一种静谧安宁的姿态融入其中。

内穆尔儿童医院坐落于诺纳湖医疗城（Lake Nona Medical City）的园区内，这里曾是农业用地，远离城市生活的喧嚣，为当地提供联系密切的医疗服务。除自然景观外，建筑附近环境要素很少。该建筑尽管对内穆尔这座法国城市而言是相对抽象的，却是医院基金会（Client Foundation）所在地。正如其名，它是一个被众多小湖泊环绕的高密度城市综合体。

该机构充当医学技术与环境支持之间的媒介，整合了两者的优点。根据罗杰·乌尔里希（Roger Ulrich）在20世纪80年代的初步研究，医院设计的指导原则是发挥阳光的积极作用，重视建筑周边环境，即重点关注自然光与景观。建筑师与包括AECOM景观设计师在内的广泛专家团队合作，希望将医院建造在花园中。内穆尔儿童医院拥有两个屋顶花园。一个探索性花园侧重于感官体验，芳香的植物刺激嗅觉，愉悦的声音锻炼听力，这个花园为相邻部门接受治疗的儿童设计。另一个屋顶花园向所有人开放，为儿童及其同伴提供路障与健行道等康复设施。

在内穆尔，患有慢性疾病、病情复杂或病危的儿童一般居家休养。医院设有95张床位与76间咨询室，额外的空间可以扩容32张床与24间咨询室。不同于共享咨询

等候区 | 绿色电梯厅 | 等候区 | 游戏区 | 儿童病房

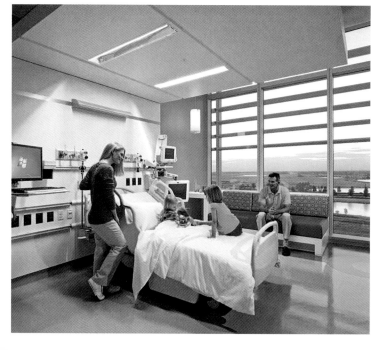

空间的普通门诊，这里每个科室都有独立诊室。医院的组织原则是将住院部置于与门诊部同等级别。每个楼层选择不同的设计特色，有助于儿童、父母与医护人员之间建立更亲密的关系。由于医院对患儿及其父母同等重视，医院董事会采纳了以家庭为中心的护理原则，每一间单人卧室配备父母睡眠设施。

该建筑布局包括6层，底层架空层用于配送和服务。精心的景观设计掩盖入口在二层的事实，并隐藏下层的配送与服务区域。二层还有行政与学习中心，楼上是外科和普通门诊。医院每层有专属的颜色、纹理、图像以及艺术品，为寻路提供了便利。此外，主题公园海洋世界（Sea World）为医院捐赠的水池景观也有助于病人以及来访者找到目的地。

大堂 | 夜间庭院入口

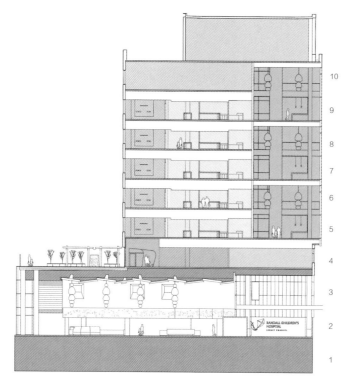

剖面

1. 地下层：儿童日间诊所
2. 一层：大堂、急救科
3. 二层：NICU新生儿重症监护病房
4. 三层：门诊癌症中心、屋顶花园
5. 四层：肿瘤科、心脏科、家庭休息室
6. 五层：PICU儿童重症监护病房、家庭休息室
7. 六层：婴幼儿医学部、外科、家庭休息室
8. 七层：学龄儿童医学部、家庭休息室
9. 八层：骨科、神经内科、康复室、家庭休息室
10. 九层：预留空间、家庭休息室

临床

临床支持

生活设施

办公

建筑结构

花园

外景 | 大堂和接待区 | 电梯厅 | 家庭互动室 | 画廊

伊曼纽尔医疗中心的兰德尔儿童医院
andall Children's Hospital at Legacy Emanuel
美国波特兰

建筑设计	ZGF Architects
业主	Legacy Health
完成时间	2012年
建筑面积	31030平方米
床位数	165张

艺术的运用是理解兰德尔儿童医院的关键。伊曼纽尔医疗中心（Emanuel Medical Center）的儿科服务以前分散在城市各处，现整合于一幢9层建筑。ZGF建筑事务所（Zimmer Gunsul Frasca，ZGF）从项目早期便参与其中，而且积极参与设计标准的制定。

为给每个年龄段创造具有吸引力的舒适环境，ZGF建筑事务所组织了医院董事会与部分用户的研讨会，基于10种价值观

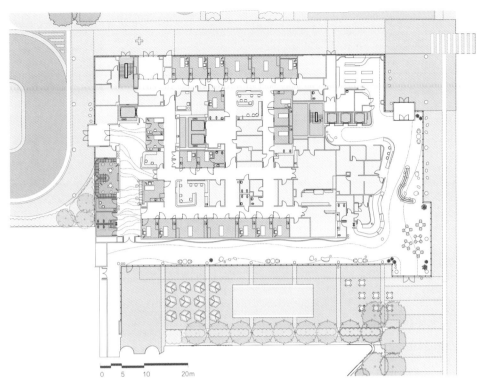

一层平面   0 5 10   20m

制定出一套"指导原则"。其中一个是艺术的使用，艺术品是导视系统的重要组成部分，它不仅是装饰，也能为游客和病人指明方向。有充足的科学数据证明，自然图像对儿童有极强的吸引力。医院采用俄勒冈州和华盛顿州西南部景观的图像，将该地区的自然栖息地与建筑内部联系起来。医院每层都有特定的动物形象提供定位信息：鹿、狐狸、熊、蜂鸟等，它们被刻在定制的艺术玻璃上，在护士站与幼儿视线水平处展示。

色彩的丰富使用借鉴了地区景观，用于识别建筑的特定部分：柔软的俄勒冈海岸配色代表新生儿重症监护室，门诊肿瘤楼层使用来自喀斯喀特山脉（Cascade Range）的配色，明亮的橙红沙漠配色代表急诊部与日间手术室。此外，在顶棚、地板、门和墙端使用了竹子，为这个主题的多样性增添自然的色调背景。艺术家费尔南达·达戈斯蒂诺（Fernanda D'agostino）为三层的露台花园创造了覆盖彩色玻璃的圆锥体雕塑，作为新生儿重症监护室的天窗。另一个关键的设计目标是采用柔软、弯曲的形状，使医院产生一种有机的感觉。玻璃面板、藤架结构、植物和铺装材料的选择创造出恢复性环境。露台花园为儿童和来访者提供游玩、社交与冥想的场所。

以家庭为中心的护理原则被普遍接受，这也是贯穿整个建筑的理念。住院病

儿童日间手术大厅 | 护士站 | 病房视野

人及其家属住在顶层。兰德尔儿童医院只有单人卧室，配备酒店品质的设施，例如为家长准备的双人睡椅。医院每层设有用双层玻璃围合而成的家庭休息室，为患者及其家人提供远离病房的休息与放松空间。除此之外，还有家庭健康中心、15座的小型电影院、活动室、游戏室和配有电脑的青少年休息室，供患者及其家人使用。

兰德尔儿童医院是一家配有165床的中等规模机构，毗邻一家现有医院，它们共用部分设施。例如，日间手术室与另一栋楼的手术室相连；地下有连通隧道，方便出入；九层为进一步扩建而设计。医院坐落于风景优美的地块，享有停车场和点缀着街道设施的绿地。

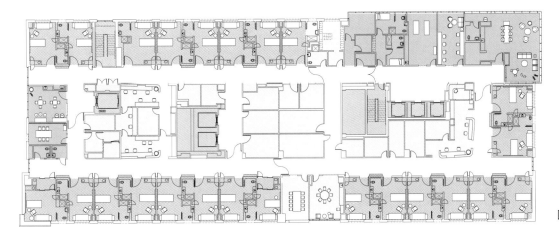

四层平面

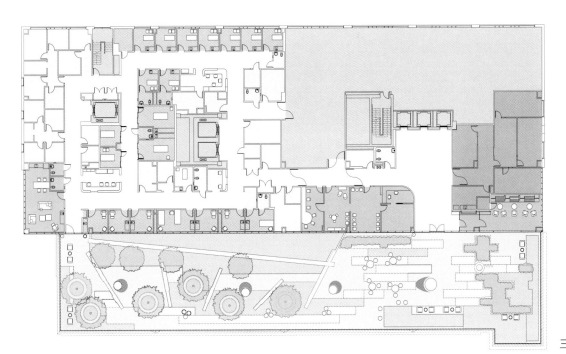

三层平面

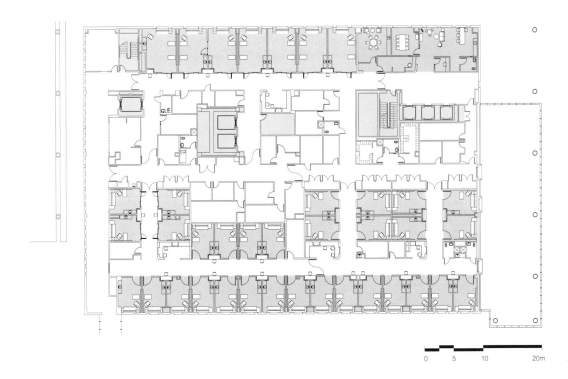

0   5   10   20m

二层平面

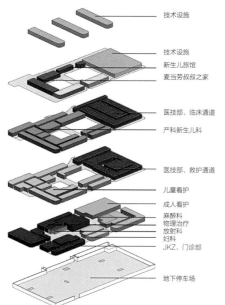

技术设施
技术设施
新生儿旅馆
麦当劳叔叔之家
医技部、临床通道
产科新生儿科
医技部、救护通道
儿童看护
成人看护
麻醉科
物理治疗
放射科
妇科
JKZ、门诊部
地下停车场

部门分布示意

一层平面

0 2 5m

朱莉安娜儿童医院
Juliana Children's Hospital
荷兰海牙

建筑设计	MVSA Architects事务所（隶属于VolkerWessels-Haga consortium）
业主	Haga Ziekenhuis
完成时间	2015年
建筑面积	34500平方米
床位数	210张

朱莉安娜儿童医院是荷兰最大的医院哈加医院（Haga Ziekenhuis）的一部分。哈加医院以前分布在城市各处，现在将医院设施都集中起来。新建筑解决方案的特点是尊重和加强原设计的质量。K. L. Sijmons' Leyenburg医院于1971年开业，是荷兰最引人注目的经典Breitfuß医院之一。它由两部分组成：预制垂直混凝土板楼、雕塑般混凝土裙楼。改造项目的一部分是对高层板楼的彻底升级，由建筑师安

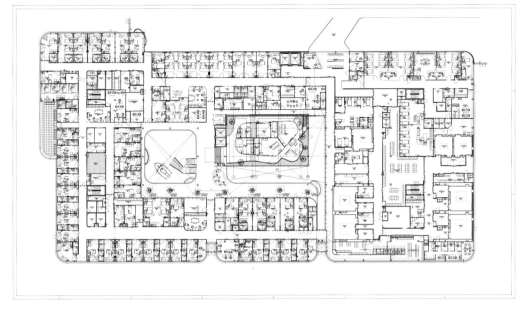

二层平面

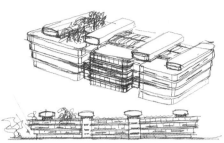

设计草图

通往停车场的外景 | 从湖畔看向建筑 | 扩建部分立面

德马斯（Aan de Maas）完成，还有一部分是水平裙房的延伸。新园区占地34500平方米，包括麻醉科、肿瘤科、血液科、日间病人监护病房、手术室以及儿童医院与母婴中心。原有建筑硬朗的工业化特征与儿童医院柔软的圆角形成鲜明的对比。新的侧翼唤起了装饰艺术建筑的宁静。朱莉安娜儿童医院的设计目标是把儿童放在中心位置。Planetree的概念是其主要灵感来源，所有护理与治疗过程都根据Planetree的原则组织。

儿童医院与周围花园紧密联系，可直接进入。花园由Karres+Brands建筑事务所设计，大部分是盆栽植物，在视觉上与室内丰富的绿色植物相连。研究表明，孩子们的父母喜爱公园的景色，而孩子们更喜欢看大街与广场上的行人。还有研究表明，儿童友好的环境可以分散孩子的注意力，减少焦虑与疼痛感，有助于创造更积极的就医体验。

通过与用户群体（包括儿童）进行沟通，得到关于他们如何体验医院空间的宝贵信息。MVSA邀请体验设计机构为儿童医院创建一条"动感"故事线，使用数字屏幕与儿童进行互动。五个可爱的角色——Hugg、Happy、Fold、C-bot和Fizzle——以独特的动画形式投影在墙壁上，出现在孩子们身边，陪他们"冒险"和开怀大笑。

新建筑三个相连的体量分布着丰富的

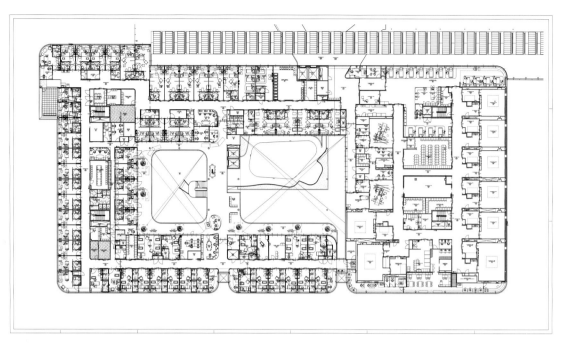

三层平面

中庭景观｜带运动和理疗设施的北中庭

公共空间，其中有两个围绕4层的玻璃中庭组织。为了促进儿童医院与绿色环境的融合，扩建部分的手术室从最初规划的外廊式改为内廊式。儿童医院的设计鼓励孩子与他们的父母发现病房外的世界。

医院中庭充满阳光，从公共空间可以看到大多数目的地。在朱莉安娜儿童医院中，空间通透是寻路的关键。在整个综合体中，建筑师采用柔和色调。这个基本配色由白色、灰色和一个较深的纯色组成，给人带来明亮、清晰与宁静的感受。

为了区分不同的护理单元与科室，放射科、小儿麻痹科和麻醉科等增添了明亮而浓烈的色彩。住院部主要为宽敞的单人间，父母可以陪同孩子过夜。在需要分隔的地方，绿色植物可作为自然隔离的形式。建筑内部连续的白色弧形水平带、流畅的空间、大量使用的玻璃和白色地板，创造了明亮而清晰的空间，色彩明丽的家具点缀其中。

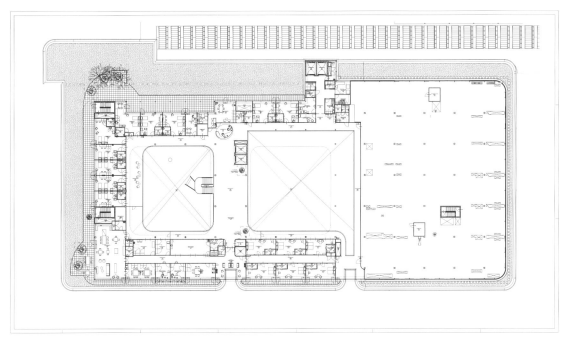

四层平面

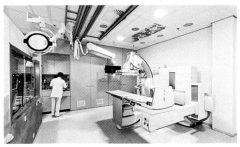

中庭朝向理疗空间视角 | 新旧建筑之间的内街 |
手术室 | 由Tinker Imagineers设计的艺术品
走廊

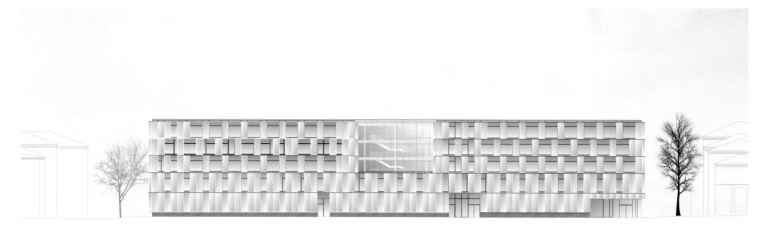

建筑西北向立面

德皇弗朗兹·约瑟夫医院母婴和外科中心
Mother-Child and Surgical Center
Kaiser-Franz-Josef-Spital
奥地利维也纳

建筑设计	Nickl & Partner Architekten
业主	Stadt Wien, Wiener Krankenanstaltenverbund
完成时间	2016年
建筑面积	39860平方米
床位数	258张

作为2008年的竞赛结果，德皇弗朗兹·约瑟夫医院母婴和外科中心如同催化剂，已经失去原有规划结构的医院综合体得以重建。零碎且随意的加建往往导致建筑质量损坏，这是老式大型医疗设施的典型特征。临时医院似乎比较容易受到破坏，例如德皇弗朗兹·约瑟夫医院。母婴和外科中心取代了临时医院，占据了从原医院主体建筑到特里斯特大街（Triester Straße）之间的范围。它的朝向与原有综

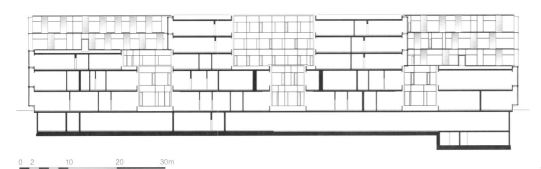

0 2   10   20   30m

剖面

带楼梯的采光大厅 | 医院花园对面的建筑 | 宽敞的流通空间连接楼层 | 等候区

合体的主轴线一致，与街道垂直。在未来阶段，剩余的历史建筑可能会被一个类似于母婴和外科中心的新街区所取代。旧建筑位于它的一侧，且为绿色庭院预留了位置，综合体的方向与特里斯特大街平行。该中心一层的主要交通干线将直接连接到未来的扩建部分。中心向历史环境致敬，重建原有医院结构，地面及屋顶花园恢复了往日的绿色。医院被整合在一个复杂场地中，同时提供绿化和阳光。新建筑在功能和空间上都延伸到城市层面，分隔原有大楼和城市环境的墙被拆除，社区居民可以享受开放花园带来的好处。在竞赛的推动下，医疗流程将融入日常生活，并成为医院城市化战略的一部分。

为消除医疗设施的低效碎片化，新建筑整合了戈特弗里德·冯·普雷耶儿童医院（Gottfried von Preyer'sches Kinderspital）。门诊部位于首层。二层为产科病房、儿科和妇科病房、麻醉科、泌尿科、中央内窥镜检查科、职业医学科、门诊皮肤诊所以及中央外科，共有8个手术室。三至五层设有单人病房与双人病房，可以欣赏周边景色，员工工作间则面向庭院景观。建筑的灵活性通过模块化布局实现，可以适应各种变化。首席设计师汉斯·尼克尔（Hans Nickl）和他的合伙人专注于他们所称的"治疗架构"，包括改善病人的健康状况，甚至缩短住院时间的策略。尼克尔认为光是整个建筑的主题：绿色庭院确保光线能穿透

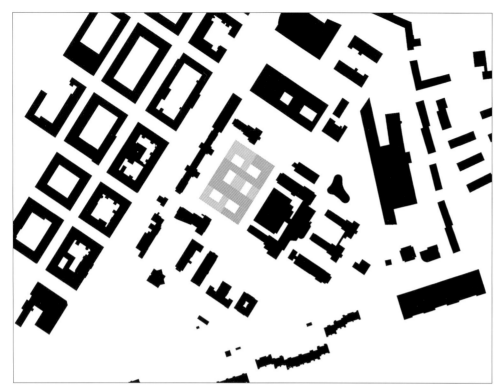

总平面

面向城市的屋顶露台

到建筑中心区域，形成一个宽敞明亮的采
光大厅。新中心的穿孔立面在视觉上与相
邻的建筑相呼应。

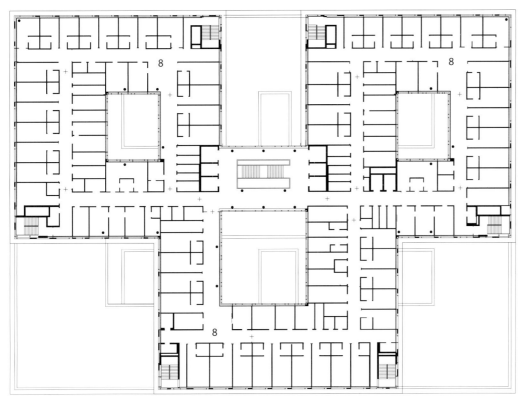

8   8

8

五层平面

1. 主入口
2. 住院病房入口
3. 儿童门诊入口
4. 候诊区
5. 医疗服务区
6. 门诊咨询室
7. 儿童日夜站
8. 病室

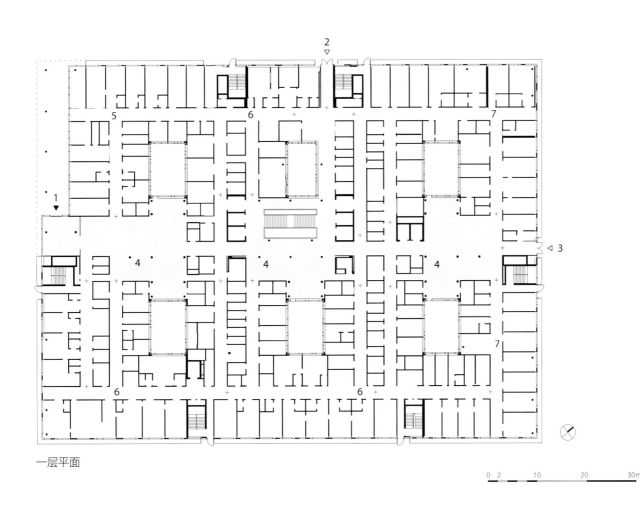

5   6   7

1

3

4   4   4

7

6   6

一层平面

0 2   10   20   30m

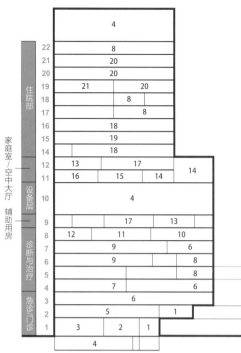

功能分区剖面分析

1. 大堂
2. 救护站
3. 装卸区
4. 设备层
5. 急诊科
6. 门诊科
7. 无创诊断室
8. 教员办公室
9. 主要手术室
10. 实验室
11. 精神科门诊
12. 精神科住院部
13. 行政管理部
14. 空中大厅与花园
15. 餐饮服务部
16. 会议室
17. 家庭室
18. 儿科重症监护室
19. 心脏监护室
20. 急诊监护室
21. 研究室

一层平面,有大厅与救护站

安与罗伯特·H. 卢里儿童医院
Ann & Robert H. Lurie Children's Hospital
美国芝加哥

建筑设计　ZGF Architects with Solomon Cordwell Buenz（SCB）和Anderson Mikos Architects

业主　安与罗伯特·H. 卢里儿童医院

完成时间　2012年

建筑面积　116590平方米

床位数　288张

安与罗伯特·H. 卢里儿童医院的前身是儿童纪念医院（Children's Memorial Hospital），曾为芝加哥的家庭服务了一个多世纪,广受赞誉。由于邻近其他医疗机构,例如普伦蒂斯妇女医院（Prentice Women's Hospital）,很大程度上弥补了地块面积不大的劣势。新建筑要求的空间几乎是之前的两倍,地块面积狭小意味着建筑师必须设计一栋高层建筑。

这一目标的实现依赖三家公司的共

1. 大堂
2. 候诊室
3. 急诊室
4. 创伤室
5. 员工电梯
6. 创伤电梯
7. 病员运送电梯
8. 通往停车场的桥

二层平面，急诊部

北立面 | 夜景 | 咖啡厅 | 大堂视角 | 二层往大堂看

同努力：ZGF建筑事务所贡献他们在医疗建筑领域的专业知识，所罗门·科德威尔·布恩茨建筑事务所（Solomon Cordwell Buenz）长期以来掌握在高层建筑领域的设计要点，以及安德森·米科斯建筑事务所（Anderson Mikos）为客户工作30多年的深入了解。

建筑师借鉴当地的历史与文化，将医院和使用者的生活环境联系起来，并邀请当地的博物馆以及艺术家为新建筑展览作品。建筑的不同楼层被赋予不同主题，分别是：城市、湖、公园、森林和草原。建筑局部配有木制长椅，这些树木是为1893年的哥伦比亚博览会（Columbia Exposition）种植的，博览会庆祝芝加哥成为美国文明四百年的顶峰，从而将艺术和历史相结合。卢里儿童医院有23层，其建筑风格引人注目。从外部看像两个垂直堆叠的积木，标志建筑被划分为两个功能不同的单元。下层的体量为门诊部与治疗部。2层通高的入口大堂以海洋为主题，谢德水族馆（Shedd Aquarium）留下一尊鲸鱼雕塑飘浮在空中，咖啡厅的形状如同一艘船。交通主干线位于三层，连接儿童医院和妇女医院。急诊室位于同层，设有专用电梯和升降坡道。运营影院也由专用电梯连接，占据六层和七层。

上方的体块包括住院病房和家属休息区。十二层是由景观设计师金美京（Mikyoung Kim）设计的大型室内"皇冠

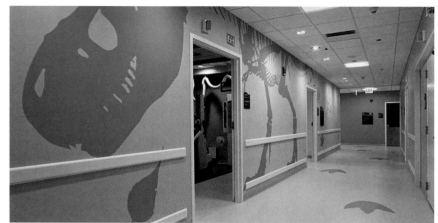
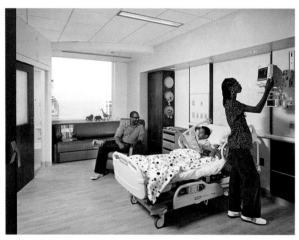

空中花园 | 树屋 | 三层景观 | 四层诊室 | 病房 | 家庭室

天空花园"（Crown Sky Garden），为患者和来访者提供分散注意力的地方。他们在这里可以享受阳光，从精神上逃离医院环境。儿童是医院的主要服务对象，他们停留在医院的时间很长，因此儿童咨询委员会（Kids Advisory Board）提议将花园这一特定要素添加到项目中，这也是医院特殊的地方。十二层设有自助餐厅、会议中心、礼品店和小礼拜堂，是一个社交中心。从楼上的玻璃平台可以看到空中花园的景色。建筑内部使用不同颜色帮助来访者寻找科室，无论是急症监护室、儿童急诊室、儿科或新生儿重症监护室，还是日间外科病房。建筑外部的色彩也很突出，立面上装饰了丰富的LED灯。

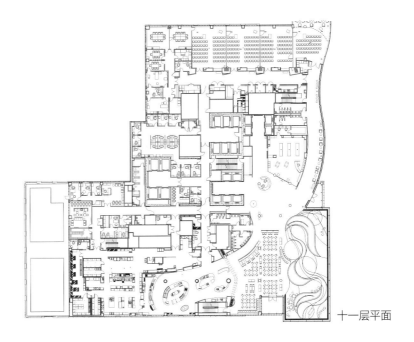

十一层平面

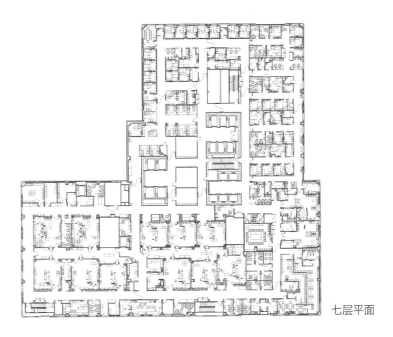

七层平面

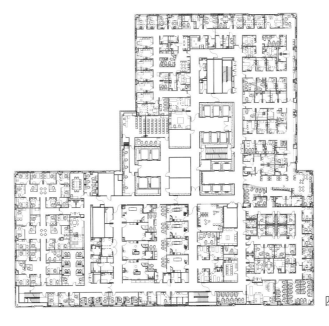

四层平面

二十层平面

典型急诊室
1. 公共区域
2. 临床室
3. 员工通道

十四层平面

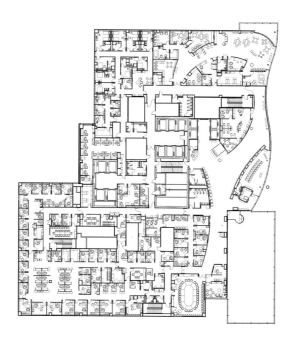

十二层平面

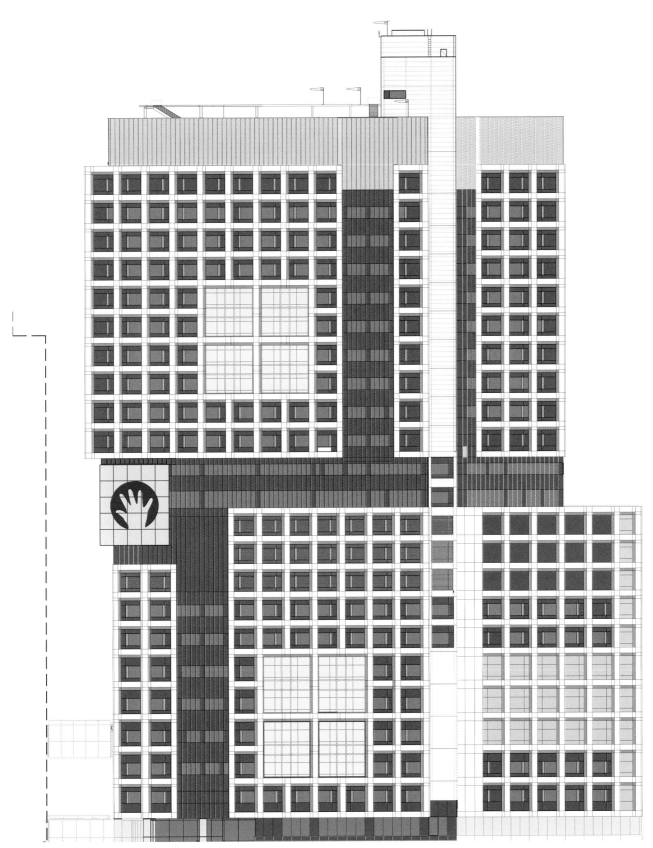

立面

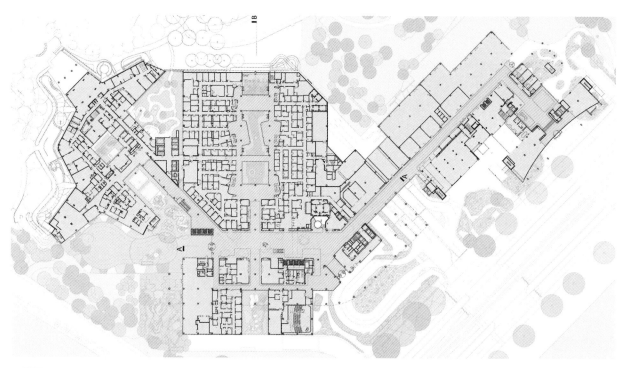

一层平面

立面 | 建筑周边环境 | 广阔的公园 | 内部街道

皇家儿童医院
Royal Children's Hospital

澳大利亚墨尔本

建筑设计	Billard Leece Partnership; Bates Smart
业主	维多利亚州政府
完成时间	2011年（一期），2015年（二期）
建筑面积	165000平方米
床位数	334张

自然是皇家儿童医院的设计主题。儿童医院取代了邻近一座厂房式的老建筑，它不美观而且不能让孩子们感到轻松，具有建筑师想要规避的所有特征。拆除后，该遗址成为皇家公园的一部分。负责总体规划的罗恩·比拉德（Ron Billard）以设计一个综合性的公园-医院系统为目标，设想将建筑与这片绿洲紧密相连。设计理念反映了循证设计（Evidence-based Design）的一些主要原则，尤其是自然对

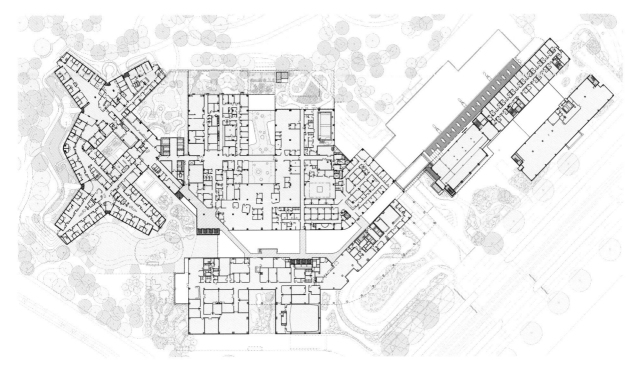

二层平面

健康的有益影响（降低心率以获得更高的幸福感）。这些影响可以追溯到史前时代，那时我们的祖先喜欢能看到周围环境的地方，例如人类最早居住的地方是大草原。草原周边是开阔的田野，稀疏地点缀着树木。植物发出食物充足的信号，据说这也是它们仍然能产生积极情绪的原因。在远古时代，作为保护物种的基本要素而发展起来的事物从未消失，至今仍指导着我们的基本反应。皇家公园的设计方式类似于这种开放式景观，医院的两翼融入公园，公园又渗透到建筑中。

项目中采用的五种设计策略，可以概括为提升建筑内部的绿色品质，其中一些策略使用先进的技术模拟自然。第一种策略是提供自然的图像，而不是自然本身，包括人造自然以及对自然现象的应用。例如音响（播放水流声或鸟鸣声）、珊瑚树枝形式的家庭座椅和高度超过7米的圆柱形水族馆，它们也是导航系统中的地标。

第二种策略是被动互动。利用窗户提供视觉联系（将窗框顶部设计为镜子，使不能离开病床的儿童能够看到户外的景观），从观景平台或者建筑庭院引入绿色植物来实现。第三种策略是通过自然促进社会互动，例如邀请人们相互分享欣赏自然风光的感受。第四种策略是鼓励孩子们进行体育锻炼，为他们设计特别的运动路径。最后，在医院的整体布局中促进与自然的直接接触，例如通过景观操场进入公园。

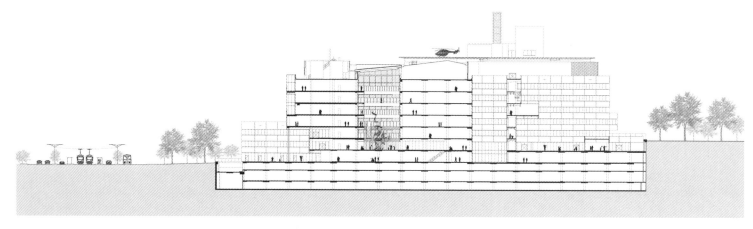

剖面

澳大利亚绿色建筑委员会（Green Building Council of Australia）倡导强调建筑的自然属性，该委员会发布了"绿色之星"的工具，力求将建筑对环境的影响降至最低。在医疗健康方面，绿色植物可以提高员工的工作效率并有利于健康。此外，生态设计原则可以降低成本。例如75%的屋顶用来收集雨水，医院设有生物质工厂。

在公园内建造大型建筑并非易事。为了避让紧邻综合体一侧的道路，该设计充分利用基地的斜坡，并在四层与公园连接。建筑布局的核心是一个长约100米、7层通高的中央廊道，连接主入口与景观花园，中庭的布置活跃整个空间氛围。标识系统由布罗·诺斯（Buro North）设计，部分基于标志性建筑，例如水族馆和亚历山大·诺克斯（Alexander Knox）设计的名为《生物》的雕塑作品。狭长的带天窗的医院街系统确保了建筑大部分区域拥有自然采光。病房离公园最近，儿童可以亲近自然环境。虽然医院每年接待24万名患儿，而且他们通常由父母陪伴，但医院的总体气氛是相对平静的。医院设有八种维多利亚景观类型，精心的植被选配和开放的景观系统与户外公园呼应。85%的单人病房为父母预留空间，从而实现以家庭为中心的护理理念。面向城市的一侧使用了有大量自然颜色的树叶状遮阳防护膜。

内部街道和门厅 ｜ 亚历山大·诺克斯的雕塑作品《生物》｜ 住院部 ｜ 阶梯教室 ｜ 面向外部的住院病房 ｜ 急诊科 ｜ 日间肿瘤科工作人员站台

大学医院

大学（或教学）医院设计应适应研究与教育的需要。虽然大学医院的部门结构以及服务内容与综合医院相近，但它们通常拥有更广泛的诊断与治疗设备。由于大学医院的教学需求，其功能空间往往包含学习区、演讲厅、演示区以及（研究）实验室。从设施类型上看，大学医院的教学设施与其他教育机构相近，医疗健康服务设施亦与其他医院相当。

历史上，大学医院均配备手术室，学生可以在那里观察和学习手术技术。直到20世纪下半叶，摄像机和屏幕的广泛应用使得学生可以远程观摩手术进行，从而进入手术室学习的学生人数受到限制。随着医学专业化程度的提升以及大学医疗中心数量的增加，医学教育出现专业门类过于细化的问题。近年来，随着临床研究与理论研究的交互日益加强，转化医学日渐受到重视，研究人员与医疗服务人员之间的联系不断加强。

如今，许多大学医院都面临着几十年来城市周边地区无计划扩张的问题。由于城市空间有限，医院的进一步扩展是不可行的，这时往往需要引进新的技术。在城市空间优化过程中，必须仔细规划，保证城市原规划结构的完整性与连续性。需要铭记的是，大型医院的重新设计与重建过程类似于城市规划，往往会借鉴城市主义的内容，如街道、广场、公园或连续的开放空间。

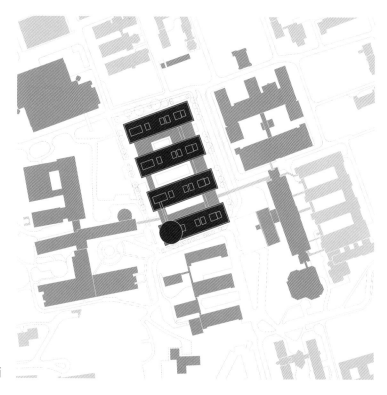

总平面

杜塞尔多夫大学医院外科医疗中心
Center for Surgical Medicine,
University Hospital Düsseldorf
德国杜塞尔多夫

建筑设计	Heinle, Wischer und Partner
业主	杜塞尔多夫大学医院
建成时间	2011年
建筑面积	20631平方米
床位数	316张

20世纪六七十年代，西欧和美国经历了几十年来空前的经济与人口增长，建立了许多医院。它们不仅数量增多，规模也在扩大，尤其是大学医院。大学医院逐渐发展为庞大的综合医院，为给新设施配备专业人员，医生的需求量不断增长。随着医学专科化发展，医院需要的空间也在扩大。以杜塞尔多夫大学医院为例：它坐落在城市郊区广阔的土地上，由多栋独立大型建筑组成，连接这些建筑的街道网络不

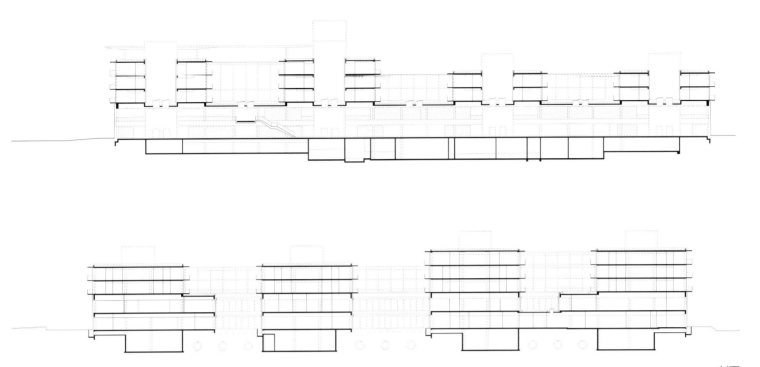

剖面

玻璃桥连接到既有建筑 | 通往新大楼主入口的人行通道 | 带阳台和大窗户病房的4号楼 | 享有日光的手术室

存在内在逻辑，完全由众多医疗部门的需要决定。其入口缺乏公共空间，存在设计缺失的问题。新设计的大楼将外科、神经外科、皮肤科与眼科整合，这些部门的原有设施被取代。该综合体由海因勒（Heinle）、维舍（Wischer）以及他们的合作伙伴设计，具有城市空间的特点并鼓励人们积极步行，试图通过创造一种崭新而清晰的交通结构来改善综合体的整体组织。门诊部是综合体的中心枢纽，位于基地中央一个两层的矩形体量中，包括诊断区与治疗区。一条狭长的被称为"Magistrale"的中央街道从北至南贯穿整个建筑，联系着三个内部庭院以及二层的门诊设施。它占据了东侧体量的全部高度，通过玻璃幕墙与外部世界进行分隔，室内光线良好。医院配有自助餐厅、冥想空间与娱乐厅，供病人、访客以及工作人员消遣娱乐。

建筑南侧的一层是急诊科，直升机可以直接抵达大楼顶部的停机坪，救护车入口也在旁边。附近是重症监护病房，与外科和影像科联系便捷。让人联想到经典的医院类型"火柴盒"，即塔台式（Breitfuß）。底层裙房为诊断与治疗区，患者病房位于中部，建筑顶部是向外悬挑的四个条形体块。其中两个体块有2层，另外两个为3层。出挑的条形体块以及白色的水平条纹构成建筑独特的外观效果。南北朝向的病房采用双廊布局，双廊间设

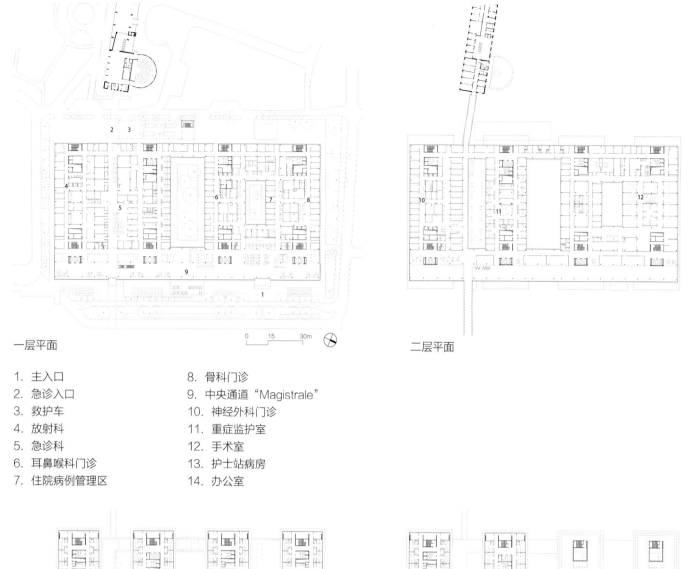

一层平面

二层平面

1. 主入口
2. 急诊入口
3. 救护车
4. 放射科
5. 急诊科
6. 耳鼻喉科门诊
7. 住院病例管理区

8. 骨科门诊
9. 中央通道 "Magistrale"
10. 神经外科门诊
11. 重症监护室
12. 手术室
13. 护士站病房
14. 办公室

三层平面

六层平面

置库房、护士站以及服务用房。每个护理单元的护士站分为两组，每组负责16床。病房以双床为主，有少量单人病房。在三层的条状体量中，较低一层容纳皮肤科门诊与物理治疗空间。

可持续性设计是这个项目的重点特征之一。建筑充分利用地热能，低层体量设有屋顶绿化。此外，该设计的首要准则是为室内提供充足日光，中央廊道的玻璃幕墙保证阳光从一侧照进建筑，天井部分为建筑内部带来阳光，手术室也不例外。对于医院物料的运输，建筑设有可用自动推车的交通线路。

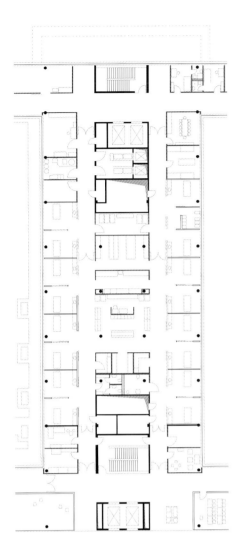

二层平面细节：ICU

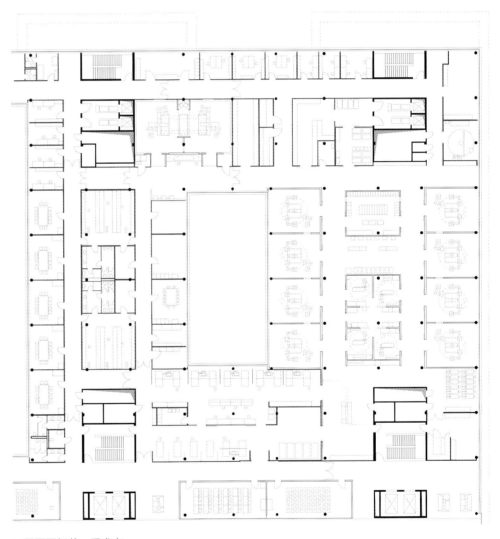

二层平面细节：手术室

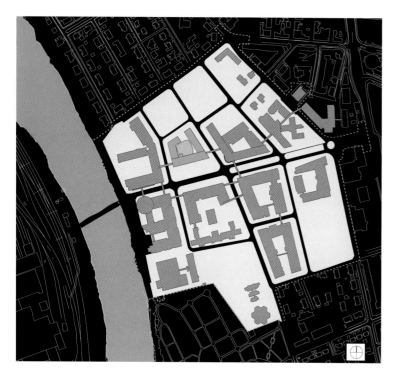

总平面（绿色表示知识中心）

圣奥拉夫医院
St. Olav's Hospital

挪威特隆德海姆

建筑设计	Nordic-Office of Architecture； Ratio Arkitekter
业主	Helsebygg Midt-Norge
建成时间	2013年
建筑面积	223000平方米（妇女和儿童中28000平方米；AHL 40000平方米；知识中心18000平方米）
床位数	834张

圣奥拉夫医院为挪威医疗建筑引入了新的设计理念，它是挪威第一家集治疗、研究以及教学于一体的综合医院。项目分三期建设，分别于2005年（一期）、2010年（二期）和2013年（三期）投入使用。新医院大楼取代了施工期间保持运营的原有设施，原建筑85%已被拆除，但1902年原有医院的部分被保留。首期工程包括实验室中心、妇幼中心、神经治疗中心、供应中心的部分、技术基础设施以及"病

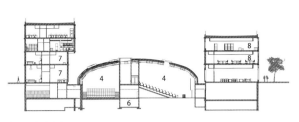

知识中心剖面

1. 广场主入口
2. 门诊治疗室
3. 咖啡
4. 礼堂（160个和380个座位）
5. 学生区
6. 门厅
7. 综合诊所
8. 图书馆

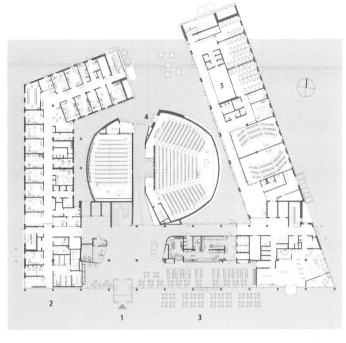

知识中心一层平面

知识中心南立面 | 心肺中心露台夜景 | 心肺中心
天井夜景

人旅馆"，于2002—2005年间建成。"病人旅馆"展现了将综合体设计成通用建筑的设计策略，从房地产角度看这种策略具有优势，同时也有助于防止典型的医院氛围与压倒性的负面联想。二期工程于2010年竣工，加建急症中心结合心肺中心（Accident and Emergency Center Combined with a Heart and Lung Center, AHL）、活动能力中心、腹部中心以及供应中心的剩余部分。知识中心于2013年建成，包括医院礼堂、图书馆、教学与研究设施以及临床科室。

建筑师建造了一座城中之城。该项目位于挪威大西洋海岸的繁荣小镇特隆赫姆的中心，相对密集的城镇网格结构需要被尊重，并在设计中进行回应。圣奥拉夫医院被设想为一个独特的参与城市生活的医疗区。在设计阶段，医院未来的使用者（包括医护人员和病人）参与"包容性设计"，以病人为中心的护理理念得到实现。

建筑的关键特征是对一系列通用小规模建筑群进行划分，每个集群代表一个临床中心。中心高达4层，围绕开放的绿色广场。中心的大小可以随时间推移而改变，从单个建筑体块可以发展为一个完整的建筑集群或其中一部分，具有较高灵活性。街区式的空间组织可以最大限度地减少工作人员的步行距离和移动患者的频率。地下通道和空中玻璃

知识中心内部走廊 | 妇女儿童中心等候区 | 知识中心南立面

走廊连接着建筑群，走在玻璃走廊可以看到小镇独特的景观。地下室为后勤和技术部门，一、二层集中布置医院的公共功能，三层是医技部，四层主要为技术功能用房，五~七层为门诊部。在病房中可以一览城市风貌和自然景观。绿色庭院为患者和工作人员提供可欣赏景观、亲近自然的理想环境，这些绿色空间是患者走向外部世界的第一步。景观设计师意识到大自然对情感、心理和物理的重要影响，根据医院使用者的范围和需求，提供三个阶段户外体验。中心一楼25%的空间充满绿色植物，增强了自然体验。室外公共空间模糊了建筑与外部环境的界限，激发起对空间更积极的使用；它通过艺术品和当地的植物物种而增强，并与尼德尔瓦河（Nidelva River）的自然保护区相连。另一方面，圣奥拉夫的公共空间逐渐与特隆赫姆的历史部分融合，由宏伟的尼达罗斯大教堂（Nidaros Cathedral）及其充满活力的日常生活主导。

朱塞佩·拉坎纳

知识中心立面

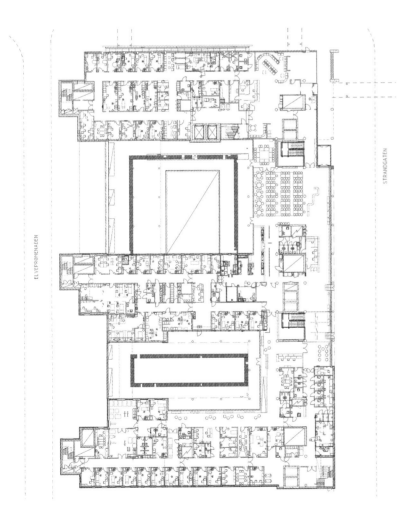

急症中心结合心肺中心平面

实验室大厅

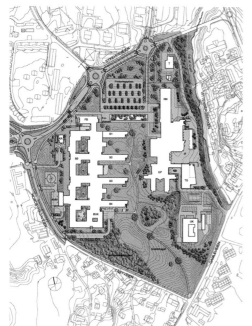

总平面

东立面

庭院和内部街道的横剖面

从西立面处看,前面是治疗大楼和紧急入口 | 前面综合楼的夜景 | 主入口有宽阔的悬挑雨棚 | 住院病房的山墙为病人和工作人员提供有遮蔽的室外空间

阿克斯胡斯大学医院
Akershus University Hospital
挪威奥斯陆

建筑设计	C. F. Møller Architects
业主	Helse Sør-Øst RHF
建成时间	2014年
建筑面积	118000平方米
床位数	565张

在2009年,C. F. Møller建筑事务所设计的阿克斯胡斯大学医院赢得"改善医疗奖"(Building Better Healthcare Award)。这座获奖建筑的灵感来自20世纪90年代在医疗建筑中流行的几个创新理念:为病人和医护人员提供非正式的空间环境,关注患者而不是医疗过程,而且意识到病人在住院期间不应与外界的日常生活隔绝。建筑师决定不采取消隐建筑体量的设计策略。相反,他们借鉴城市主义理念,通过

南立面

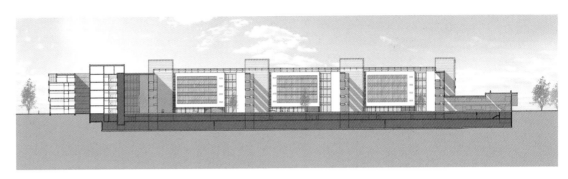

内部街道的纵剖面

5层通高、玻璃覆盖的医院街连接整个建筑群，医院街从南侧主入口一直延伸至北侧主轴尽端的儿童病房。

大多数病房分布在从医院街延伸出的四个体块中。病房分单人间和双人间，每5间病房共享一个社交空间（广场），护士站布置在病房的中心。每间病房设有阳台，病人可以享受阳光，而且可以看到公园、森林和远山。为了让儿童能与外部世界直接接触，在普通窗户的下方和上方都

加装了额外的窗户。病人可以通过平板电脑的集成控制面板调节室内的温度和光线。由于门诊部位于一层的医院街，来访者的交通流线都集中在这条内部干线上，医院街两侧的半围合空间被设计为等候区，产生近似城市街道的氛围。二层为急诊部。医技部围绕医院街另一侧的四个庭院布置。教学设施分散在建筑各个部分，增强学生与医院的互动，避免教学环境与医疗工作环境的分离。

并列式与庭院式的布局方式保证医院享有充足日照，对病人和医护人员都有益，是循证设计的特性之一。此外，提供与景观的视线联系，能避免给人留下身处密闭空间的印象。与有机发展的城市相似，这个建筑群呈现出各式各样的组成部分，虽然材料和色彩略有不同，但显然它们是一个整体。多样统一的效果通过使用木材、铝材、白漆正弦铝、铜锌合金和玻璃的色彩搭配来增强，由冰岛艺术家尔吉

内部玻璃廊道的景观 | 立面细节 | 木材和天然石材是内部空间的主要材料 | 综合大楼和前楼的外观，托尼·克拉格的艺术作品 | 餐厅

尔·安德列松（Birgir Andrésson）设计。普通病房是黑色的，儿童病房镶嵌着橡木板，医院街主要使用木材。在建筑的两翼，采用同样的策略对不同功能区进行细分。

医院街设计成公共大道，包括从教堂到理发店的各种设施；其次，半公共街道从医院街延伸出分支，左侧是治疗区，右侧是病房区的入口大厅。艺术装置的置入使整体布局更加清晰，有助于寻路，是防止病人和来访者迷路的关键因素。此外，医院街设有问询台提供服务，富有人情味。这家医院的设计目标之一是减少使用不可持续的技术，尤其是对化石能源的依赖。地热能是欧洲发电厂中使用最多的能源之一，该建筑使用地热能解决了建筑总能源消耗的40%。

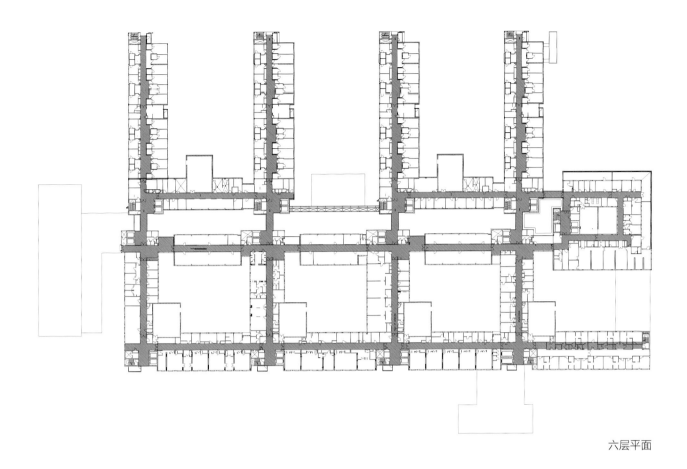

六层平面

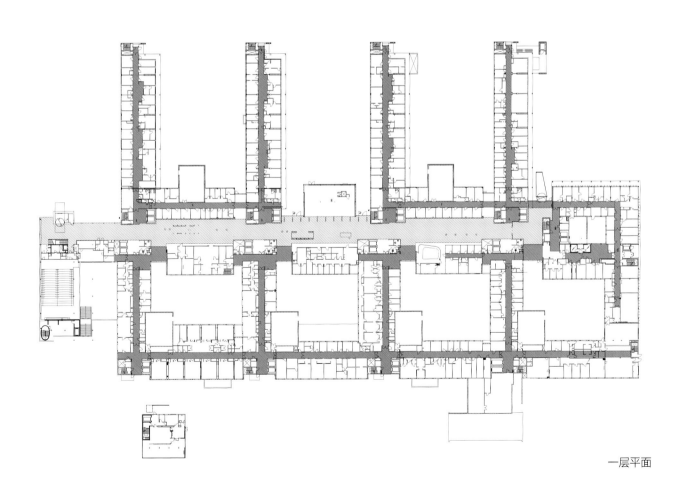

一层平面

总平面

诊所间的走廊视角可见主楼病房 | 从美因河看向建筑 | 建筑入口

约翰·沃尔夫冈·歌德大学医院重建
Reconstruction of the Johann Wolfgang Goethe University Hospital
德国法兰克福

建筑设计	Nickl & Partner Architekten
业主	Hessian Construction Management for the State of Hessen
建成时间	2014年
建筑面积	197460平方米
床位数	466张

在德国，只有大约6%的医疗设施投资用于建造新建筑，大多数是翻新项目，如法兰克福大学医院（the Universitätsklinikum Frankfurt）。原医院建于19世纪末，位于城市郊区并拥有豪华花园，在第二次世界大战期间大部分被毁。在20世纪60年代，由戈德哈德·施韦瑟姆（Godehard Schwethelm）和沃尔特·施伦普（Walter Schlempp）设计的一座新中心建筑为典型的"火柴盒"，即塔台式。由于该设施已

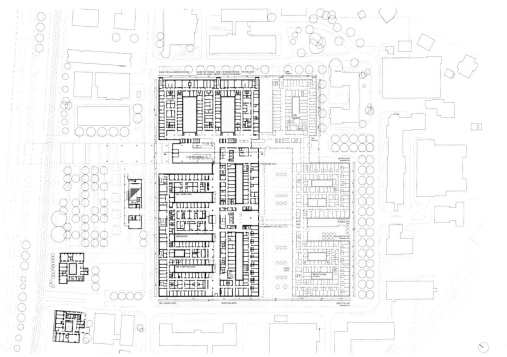

一层平面

经过时，在过去15年里，对垂直板楼病房进行了翻修，并对其3层高的裙楼进行了全面翻新。第一阶段扩展了垂直于高层板楼的南北轴线，并贯穿其东侧。作为两条主要交通干线之一，它将裙楼的主要部分与新增东翼分隔开来。中央街道从一个延伸屋顶通向玻璃大厅；覆盖在中央通道的屋顶，为高层体量创造了空间与视觉平衡，形成均衡的建筑组合。随后，对北部边缘裙楼相连的三座现有

建筑进行了翻新，它们被用于研究与教学。在2012年，病房垂直板楼的改造完成，低层裙楼开始翻新。这部分容纳了从东到西贯穿整个综合体的第二条交通动脉。

建筑师成功地突出了20世纪60年代的建筑质量，为诊所提供了第二次生命。虽然高层建筑的重新设计主要集中在立面上，但基地的改造成就了一个几乎全新的建筑。除7.2米的网格结构外，几乎

没有保留原有结构。新建了保守医学系（Conservative Medicine）、进行内窥镜检查的实验室以及中央大礼堂，但最引人注目的是宽敞的入口大厅，大厅由一个延伸屋面引导，是中央通道的一部分，连接着大学的研究与教育设施。

在他们的设计竞赛中，建筑师提议将医院重建为城市空间的组成部分。他们的总体规划涉及一个内部交通方案，除了两条主要轴线，还设想了主要街道、次级道

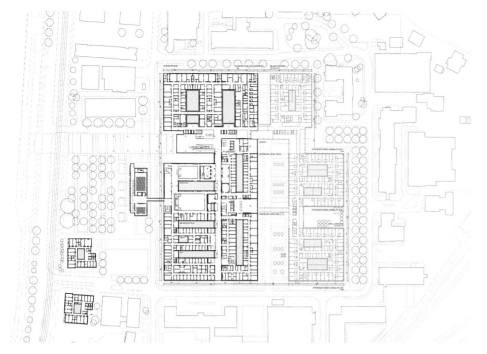

二层平面

放置艺术品的大堂 | 宽敞的楼梯和大堂空间

路和广场，通过开放细长的天井连接不同
的科室。阳光、拼花地板和木制接待台营
造出温馨舒适的氛围。

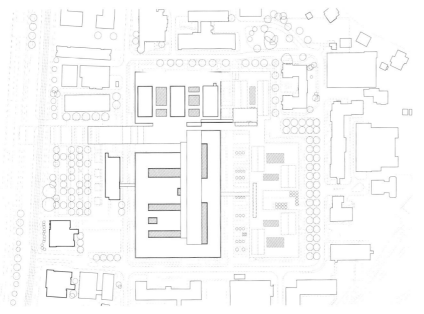

五层平面

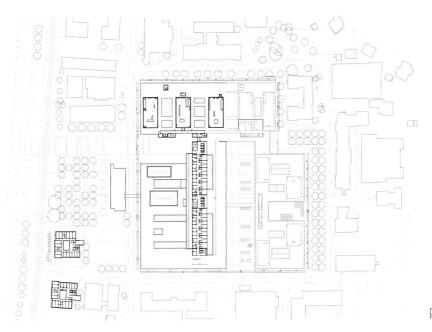

四层平面

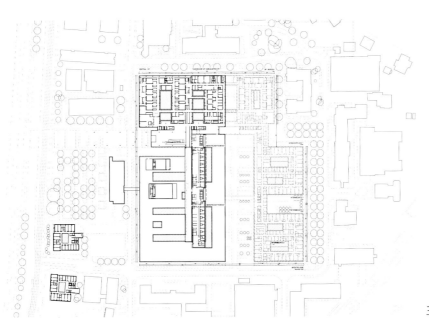

三层平面

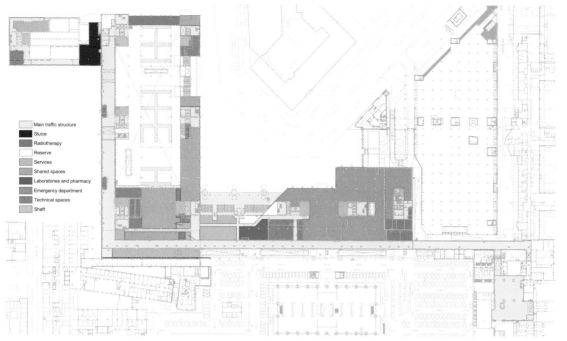

一层平面

伊拉斯谟医学中心医院和教育中心
Erasmus MC Hospital and Education Center
荷兰鹿特丹

建筑设计	EGM architects；KAAN Architecten（教育中心）
业主	伊拉斯谟医学中心
完成时间	2017年（2013年教育中心）
建筑面积	207000平方米（34000平方米教育中心）
床位数	522个医学中心床位，56个ICU床，94个日间治疗床位

伊拉斯谟医学中心医院是一个翻新项目，全称是伊拉斯谟大学医学中心（Erasmus University Medical Center）。它是荷兰第二大医院（容纳1320床），也是伊拉斯谟大学的附属教学医院。最初是由荷兰建筑师阿里·哈古特（Arie Hagoort）在20世纪60年代与让·普鲁维（Jean Prouvé）合作设计的代尔夫特OD205办公室（Delft office OD205），因为面积太小不能满足现在的需求。因此，原有建筑的一部分被一个代表

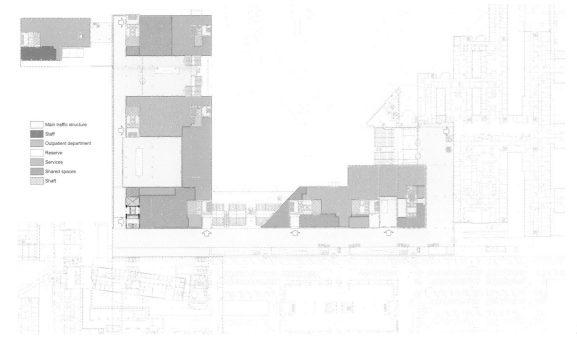

Main traffic structure
Staff
Outpatient department
Reserve
Services
Shared spaces
Shaft

二层平面

从博物馆公园（Museumpark）看向建筑｜校园鸟瞰图：新建医院是塔楼右侧的L形体量，教育中心位于塔楼左侧｜天桥｜一层物流走廊

当今医院规划艺术水平的医疗城所取代。其中一座将被拆除的建筑是由阿德·维格弗（Aad Viergever）设计的板式迪克齐特·齐肯胡斯医院（Dijkzigt Ziekenhuis）。它于1961年开业，在荷兰引入了双廊模式。由于内城场地的限制，翻新并不可行。在20世纪60年代，迪克齐特·齐肯胡斯医院升级为大学医院后，与丹尼尔·登·霍德癌症研究所（Daniel den Hoed）合并，增加了新建筑，并更名为伊拉斯谟大学医学中心。由让·普鲁维设计的白色教学楼，曾经是这座城市最高的建筑，也是最引人注目的特色。1993年，当OD205办公室增加伊拉斯谟医学中心索菲亚儿童医院（Erasmus MC Sophia child-children's hospital）时，医院得到扩建；2007年，由EGM建筑事务所设计的"麦当劳叔叔之家"完成。EGM建筑事务所为儿童医院进行翻新，并加建了一层。

现有的教学大楼包括塔楼和下方两层停车场，儿童医院与2013年的教育中心将被整合到新的总体规划中。新建筑的空间结构十分简单。如平面图中的黄色所示，U形拉长的医院街位于一层，起到串联内部交通功能的作用。医院街与经过翻新的停车场相连接，为实现免下车的目的提供了核心转换空间。

设有顶棚的林荫大道将现有建筑与新医院的几个入口相连，引导患者、到访者、学生与工作人员抵达医院大楼。研究

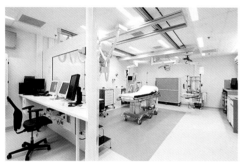

主广场，原索菲亚儿童医院救护车平台上的公共空间 | 急诊室等候区 | 急诊室外伤室 | 通过玻璃天窗望向塔楼

与教育大楼被众多塔楼紧密环绕，部分塔楼仍处于升级改造状态。EGM建筑事务所决定在现有的塔楼附近再建一座120米高、31层的塔楼，目标是设计一栋通用的办公大楼。新建医院侧面垂直于研究与教学大楼，被划分为多个视觉单元，看起来如同街道上一排独立的建筑。

KAAN建筑师事务所设计的教育中心与新医院相邻，位于塔楼的西侧，是医院教育设施的中心枢纽，整合教室、医学图

书馆以及容纳学生群体的隔间。教育中心占据停车场顶部的旧庭院，停车场被重新利用并新建了屋顶。中心3层通高的中庭采用拼花地板和设有35米高的书架；隔间用木材进行分隔，与明亮的白色家具、墙壁和桁架形成对比。独特的形式、材料、结构设计使建筑独具特色，屋顶采用方形网格，每一方形网格被白色横梁平均四等分。结构之下整体布置三角形采光洞口，使光线以柔和的方式射入室内。

新的伊拉斯谟医学中心坚持以患者为中心的护理理念，例如集群的细分、病房为单人间以及增强患者的积极体验。除此之外，还有室内外丰富的绿色植物、可享受两个公园的景观（以及一个可以看到临床病房的屋顶花园）、交通干线上精心设计的家具、教学与医疗清晰的分区结构以及提供空间与视觉联系以促进医学协作。

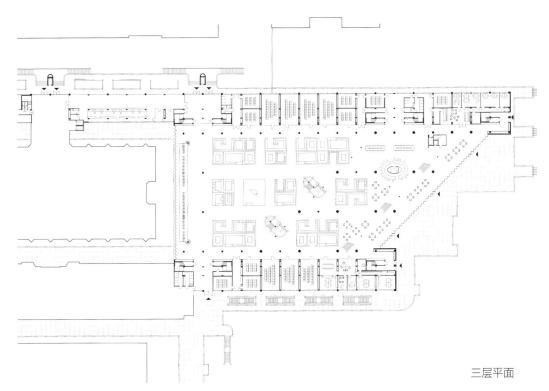

三层平面

图书馆室内视角 ┃ 图书馆的格子天花板 ┃ 3层通高中庭和书架

专科医院

提供专业的医疗服务是专科医院或诊所的特点。专业化程度越高，专科医院的数量就越多。从类型上看，这些医院在很大程度上类似于综合医院，同时与康复诊所或老年人设施也有一些重叠之处。[145]

显然，专业化和规模化是实现最高医疗水平的关键。通常这些诊所会强调昂贵且复杂的技术。这类典型的机构包括创伤中心、眼科中心、心脏诊所、骨科医院、母婴中心和癌症中心。由于其专业性，与服务于当地人口的综合医院有所不同，这些研究所通常扮演着跨区服务的角色。

癌症治疗越来越依赖于先进的技术、昂贵的设施和多学科间合作，是专科医院建立的首个领域之一；心脏诊所通常涵盖整个心胸和血管疾病，也越来越多地脱离综合医院设置，并且在跨地域或国家（而非地方）规模上作为专业化机构经营着。最近还增加了一些遗传疾病研究所，特别是在人口老龄化的国家还增加了老龄化诊所。最新一代的专科医院还促进了临床医生与科学家之间的深入合作，并且建筑进一步促进了这种互动。

一层平面

1. 庭院
2. 活动中心
3. 图书馆
4. 入口
5. 接待室
6. 等候室
7. 员工室

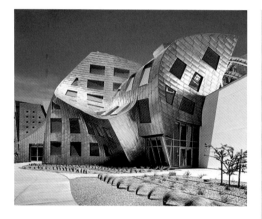

外部视图与入口景观 | 总视图 | 内部视图 | 天花板 |
主大堂 | 户外休息区 | 入口

克利夫兰诊所卢鲁沃脑健康中心
Cleveland Clinic Lou Ruvo Center for Brain Health
美国拉斯维加斯

建筑设计	弗兰克·盖里（Frank Gehry）
业主	Keep Memory Alive
完成时间	2010年
建筑面积	6000平方米
床位数	13间检查室 有400个座椅的活动中心

大脑会在人身上耍些奇怪的把戏：有时我们会看到一些不存在的或者认为与现实不同的东西。当路人看到克利夫兰诊所卢鲁沃脑健康中心和毗邻的"保持记忆活力"（Keep Memory Alive）活动中心时，这座海市蜃楼般的建筑可能会让他们怀疑看到的是否真实，因其起伏的墙壁上有199扇形态各异的窗户，没有一扇是一样的。

Keep Memory Alive（KMA）成立于1996年，是拉里·鲁沃（Larry Ruvo）为纪念

因阿尔茨海默病（老年痴呆症）去世的父亲卢（Lou）而设立的。KMA是该中心的筹款机构，旨在提高人们对老年痴呆症和其他神经认知障碍的认识。2009年，KMA与克利夫兰诊所合作创建克利夫兰诊所卢鲁沃脑健康中心。

该中心由一个包含13个检查室的诊所、医疗从业者和研究人员办公室、一个所谓的"精神博物馆"（Museum of The Mind）以及一个可容纳400人的活动中心组成。它独一无二的建筑样式增强了中心的知名度，使其成为理想的营销工具。建筑独特的外形经过精心设计，以引起人们的注意。活动中心被出租用于举办各种活动，包括婚礼、晚餐、会议等，其中所有的收益都用于KMA的运营。到目前为止，它已经成为拉斯维加斯的一个重要慈善机构，也是美国抗击老年痴呆症的关键参与者。

这个中心的建造和设计一样非常有趣。工程师需要在施工过程中识别由18000个独特的不锈钢墙面板组成的立面，并对每一部分构件进行编码，使德国工程团队能跟踪到每一个单独的部分，并比较其与相邻单元之间的关系，以确定是否需要调整。工程总共耗时65000小时，并耗费3年3个月13天完成这个非凡的建筑地标。从中国运送预制材料到拉斯维加斯，路途中跨越了两个大陆、一片海洋和一片沙漠。该中心作为拉斯维加斯市中心的热门目的地，同时也是希望的象征。

东西向剖面

拉克罗伊-鲁塞外科诊所
Surgical Clinic of La Croix-Rousse
法国里昂

建筑设计	克里斯蒂安·德·包赞巴克工作室 （Atelier Christian de Portzamparc）
业主	Hospices Civils de Lyon（HCL）
完成时间	2010年
建筑面积	46000平方米
床位数	214张

该外科诊所是克里斯蒂安·德·包赞巴克在医疗建筑领域的第一次尝试，它毗邻一座历史悠久的医院大楼且该大楼处在一个可以俯瞰城市的平台上。与专业公司相比，客户更喜欢这位著名的设计师，并希望他能重新思考医院和城市之间的关系。通过对历史建筑的借鉴和地下空间的优化利用，这座6层建筑尽管相当长，但并不会喧宾夺主，为此包赞巴克设计了一个较大的长方形体量，延续旧医院的形体，

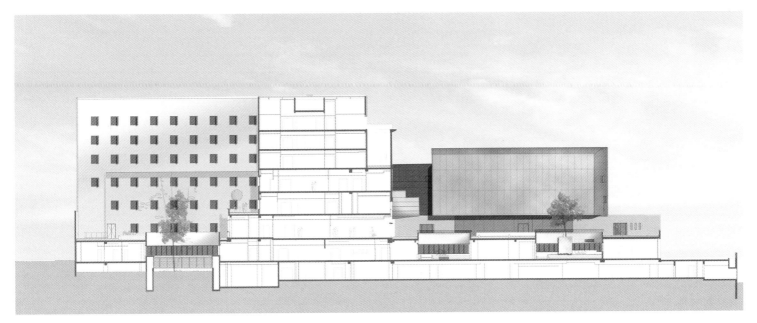

东西向剖面

穿过建筑前面的广场，可以看到地下停车场 | 北边的展馆；一座桥与生物实验室相连 | 通向主入口的平台

尊重其高度并重复其窗户的节奏韵律，从而创造了对历史遗迹的现代诠释。与历史结构和旧城区进行对话的设计策略为这项重大挑战提供了根本的解决方案：新的体量（大致相当于现有医院的规模）不可能满足项目所需的所有功能。因此，包赞巴克需要创造更多的空间。在大楼前面的露台下面，他增加了3层楼；通过在露台地板上开凿若干光井，从而确保下面的部分能获得额外的日光。下层用作停车库。包

赞巴克将历史背景和当代生活进行联系，增加了一个闪亮光滑的方形体量，虽然看起来相当独立，但显然也是这个建筑群的一部分。大型入口大厅设有凸窗，宽敞明亮的室内空间营造出舒缓放松的氛围。虽然大楼俯瞰露台的一侧参考了旧医院的立面，但后面的外立面设计看起来像是一个被咬掉几口的苹果。一堵覆盖着灰色石头的优美弧形墙包裹着三个从主楼向外辐射的侧翼；其中两个侧翼的远端与这层外表

皮相吻合。而其他的立面被粉刷并涂上明亮的颜色；同时每个窗户被设计成雕塑元素。拉克罗伊-鲁塞外科诊所的布局十分清晰：除正门外，一层还设有咨询室和日间医院。从技术上讲，一层是建筑的核心。这里有15个手术室，50个病床的康复部门，9个内窥镜研究室和放射治疗空间。二层是重症监护室。上面3层楼是病人病房，病房每个单间卧室里有一个多媒体单元，连接到一个安装在床上的活动臂上。

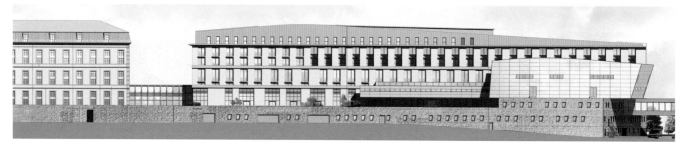

东立面

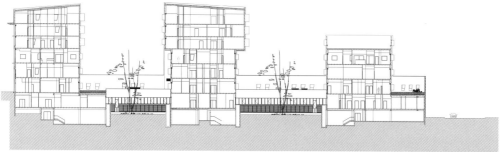

0 5 10 20m   剖面

雕塑式窗户和弓形窗户使建筑后面的立面和病房充满活力 |
表面光滑的镀铝亭子和底座的粗糙材料形成鲜明对比 | 入口
附近的公共空间视图

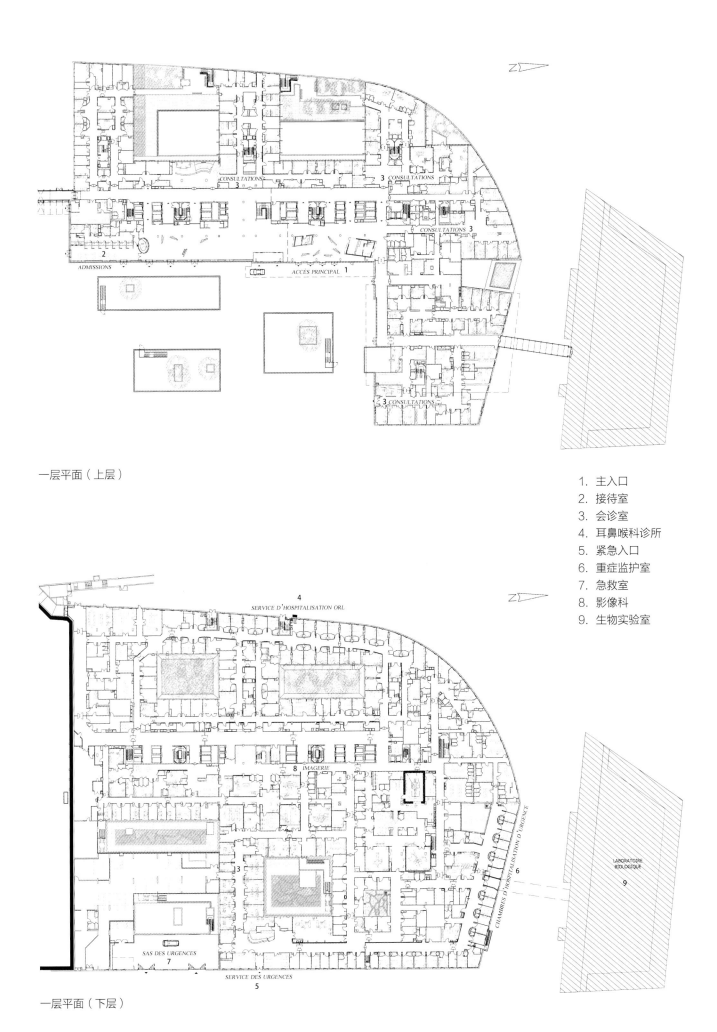

一层平面（上层）

一层平面（下层）

1. 主入口
2. 接待室
3. 会诊室
4. 耳鼻喉科诊所
5. 紧急入口
6. 重症监护室
7. 急救室
8. 影像科
9. 生物实验室

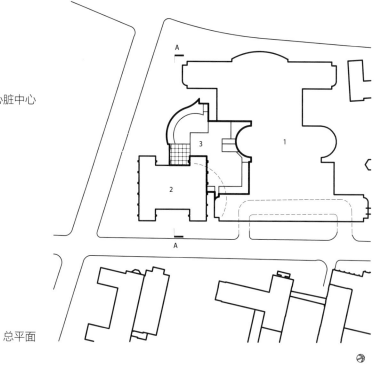

1. 现存米尔斯坦医院
2. 现存赫伯特欧文馆
3. 薇薇安和西摩·米尔斯坦家庭心脏中心

总平面

纽约长老会医院米尔斯坦家庭心脏中心
Milstein Family Heart Center New York-Presbyterian Hospital

美国纽约

建筑设计	佩科布及合伙人建筑事务所（Pei Cobb Freed & Partner）和达席尔瓦（da Silva）建筑师事务所
业主	纽约长老会医院
完成时间	2010年
建筑面积	11600平方米（新建部分）；3700平方米（改造部分）
床位数	20张床位（重症监护室）；25张床位（门诊手术中心）

纽约长老会医院是最著名的高层医院之一，其标志着20世纪20年代医疗建筑的新思维方式。它位于哈得孙河（Hudson）边，开创了摩天大楼医院的黄金年代。在随后的几年中，这里增加了大量的建筑物，长老会医院也成为现代医疗保健的宏伟象征。然而，随着时间的推移，如果医院想达到最先进机构的标准，则部分现存建筑需要进行整修。而对于1989年投入使用的米尔斯坦医院来说，由于诊所每天需

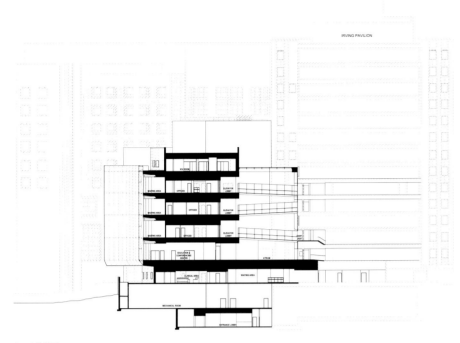

A-A剖面

哈得孙河视图｜河滨大道视图｜普通入口｜
乔治·华盛顿大桥的外景｜立面细部

要在26个手术室进行100多次手术，使其成为美国最受欢迎的心脏手术中心之一，因此有必要进行扩建。然而在诊所旁边，挤在主楼和赫伯特·欧文展馆（Herbert Irving Pavilion）之间，有一块土地没有被人动过，因为场地中一块坚硬的岩石使得建造变得困难和昂贵。现在扩大诊所的需求使得克服这些困难变得势在必行。

　　建筑师面临的任务是让扩建部分个性鲜明。他们通过引入弯曲的立面，与相邻的赫伯特·欧文展馆的直线形成对比。俯瞰哈得孙河，薇薇安和西摩·米尔斯坦家庭心脏中心（Vivian and Seymour Milstein Family Heart Center）的新侧翼呈现了令人印象深刻的景观。在公共区域，曲线标志着原建筑与新增建筑之间的过渡，让扩建部分富有特性，并优雅地连接到现有的建筑物。旧建筑与新建筑之间的过渡区最终形成一个大中庭，可通往等候区和面向玻璃幕墙的前厅空间，它可以通过现有建筑的大厅到达，也可以通过它自己的入口从小巷到达。横跨4层高中庭的桥梁促进了新旧两翼之间的互动。实验室和医学影像位于地下室，一层设有附带前厅的会议中心、礼堂和会议室。二层为侵入性心脏科套房，设有11个心脏导管实验室。三层为门诊手术中心，由8个手术室组成：2个立体定向手术室，4个微创手术室，2个普通手术室。四层有诊断设备和超声心动图，五层设有20个重症监护室。

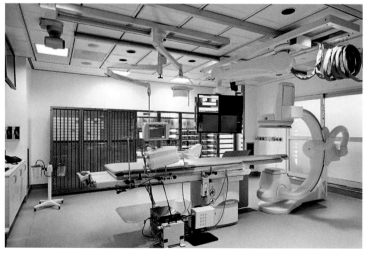

朝向河流的等候区 ┃ 门厅 ┃ 中庭内部可调节气候的立面 ┃ 会诊室 ┃ 手术室

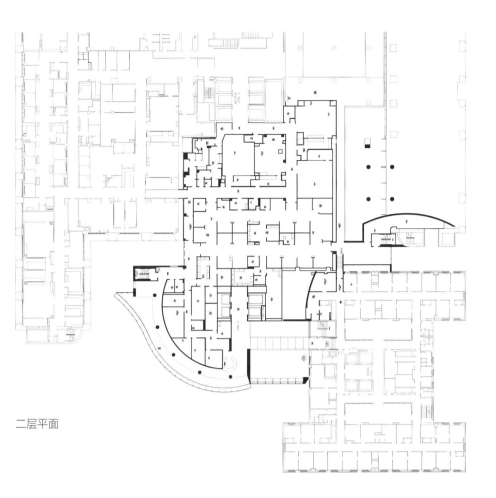

二层平面

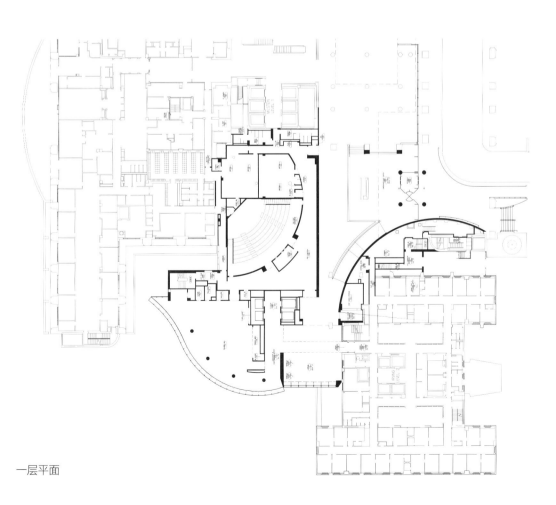

一层平面

总平面

下沉庭院景观 | 北侧全貌

国家肿瘤疾病中心
National Center for Tumor Diseases
德国海德堡

建筑设计	贝尼施建筑事务所（Behnisch Architekten）
业主	德国克雷布希尔夫有限公司（Deutsche Krebshilfe e. V.）
完成时间	2010年
建筑面积	13120平方米
床位数	60张（日间医院）

　　海德堡国家肿瘤疾病中心是一个研究癌症遗传原因的机构。这项研究涉及大量的多学科互动，旨在通过对工作方式的转变，从而缩小研究与患者治疗之间的差距。该中心位于一个拥有其他医疗设施和大学医院的校园内，并对相邻的耳鼻喉科诊所以及对面的儿童医院起到了协调的作用。两个较低的楼层结合了一个矩形体量和一个朝向儿童诊所逐渐倾斜的部分。这两个部分采用绿色玻璃幕墙包裹，形成一

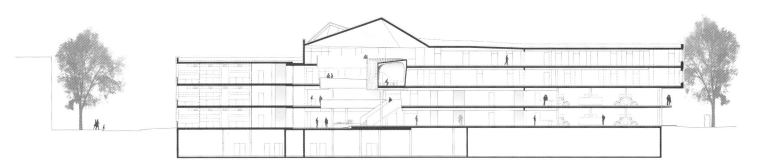

纵向剖面

病人花园北侧视图｜中庭休息室

个单独的体量，顶部有一个回旋镖形的白色体量，这种叠加结构在主入口上方向外延伸，其外立面被不规则间隔的嵌入式窗户穿透；一个带花园的地下室完善了整体结构。建筑的中心是一个4层楼的大厅，上面覆盖着一个棱形屋顶，大厅可以通向所有部门。中庭唤起了城市广场活力，吸引着人们徜徉其中。两个较低的楼层是门诊区，每层楼是一个日间医院；咨询区被设计成休息室，配备由建筑师设计的椅子，每个可以供3~5名患者使用。在地下一层增加了只能从内部进入的花园，首层的阳台也有同样的目的。冥想室（Raum der Stille，或静音室）为沉思提供空间，它被设计成一个类似子宫的外壳，从顶部的光井中获得日光。大楼面向耳鼻喉科诊所的部分包含了实验室，以及一个由玻璃墙隔开的多学科团队的文件中心，该中心被细分为小型单元，每个单元有6名员工。顶部的白色飞镖体量可容纳两层楼的会议设施和科研空间，以及中心行政委员会的房间。虽然疾病中心规模适中，但路径引导同样至关重要，贝尼施建筑事务所设计了巨大的方形图案作为整个标识系统的共同基本特征，并在各部门的门上进行了字母加注。

救护车接待处 | 餐厅 | 实验室 | 肿瘤日间医院治疗椅 | 病人走道

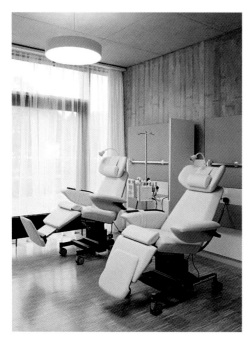

三层平面

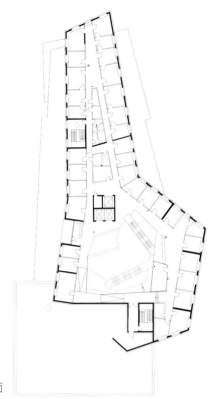

四层平面

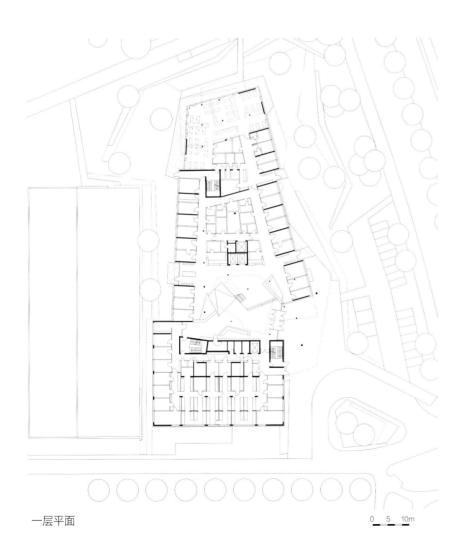

一层平面

二层平面

0　5　10m

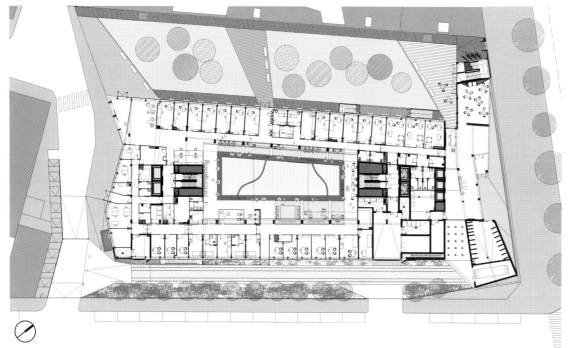

一层平面：患者和员工通道及种植中庭

立面的倒影 | Rue du Cherche-Midi 视角 | 立面细部

基因成像中心
Institut Imagine
法国巴黎

建筑设计	让·努维尔建筑事务所（Ateliers Jean Nouvel）和瓦莱罗·加丹建筑事务所（Valero Gadan Architectes）
业主	基因成像中心 巴黎AP-HP公共援助医院
完成时间	2014年
建筑面积	19000 平方米
床位数	400个工作间　250个座椅的报告厅

在蒙帕纳斯（Montparnasse）大道和Rue du Cherche-Midi街的拐角处，让·努维尔（Jean Nouvel）和伯纳德·瓦莱罗（Bernard Valero）设计了一个最先进的遗传成像中心。遗传性疾病能导致5000种严重疾病，仅在欧洲就影响了3500万人。基于与私营公司和慈善基金会合作，州、市、大学和医院联手创建了这个研究所。像为不同病人提供服务的高度专业化设施一样，该研究所建在医院附近，即内克尔儿童医院

四层平面：研究实验室和管理

（Hôpital Necker-Enfants Malades）。基因成像中心本身致力于研究，因此患者不会在那里过夜。孩子们通常由父母陪同，从医院的一侧进入大楼，在首层找到诊所。该研究所的研究实验室促进了约400名不同领域专家的密切交流合作，这些专家拥有多个技术中心以及一个DNA数据中心可供使用，可用于各种形式的遗传分析、细胞和分子成像、基因转移程序等。二层设有一个可容纳250人的会议中心。该诊所还包含

了咨询室、临床研究设施、生物资源中心和11个罕见疾病专业单位。研究所内部花园景观建立了研究人员和访问诊所的儿童之间的视觉联系；通常设立在露台的社交空间不断刺激着临床医生和患者之间的互动——这就是研究所所谓的"金三角"。

基因成像中心的设计体现了对巴黎历史医院建筑品质的当代诠释，尤其是充足的绿化和早期医院场所中可以漫步的这种透明性。基因成像中心希望保持这种透明性，因

此展示了整个场地的景观，并邀请患者和家长共同享受该建筑的公共空间，尤其是6层楼高的大礼堂，该礼堂有一个光线充足的室内花园，与蒙帕纳斯大道一侧的大厅相连。

协同作用是追踪遗传病起源的关键策略，也是基因成像中心的核心事业。研究直接影响了治疗策略，而治疗策略又会产生引发进一步调查的问题。

建筑可以通过为科学家和临床医生的偶然接触创造空间来刺激这种工作方式，

这种非正式会议被认为是特别有用的。因此研究部门已经整合到针对特定医疗条件的护理集群中，防止他们在远离患者的部门中进行单独划分。

基因成像中心致力于医学成像，其功能表现在外立面的图形处理中：在玻璃面板上应用了重复的特征DNA样本。因其完美地象征着它的功能，该中心有望成为建筑师口中所谓的"高精度轻型建筑"（High-Precision Light Architecture）。

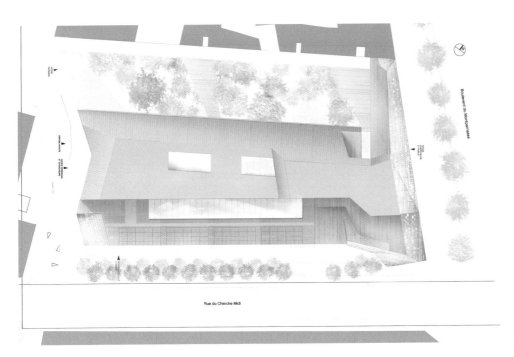

总平面

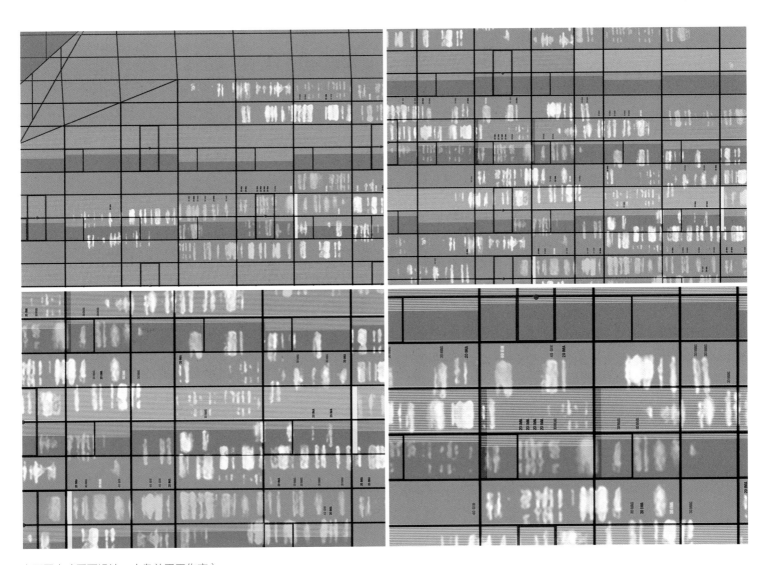

立面图案（平面设计：广岛前田工作室）

显示五个组团的剖面

盖伊癌症研究中心
Cancer Centre at Guy's
英国伦敦

建筑设计	罗杰斯·斯特克·哈伯+斯坦特克合伙人 （Rogers Stirk Harbour+Partners with Stantec）
业主	盖伊和圣托马斯国民健康基金会信托基金
完成时间	2016年
建筑面积	20000 平方米

癌症治疗中心集中了盖伊和圣托马斯医院（Guy's & St. Thomas' Hospital）里大部分的肿瘤科，这些科室以前分散在这两个地点的13栋大楼里。设计师和医疗保健专家斯坦特克（Stantec）为这些支离破碎的部门制定了总体规划，以促进多学科交流和工作方式的转化。设计场地位于一个三角形地块，建筑师们别无选择，只能在密集的城市内部环境中设计一座14层的塔楼。该研究中心位于300英尺高的碎片大厦（伦佐·皮亚诺设计）和南部较低的城市建筑

一层平面

七层平面：化疗组团-主要楼层

克罗斯比（Crosby）街外视图 Ⅰ 化疗中庭景观 Ⅰ 门诊花园及阳台 Ⅰ "迎宾组团"楼梯和中庭

之间。该大楼主要由四个两层或三层的医疗组团构成，其中包含了一个入口集群、一个放射治疗科室（欧洲第一个位于地面上的此类科室）、一个门诊集群和一个化疗科室。塔楼的北侧集中了科学研究区和治疗区，重点是研究临床程序和技术；南侧保留用于具有社会性和互动性的治疗区。

大楼的入口是一个双层高的玻璃大厅，充当了城市外部和城市内部氛围之间的过渡区。它被设计为医学院的新门户，可容纳不同的使用者和路人。到达"迎宾组团"（Welcome Village）的患者和访客可享用这里提供的教育和免费治疗活动，或者前往其他三个代表癌症患者治疗阶段的医疗组团：放射治疗、门诊和化疗。每个组团包含2~3层楼，门诊部设有成像诊断设施和小型医疗程序，以尽量减少患者的出行。离开电梯后，患者进入一个带有外部种植阳台的广场。每个组团都设有这种小型广场，旨在促进患者和护理者、研究人员和临床医生之间的互动。这些都被设计成一种家庭风格，缓解了各个部门之间不可避免的医疗氛围。这座建筑还包含了五个世界级艺术家的作品：丹尼尔·西尔弗（Daniel Silver）、吉塔·格什温特纳（Gitta Gschwendtner）、安吉拉·布洛克（Angela Bulloch）、卡雷尔·马滕斯和玛丽尔·诺伊德克（Karel Martens and Mariele Neudecker）。设计师伊凡·哈伯（Ivan Harbour）认为改善人们的生活是建筑师的责任，而建筑则是一个有效的工具。因此，在人性化的建筑中提供以病人为中心的护理服务是主要目标之一。

门诊诊所和卫生中心

大型综合医院和大学医疗中心有着规模化的集中优势，代表着医疗设施分布的一种模式。以社区为基础，或独立运营或作为医疗设施网络一部分的小型门诊诊所代表着另一种模式。独立的门诊诊所通常由上级医院管理机构建立，由当地自下而上发展形成。社区卫生中心一般由全科医生和药房组成，除了医院门诊服务外，还提供几项生理和心理的一般治疗。门诊诊所可视为分散式医疗的一个模式案例，但它们的生存能力在很大程度上取决于其所运行的医疗系统：只有成为医疗网络的一部分，允许其将复杂病症患者转诊到专科医院时，它们才能承接大型医院大部分的日常医疗服务。这种模式的卫生中心系统在高密度人口地区是可行的，因为这些地区可以补充高端医疗设施；而在低密度地区缺乏使其可持续运营的潜在病人数量。小规模的门诊诊所优势之一是方便患者，且没有大型机构固有的复杂性，以及所带来的行政负担和成本，并且它们可以很容易地融入当地城市（和社会）环境。

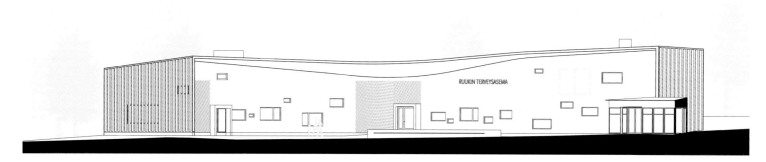

立面

鲁基诊所
Ruukki Health Clinic
芬兰鲁基

建筑设计	alt Arkkitehdit, Architecture Office Karsikas
业主	西卡约基（Siikajoki）市政府
完成时间	2014年
建筑面积	910平方米

　　鲁基健康诊所位于一个老人辅助生活和护理中心旁，与当地社区紧密相连。诊所含有牙科门诊并提供简单的医疗保健服务，同时设有儿童保育设施。鲁基是芬兰奥卢省（Oulu）的一个小社区，位于芬兰北部奥斯特罗博斯尼亚（Ostrobothnia）地区，约有4500名居民，诊所周围环绕着松树林。

　　该建筑由两个线性立面和一个内凹的立面组成，形成了一个弯曲的L形平

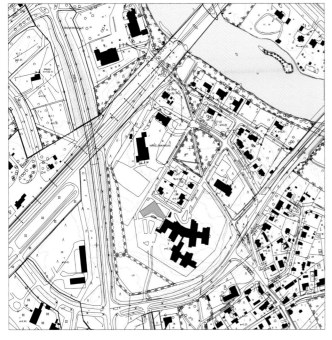

总平面

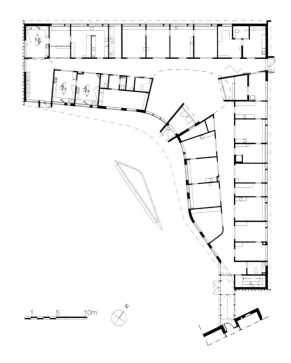

一层平面

主入口优雅弯曲的木质立面 | 从停车场到主立面的景观 | 大厅社交区域

面。大部分治疗区和咨询室沿着平面轮廓布置。宽阔的条形窗可以欣赏到附近的松林景观。诊所立面以一道弧形墙为标志，墙体上看似随意地开取了一些窗洞，使建筑的入口充满人性化和趣味性。木质框架向前方广场突出，标志着入口。外墙由覆盖着松木的铝材组成，随着时间推移，松木会逐渐变为灰色。木质屋顶向外出挑，保护其下方的玻璃不受恶劣天气影响。alt Arkkitehdit的建筑师Ville-Pekka Ikola解

释说：厚重的屋檐使立面覆层不受天气的影响，并以严肃沉稳的形象将自由形式的外墙与旧有建筑连接起来。中间的主入口通向一个宽敞的大厅，大厅连接着两条走廊，分别通向咨询和治疗空间。不同的科室单元如牙科、健康护理、儿童保健设施，都围绕着建筑中心的大厅展开。走廊尽端是敞开的，避免给人留下"死胡同"的感受。芬兰桦木饰面和白色墙面赋予了室内一种友好的，像家一样的感觉。虽然

诊所规模相对较小，但是其当代的建筑语言与相邻建筑形成鲜明对比，使得诊所具有很强的存在感。该项目与Martti Karsikas（Architecture Office Karsikas）合作完成，并在2016年威尼斯双年展的北欧展馆中展出。

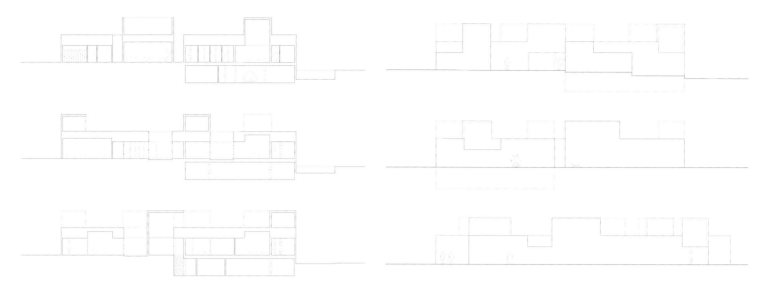

圣布拉斯剖面

圣布拉斯、乌塞拉、维拉维尔德城市医疗中心

Municipal Healthcare Centers San Blas, Usera, Villaverde

西班牙马德里

建筑设计	Estudio Entresitio
业主	Madrid+Salud 马德里市议会
完成时间	2010年
建筑面积	1989平方米（圣布拉斯，维拉维尔德） 1452平方米（乌塞拉）

标准化一直是建筑的一个重要议题。通过医疗建筑的案例证明：建筑标准化的对策并不只局限于批量生产房子。在医疗建筑中，标准化的范围可以从病房的平面到门诊的布局。马德里市有着三家平面几乎相同的城市医疗中心。它们秉持着这样的理念：如果是相同的项目，为何建筑方案要有所不同？因此基地的条件并不重要：三块用地处于以社会住房为主的场地中（社会住房也常常是标准化的）。对于

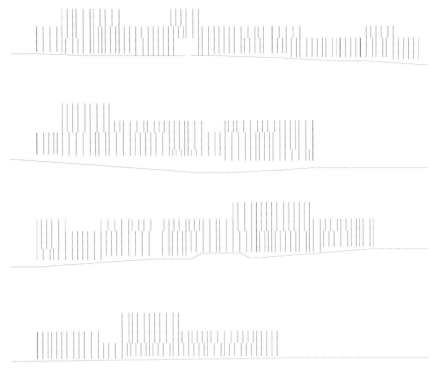

维拉维尔德立面

圣布拉斯医疗中心混凝土墙面｜圣布拉斯医疗中心室内与天井｜圣布拉斯医疗中心交通空间

这三块场地，建筑师选择的方案像是体量抽象的雕塑：除了入口，建筑的外部是完全封闭的。这些建筑第一眼给人的印象是一系列堆叠的集装箱：虽然高度不同，但都被几何网格所控制。依据设计师的说法，这是没有场地的建筑，意味着任何场地都适合它们。

在医疗中心内部，公共与私人房间交替形成13个内天井，可由连接庭院的3条走廊进入。有别于又长又单调的传统医院走廊，其在各个方向创造了视觉联系，不过不是与外围场地的联系，而是建立和天空的联系。

这些医疗中心只进行相对简单的医疗咨询和干预，似乎只为转诊做提前准备。圣布拉斯医疗中心是最先开业的，混凝土覆盖的外立面有着木质模板的印记，这有助于防止灰色体量的构成看起来像一个地堡——相反，它更像一件艺术品，尤其是面向室内天井的较高部分的立面保持了强烈的深色。天井内部蓝色瓷砖与植物景观优雅的结合像是古典现代主义的建筑语言。乌塞拉医疗中心外表包裹着金色铝网，维拉维尔德医疗中心（另一项竞赛的获胜作品）复制了前者的主要特征，并稍做变化：建筑被半透明的、发光发亮的面板所覆盖，产生了一种透明感。

乌塞拉立面

乌塞拉医疗中心金色铝网立面 ｜乌塞拉医疗中心鸟瞰 ｜维拉维尔德医疗中心外立面由玻璃和聚碳酸酯板组成 ｜维拉维尔德医疗中心流通空间与庭院

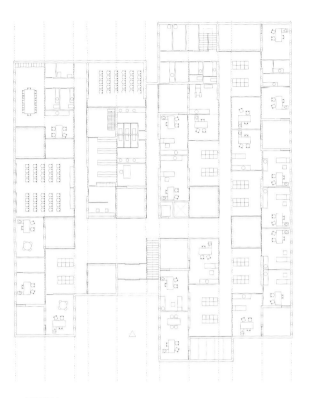

一层平面

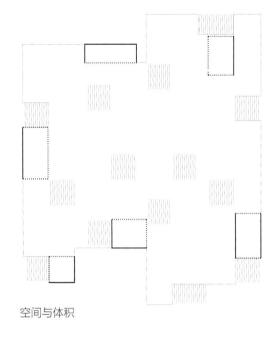

空间与体积

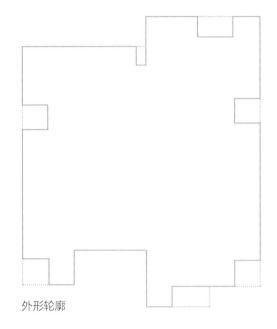

外形轮廓

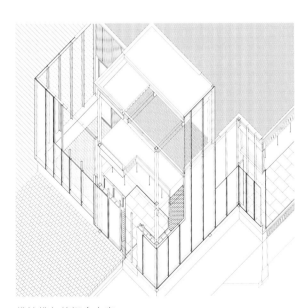

维拉维尔德概念方案

内部空间

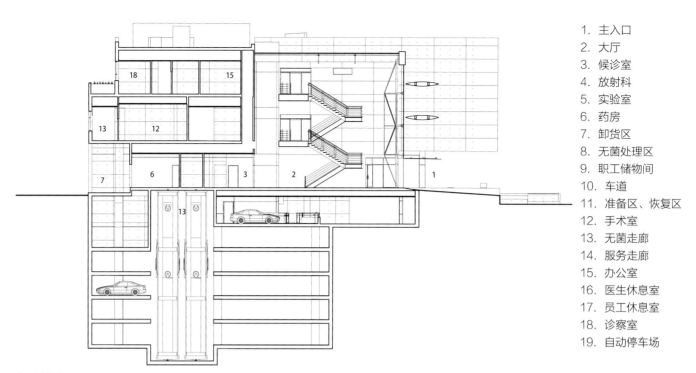

A-A剖面

1. 主入口
2. 大厅
3. 候诊室
4. 放射科
5. 实验室
6. 药房
7. 卸货区
8. 无菌处理区
9. 职工储物间
10. 车道
11. 准备区、恢复区
12. 手术室
13. 无菌走廊
14. 服务走廊
15. 办公室
16. 医生休息室
17. 员工休息室
18. 诊察室
19. 自动停车场

加利福尼亚大学洛杉矶分校门诊医疗大楼
UCLA Outpatient Surgery and Medical Office Building
美国加利福尼亚州圣莫尼卡

建筑设计	Michael W. Folonis Architects
业主	The Nautilus Group
完成时间	2012年
建筑面积	4645平方米

该门诊大楼由迈克尔·W. 福洛尼斯（Michael W. Folonis，校长）和鲁迪·冈萨雷斯（Rudy Gonzalez，项目建筑师）设计，是其对面住院大楼的辅助设施。该建筑是典型的加利福尼亚风格，其特点是室内外的连接以及丰富的室内采光。室内装潢采用天然材料，将加利福尼亚典型的现代几何风格与居家温暖风格相结合，创造出悠闲愉快的氛围。室内外植物景观将视线连接，病人可在首层的室外花园中等

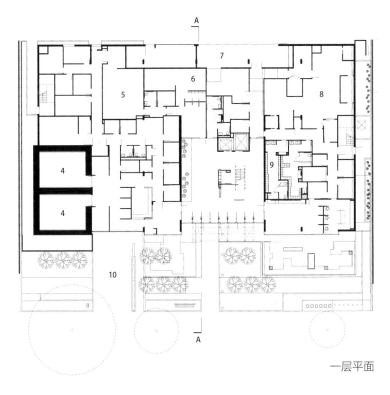

A
A

7
6
5
8
4
4
9
10

一层平面

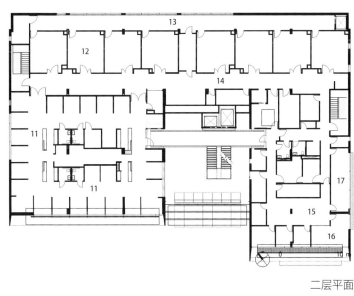

13
12
14
11
11
11
17
15
16

二层平面

0   10m

夜间明亮的中央玻璃大厅 | 两个混凝土大楼构成核心体块 | 带楼梯的大堂 | 一层设有等候区

候，二楼开有天窗，其植物景观活跃了等候空间。百叶窗的设置避免了室内眩光。屋顶上装有太阳能电池板，为建筑提供25%的电力。该建筑还使用了再生钢材作为节能措施。

门诊中心只有3层，含有血液化验室、肿瘤放射科门诊、全科门诊以及附带8间手术室的外科门诊。福洛尼斯设计了两个块状体的侧楼，首层后退处理，二层三层向外悬挑，三层通高的大厅连接两个体块，实现了简洁的整体布局。大厅是后勤枢纽，通高、无竖梃的玻璃幕墙结合玻璃天窗，使其内部充满阳光。面向大厅的内部房间也可以通过内窗，间接接收日光。其中较大体量的侧楼容纳了医院大多数的操作流程，另一较小的侧楼用于支持辅助，两者的二层和三层通过连廊连接。由于加利福尼亚州的低层建筑向郊区扩张，因此主要的交通方式为私家车，这产生了大量的停车需求。加利福尼亚大学洛杉矶分校的门诊中心有着全自动停车系统，设有6个落客点，通过LED标志向人们提供指示，指引其进入。随后起重装置将汽车运送到平台上，该平台将把汽车分配到大楼地下六层的380个停车位中，这样可节省50%的泊车空间。这一自动化系统可以减少驾驶员因寻找停车位而产生的1500多公里行驶距离，并且只需两分钟即可取回汽车。

一层平面

1. 主入口
2. 咖啡厅
3. 药房
4. 急诊中心入口
5. 门诊部
6. 接待处
7. 等候区
8. 庭院
9. 服务区
10. 附属用房

外部有两层楼高的柱廊 | 主入口 | 庭院景观 | 面向庭院的景观 | 大厅

新伊丽莎白二世女王医院
New QEII Hospital
英国韦林花园城市

建筑设计	Penoyre & Prasad
业主	Assemble Community Partnership；NHS Hertfordshire
完成时间	2015年
建筑面积	8500平方米

新伊丽莎白二世女王医院位于英国首批花园城市赫特福德郡（Hertfordshire）韦林市（Welwyn）。与英国国民医疗服务体系几十年来建设的传统大型综合医疗设施不同，其规模相对适中，设计友好，结合了当地特有的田园景观。该医院含有门诊部、产前产后护理、留观病房、医技部以及一些诊断设施（如X射线、MRI和CT扫描）等。该建筑表明了新的医疗设施有着向地方和初级保健方

A-A剖面

面倾斜并重新分配的趋势。

尽管医院有内窥镜科,但并不提供外科手术,急救中心和救护车只用于轻症处理。院内没有住院床位,需要进一步治疗的患者将被送往邻近城镇的李斯特医院(Lister Hospital),或者其他更高等级的,专注于高水平治疗的医疗机构。新伊丽莎白二世女王医院作为社区卫生中心这种新型医疗设施模式,以社区为基础,弥补了危机管理(传统医院)和预防保健(提供

信息支持)系统之间的不足。

建筑与花园城市相呼应,三个相互连接的"L"形体量围绕方形花园庭院组织。等候区位于阳光充足、景观良好的中央庭院旁。入口设计了出挑的木质柱廊,可以抵御恶劣天气。3层通高的大厅有一幅大卫·特雷姆莱特(David Tremlett)设计的巨大壁画,建筑外的景观透过大厅与庭院相连。侧楼大部分为2层,与周围住宅的尺度相呼应,部分建筑升至四层。在

单坡屋顶下,倾斜的屋顶覆盖着镀锌铝板,富有节奏。所有外立面都覆盖手工釉面瓷砖、玻璃、木材以及涂料等材料,给人以友好的印象。窗户的可开启扇使用艺术家夏洛特·曼恩(Charlotte Mann)设计的金属网作为保护,从而避免设置安全栏杆。整栋建筑的设计符合高能效标准,并获得了BREEAM的"优秀"评级。

一层平面

1. 主入口
2. 大厅
3. 日间医院
4. 通往旧有会诊空间
5. 通往急诊
6. 货物通道
7. 行政办公区
8. 接待处

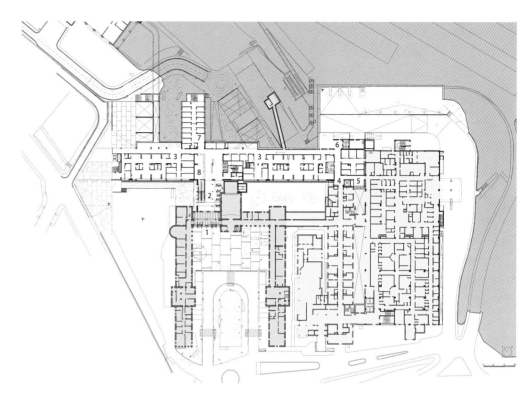

历史建筑风貌 | 新旧建筑间的对比

格拉诺勒斯阿西洛门诊医院
Outpatient Clinic Hospital-Asilo of Granollers
西班牙格拉诺勒斯

建筑设计　Pinearq

业主　Fundació Fransesc Ribas

完成时间　2009年

建筑面积　19500平方米

在巴塞罗那，卢斯·多梅内克·蒙塔内尔（Lluis Domenech i Montaner）和安东尼·高迪（Antoni Gaudi）等新艺术派建筑师定义了加泰罗尼亚现代主义（Catalan Modernism）。作为该运动的一部分，Josep Maria Miroi Guibernau于1910年设计了格拉诺勒斯综合医院（Hospital General de Granollers），位于巴塞罗那以北约25公里处。它虽然不及多梅内克的圣保罗医院宏伟，也不似高迪的作品

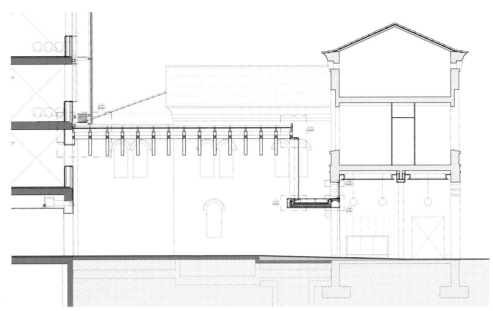

大厅剖面

朝向历史建筑的新楼立面 | 扩建部分与历史建筑间的连廊

那般生动，但仍然是一栋宝贵的建筑遗产。U形的历史建筑围合着一个庭院，庭院的中央是古树，位于两栋塔楼之间，形成整栋建筑的中轴线。主入口最初位于两栋塔楼的正中，随着时间推移，原建筑右侧与后侧都加盖了房屋，安置了医院大部分功能。建于历史建筑后侧的2层建筑，体量稍大，略微倾斜，被称为"历史之家"（Historical Home）。Pinearq的建筑师胡安·曼努埃尔·加西亚（Juan Manuel Garcia）、卡洛斯·弗劳卡（Carlos Frauca）、杰拉尔多·索莱拉（Gerardo Solera）和佩德罗·庞比尼奥（Pedro Pombinho）决定保持原有较大的垂直医院分区，并清理新旧建筑之间的场地。历史建筑现多用于行政办公，新的日间医院形成一个矩形体，与U形的历史建筑底部相平行，并通过入口大厅和庭院相连接。扩建部分可以通往所有科室的核心区域，是整个医院的后勤枢纽，弥补了医院因随意扩容而失去的功能连贯性。入口大厅可以通过位于原入口左侧的连接空间到达。新建的医院有4层，比历史建筑高度略高。原历史建筑有2层，其顶部是陡峭的阁楼。

地下室共2层，下层置有供应医疗气体的平台管道、维修区和连接到新楼的检修坑。上面一层是通往停尸房的车辆通道、脏衣出口、供应和储存区以及病理科，有一条通道连接了这层楼和老

1. 主入口
2. 新门诊大楼
3. 历史建筑
4. 老年医疗设施
5. 现有建筑大楼
6. 门诊大楼入口

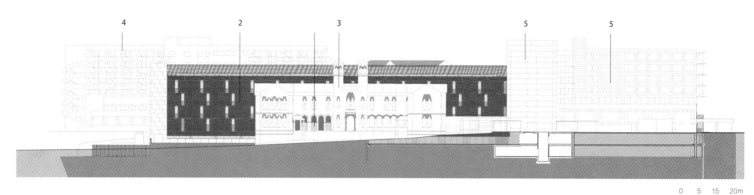

西南立面

0 5 15 20m

年医疗楼。新楼的基础设施虽然不是门诊设施的一部分，但被用于重组整个医院。位于一层的新入口通往大厅和日间医院扩建部分。二层既可以从历史建筑的大厅进入，也可以从后院的地面入口进入。二层含有部分医技部，包括门诊手术室和内镜室。两个平行的附楼位于主体建筑后侧，是医疗支持中心。三层可从后院的水平通道进入。大部分治疗室及其辅助用房都位于三层和四层。这

两个楼层还与未翻新的历史建筑水平连接。五楼为服务设备。

新建筑被视为历史建筑的背景墙。立面以不规则间隔的木质板覆盖，竖向的开口标记了消防救援窗的位置。另一侧立面，下方的3层楼体使用深色石板，并重复前者的开洞规律。顶层的设备层则使用波纹铝板，并设置了更宽的通风格栅。两个平行的体量在景观中伸展开来，以较小的规模复现了这座历史建筑

的开放式庭院。在入口大厅，温暖的深色木材、白色裂纹地面以及灰色的柱体相互结合，创造出舒适的氛围。

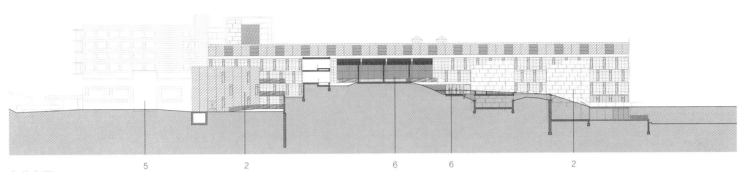

5 2 6 6 2

东北立面

新楼外立面 | 后侧两栋附楼间开放空间的夜景 | 入口 | 朝向其中一个附楼的景观

康复和支持诊所

病人在医院完成了所有的医疗治疗步骤后，有时需要额外的身心康复和治疗才能恢复正常生活。康复可以纳入医院服务或由专门诊所提供。有些人需要留在康复中心，其他人则可以当作出院病人。康复作为护理途径的最后一步，康复的质量、充分性和及时性在改善治疗效果和尽可能缩短住院时间方面发挥着至关重要的作用。

从类型学角度来看，康复诊所类似于酒店式的设施，尤其是当所需医疗护理和干预措施的复杂性相对较低时。因此建议保留其他治疗空间，将病房、贵宾室和日间治疗设施分开。如果病人需要在这些中心待上几周，还应该有休闲选择和文化活动空间。[146]

支持诊所和其他诊所性质不同；它们的重点不是治愈病人，而是在困难时期支持他们。这类诊所一般建立在医院附近，通常情况下，病人在附近医院接受治疗时使用这些诊所。在支持诊所中最著名的例子是英国的麦琪中心（Maggie's Centres），它帮助癌症患者应对他们的疾病。这些中心是以麦琪·凯瑟克·詹克斯（Maggie Keswick Jencks）的名字命名的，她被诊断出患有乳腺癌，在1995年去世之前，她与丈夫查尔斯·詹克斯（Charles Jencks）和其医疗团队紧密合作，开发了一种新的癌症治疗方法。詹克斯邀请了几位著名的建筑师设计麦琪中心，结果产生了一系列令人印象深刻的迷人的小建筑。他们的事例在挪威等其他国家也激发了类似的行动。

一层平面

屋顶平面

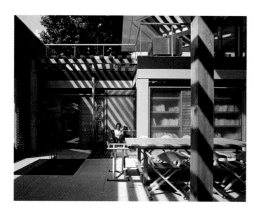

庭院丨郁郁葱葱的园林

西伦敦麦琪中心
Maggie's Centre West London
英国伦敦

建筑设计	Rogers Stirk Harbour + Partners
业主	麦琪中心
完成时间	2008年
建筑面积	370平方米

在英国的各个麦琪中心都是专门为癌症患者提供支持和改善环境的临时设施。它们通常位于医院旁边，为患者提供了一个充满爱心的环境。该中心由建筑理论家查尔斯·詹克斯的妻子麦琪·凯瑟克·詹克斯创立，并以她的名字命名。1996年，第一家麦琪中心在爱丁堡开业，至今已建成15个中心。麦琪·詹克斯于1995年死于癌症，她相信建筑能够提升人们的精神，所以麦琪中心由顶尖建筑师设计也就不足

剖面

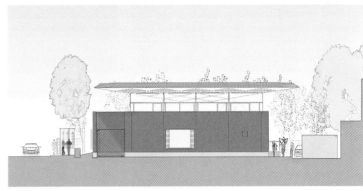

立面

厨房是麦琪中心的中心 | 非正式交流空间 | 带棚架庭院

为奇。该中心不需要正式的注册流程就可以使用，中心通常包括一个花园和一个厨房，并充分利用优质材料创造一个舒适的环境。

麦琪的西伦敦中心位于查令十字医院（Charing Cross Hospital）的场地上，于2008年开业。它坐落在医院前西北角一个繁忙的十字路口，与一个停车场接壤。明亮的橘色亭子坐落在新的景观场地内，其灵感来源于心脏的概念，心脏被建筑的四面墙保护包裹，与医院的简朴形成对比。漂浮的屋顶覆盖在外墙之上，使空间充满阳光；加上防护墙和通向三个花园之一的窗户，所有这些都是为了拥抱游客并将他们吸引到位于建筑中心的厨房。该建筑的中心是一个双层通高的公共空间，它作为一个中庭和广场，周围是一个图书馆以及一系列大大小小的起居室和讨论室，这些房间在规模上更适合一个家庭居住。桦木饰面胶合板和抛光的混凝土地板吸收了从玻璃窗射进来的阳光，起过渡作用的墙壁提供了可以容纳私人聊天和瑜伽课程的灵活空间。在创造一个亲密但开放和受欢迎的空间时，麦琪的西伦敦中心体现了一种新的医院建筑类型，它重视个人高于机构，通过对自然、光线、舒适和团聚的整体体验而不是单一的医疗过程表达医疗保健。

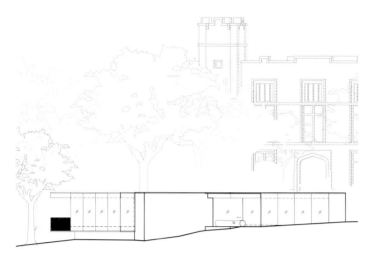

东立面

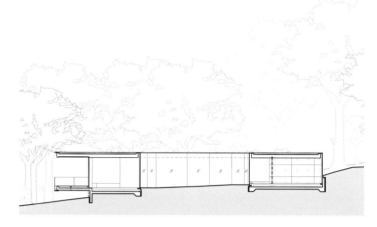

A-A剖面

面向庭院的景观 | 厨房 | 小咨询处

麦琪Gartnavel癌症康复中心格拉斯哥分院
Maggie's Centre Gartnavel

英国格拉斯哥

建筑设计	OMA
业主	麦琪中心
完成时间	2011年
建筑面积	534平方米

麦琪Gartnavel是麦琪在英国的第八个中心。它服务于苏格兰西部人口，一个癌症高发的地区。该中心靠近Gartnavel综合医院和苏格兰领先的肿瘤科医院——苏西部的比特森癌症中心（Beatson）。当大都会建筑事务所（OMA）的创始合伙人查尔斯·詹克斯的朋友兼曾经的学生雷姆·库哈斯（Rem Koolhaas）和负责该项目的合伙人艾伦·范·卢恩（Ellen van Loon）接到设计麦琪中心的任务时，他们决定不创

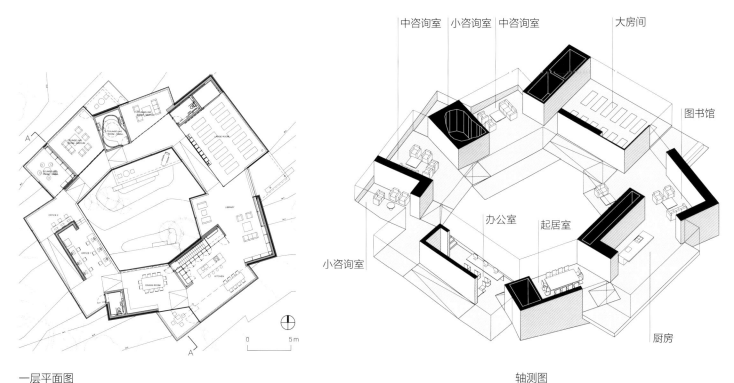

中咨询室　小咨询室　中咨询室　　　　　　　大房间

图书馆

小咨询室

办公室　　起居室

厨房

一层平面图　　　　　　　　　　　　　　　　　　轴测图

作一个标志性建筑。格拉斯哥中心的任务是为面临生存危机的人们创造一个小而亲密的环境。

在格拉斯哥的麦琪中心，所有的房间都围绕着一个中央花园布置，看似随意分布，但空间之间的边界十分流畅，使用者可以在建筑中漫步，享受连续的不同场景。这些房间坐落在山上，可以看到Gartnavel综合医院的校园和城市的景色。中心周围是由创始人麦琪·凯瑟克·詹克斯的女儿莉莉·詹克斯（Lily Jencks）设计的景观区。环环相扣的房间围绕着一个中心花园布置，自然是该中心的基本元素。外面的绿色空间标志着一个过渡地带，传递着一个明确的信息：在这里，你离开医院，进入一个完全不同的世界、一个可以依靠的舒适的世界。进入中心后，一系列的空间——客厅、更大的社交空间、图书馆、厨房——遵循着一种逻辑：在隐私和社区患者群体的公共性之间寻求平衡。该中心平面的关键是"L"形房间的布置，能够容纳病人在住院期间不同时刻的各种情绪。房间序列有坡道，坡道遵循倾斜的场地地形，每个单个区域可以通过大型滑动门关闭。带有山毛榉顶棚的混凝土屋顶与平面相互协调，增加了室内这种平衡性。

格拉斯哥的麦琪中心是OMA在英国的第一个建筑，同时也是一种反向设计的建筑风格：它没有试图给外界留下任何印象，而是完全专注于营造内部氛围。

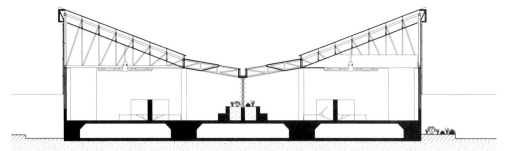

A-A剖面

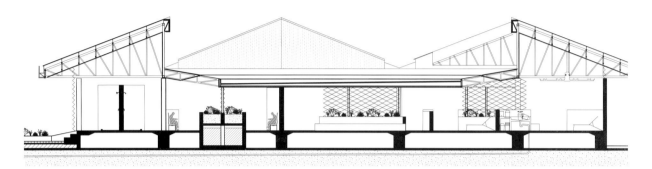

B-B剖面

Gheskio霍乱治疗中心
Gheskio Cholera Treatment Center
海地太子湾

建筑设计	MASS设计团队
业主	Les Centres GHESKIO
完成时间	2015年
建筑面积	693平方米
床位数	100张

GHESKIO致力于抗击艾滋病毒/艾滋病，是世界上第一个专门从事这一工作的机构，但现在被迫需要解决海地（Haiti）的另一个问题——突然爆发的霍乱。矛盾的是，这种疾病是由2010年毁灭性地震后驻扎在岛上的联合国维和部队带来的。由于缺乏卫生基础设施，住房条件非常恶劣和拥挤，尤其是缺乏像样的污水系统和有效的垃圾处理服务，这些都为疾病的传播提供了理想的环境，使霍乱很快在整个城

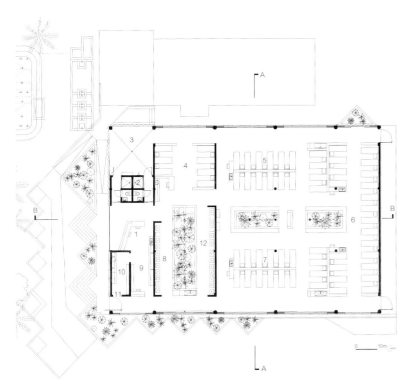

一层平面

1. 接待
2. 浴室
3. 洗涤区
4. 重症病房
5. 主要女性病房
6. 主要男性病房
7. 主要儿童病房
8. 观察室
9. 行政区
10. 氯气制备室
11. 出口
12. 雨水收集池
13. 厌氧折流板反应器

外部视图显示屋顶提供采光和自然通风 ｜ 室内花盆下方的分流空间和贮水池 ｜ 内部的大型货架可以快速获取补给

市留下了痕迹。

霍乱治疗中心同时在两个层面上与霍乱做斗争：它为那些患者提供医疗援助（在大多数情况下，霍乱是可以治愈的），同时采取预防措施，解决导致霍乱流行的一些环境问题，例如，它包含了一个现场废水处理设施，以防止地下水的再污染而导致疾病蔓延，其每年处理废水多达950立方米。

诊所的治疗设施被安置在一栋平面非常简洁的建筑里，包括了35个治疗轻症的地方和65个治疗重症的地方，并由专业的医疗人员照顾。该诊所最显著的特点是设计师决定将其设计成一个小型地标建筑，专门用于净化水，因为被污染的水是霍乱传播的主要原因。整栋楼高出地面1米，下面有一个水池。带雕刻的屋顶不仅是诊所的一项美丽资产，它还将水引导到一个中央采集器，然后将其过滤干净；其中一部分用于诊所本身，同时相邻的社区也受益匪浅。部分外墙采用了手工制作的金属遮阳系统，经过计算，可以增强隐私、提供日光和确保通风。它是由当地的金属工人制作的，他们在屏幕上切割了不少于36000个孔。当地生产的还有压缩、稳定的土方块，用作主要的建筑材料。最后，MASS还与当地工匠合作，为该设施生产适合霍乱患者需要的家具。

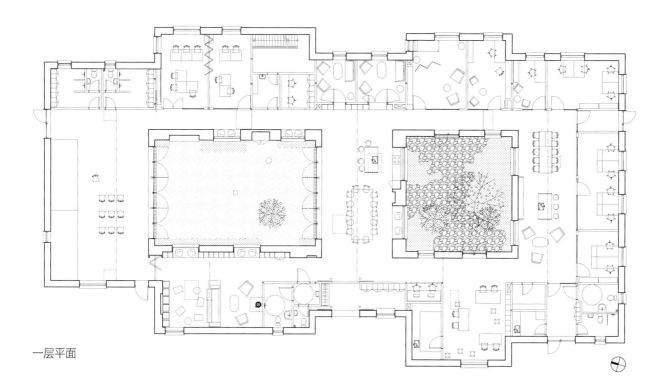

一层平面

癌症治疗中心
Cancer Counseling Center
丹麦利夫斯鲁姆

建筑设计	EFFEKT Arkitekter
业主	Kræftens Bekæmpelse, Realdania
完成时间	2013年
建筑面积	800平方米

　　利夫斯鲁姆（Livsrum）癌症咨询中心的主要目的是为来访者提供有关癌症类型和治疗方法的相关见解以及社会支持。该项目包括一个图书馆、一个厨房、一个私人会议室、一个休息室、一个工作室、一个健身区和一个医疗咨询场所。EFFEKT没有将这些功能全部整合在一个体量中，而是设计了7座建筑，它们都采用了相同的住宅风格。三个延伸的体量像所有其他覆盖着山墙屋顶的体量一样，划

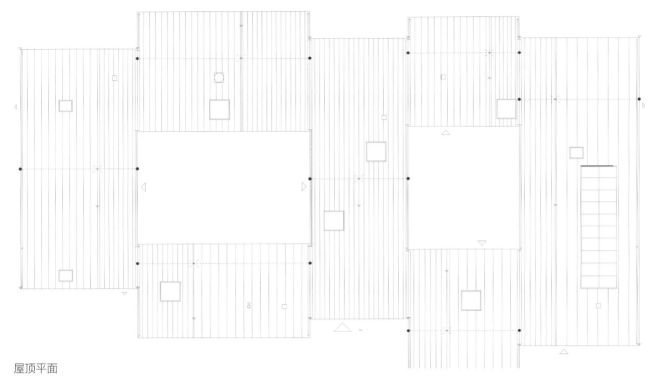

屋顶平面

夜景 | 庭院景色 | 社交场所

分出两个庭院，每个庭院由两个相似但面宽很窄的建筑进行围合。

不同的屋顶高度，形成了不同等级的斜坡。白色是建筑内外的主色调，所有的外立面都覆盖着白色的水平条纹纤维水泥木板，唯一的例外是入口部分，它覆盖着狭窄的垂直木板。这些也用于所有面向内部庭院的山墙，目的是给来访者提供一个温暖的氛围。整个屋顶覆盖着与外立面相同的白板；建筑师将排水沟和雨水管隐藏在覆层后面，小心翼翼地不让任何东西扰乱它们简单的几何形状。白色也是建筑内部装饰的主要颜色，但地板和窗框由坚固的竹子制成。

家具选用的材料包括坚固的天然材料，如不上漆的硬木、皮革和羊毛，使室内既现代时尚又舒适。部分墙壁完全被木制书架覆盖，形成一个完美的方形网格，其中一些漆成白色。它们排列在被窗户穿透的外墙上并作为窗框的一部分，表明墙比实际厚得多。该咨询中心位于一家医院旁边，并对医院提供的干预性治疗和为患者提供的治疗参考框架表示认可与肯定。

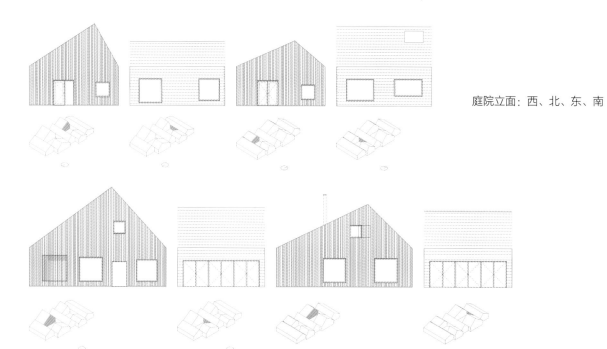

庭院立面：西、北、东、南

客厅景色 | 健身房

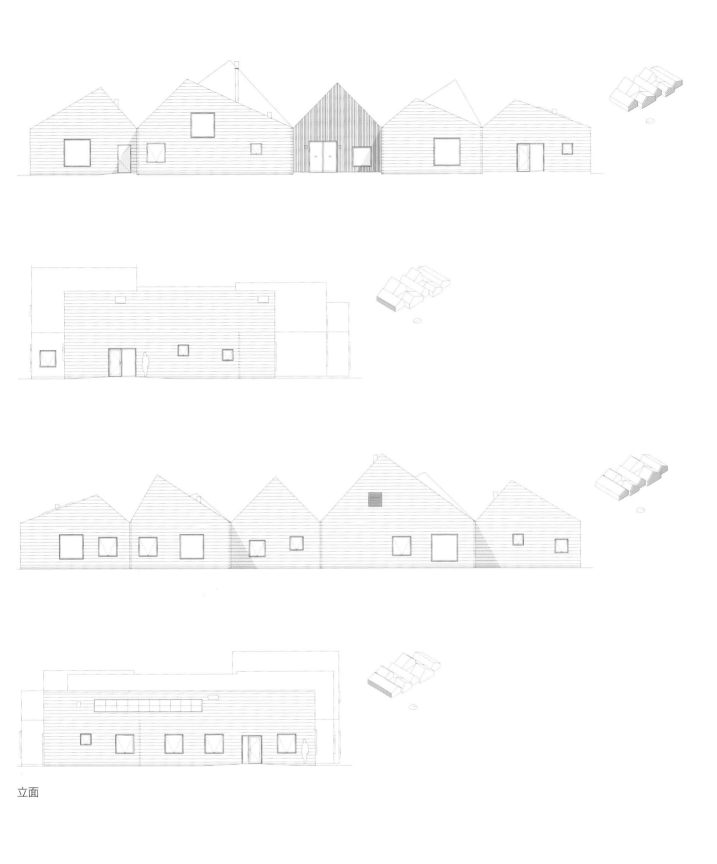

立面

 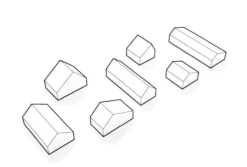 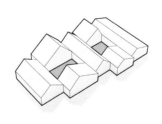

一层平面

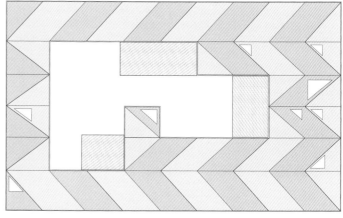

屋顶平面

从东面看 | 北立面和东立面 | 庭院 | 从里面往阳
台看

癌症患者保健中心
Healthcare Center for Cancer Patients
丹麦哥本哈根

建筑设计	Nord Architects
业主	哥本哈根市政府
完成时间	2009年
建筑面积	1800平方米

很少有疾病比癌症更具有不祥的预兆。癌症治疗通常需要艰苦的化疗、积极的放射治疗和复杂的外科手术，还需要肿瘤学家与来自不同领域的专家一起工作，因此越来越成为多学科团队的领域。但是只有大型肿瘤科才能提供这些服务，这些科本身已经成为专科医院。然而，近年来，规模较小的癌症中心也有所发展，为患者提供了一个压力较小的环境。癌症患者保健中心就是这种趋势的一个例子。与

东立面

著名的麦琪中心不同，麦琪中心完全致力于支持和告知患者，而癌症患者保健中心为患者提供一系列关注患者健康的治疗，以支持在大型医院中实施的医疗干预。

该中心位于大学医院附近的一个半住宅区，尽管其占地面积没有明显超出邻近建筑的规模，但人们一眼就能认出它来，因为建筑包裹着铝材，与周围的暗红色砖墙形成了鲜明的对比。

建筑师决定打破体量，创造一个看似小房子的大杂烩，陡峭的屋顶覆盖在室内庭院上，但它仍然是体量的一部分。屋顶采用菱形结构，每个体量屋顶轮廓线与整体体量呈45°夹角。假如外立面与建筑轮廓对齐，就会导致立面与屋顶轮廓线脱离；如果不对齐，就会产生影响周边环境的棱镜效应。带有尖顶和急转弯的围护结构抵御了来自外部的不利影响，这表明该中心保护了患者，其内部世界为患者提供了舒适的环境和支持。在平面上，三个伸展的区域形成了建筑的整体结构。建筑师保留了建筑的中心部分，创造了一个作为建筑核心的天井。在这里，立面覆盖着木材，人行道是颜色温暖的砖材质，庭院点缀着木制的街头家具，营造了一种家庭式的氛围。该中心只有3层，规模不大。底层为使用者提供社会支持和启发的空间，在上层提供了用于运动疗法的房间。三层是由陡峭的金字塔形屋顶形成的空间。

该医疗中心是通过建筑师们所谓的

木质外墙板|首层康复空间 | 大厅空间 | 顶棚和
天窗 | 西南方向夜景

"过程设计"演变而来，这种方法结合了
多学科的工作方式，其中包括了癌症康复
的患者和专家。

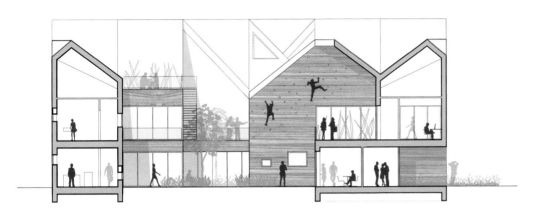

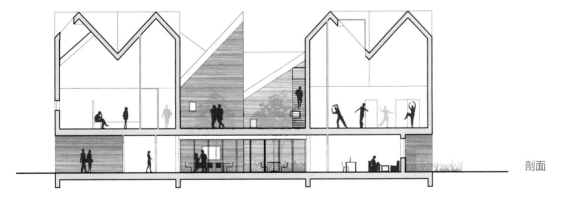

剖面

N

0   50m

总平面

赫罗特·克利门达尔康复中心
Rehabilitation Center Groot Klimmendaal
荷兰阿纳姆（Arnhem）

建筑设计	Koen van Velsen Architects
业主	Stichting Arnhems Revalidatiecentrum Groot Klimmendaal
完成时间	2010年
建筑面积	13800平方米
床位数	60床

这个康复中心获得了许多奖项，它代表了一个项目的第一阶段，这个项目最终将用三个更大的建筑取代7个杂乱的低层展馆，形成一个分散的校园。现有展馆占据的区域将归还给自然。由科恩·范·维尔森（Koen van Velsen）设计的诊所顶楼在一片梁林的支撑下，高悬在入口上方，期待着扩建的计划。每年将有3400名康复人员在此接受治疗。这里的康复治疗主要针对儿童和呼吸系统疾病患者。

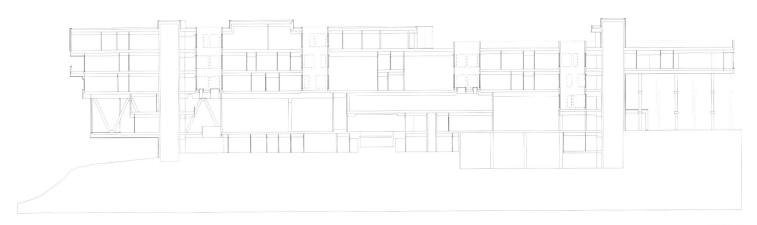

纵剖面

立面夜景 | 凹陷的墙壁提供了玻璃壁龛 | 这座建筑物周围是森林 | 从内部看凹室空间

所有的医疗设施都集中在这座大楼里；额外的建筑体量容纳了一个学校和员工宿舍。一楼被设计成开放空间，包含几个半公共功能的区域：体育馆、游泳池、剧院和餐厅。当不使用时，它们对公众开放。从玻璃墙可以看到森林，建筑似乎隐藏在其中。涂成深棕色的"V"形钢梁暴露在外，与地板的直角、栏杆、窗户的微妙网格和光柱形成对比。建筑使用明亮的颜色，强调平面与直线的相互作用，深蓝色、浅绿色、黄色、橙色有时与浅米色的背景色调形成鲜明的对比。颜色产生了一个活泼、轻松的气氛，而不会引起过分顽皮的印象。

5个被玻璃包裹的橱窗突出在树林中，看似盘旋在一个位于斜坡的深渊之上，形成了一个有着凹痕的墙，使建筑和自然之间的边界流动着，并通过玻璃的反射增强了效果。特殊功能空间位于一层及以上。咨询室位于二层。三层是住院病人的领域。在这里，我们找到了60间可以俯瞰风景的卧室，4个病人和访客可以会面的沙龙，以及一个有4个灯塔的中心区域。屋顶是为麦当劳预留的空间，父母可以在那里过夜。通过使用露台、采光井、楼梯以及宽走廊建立了各个楼层之间、楼层与环境之间的视觉联系。在这个康复中心中，科恩·范·维尔森提出一个新的概念——模糊边界与空间复合利用，使人们与室内外空间产生互动。

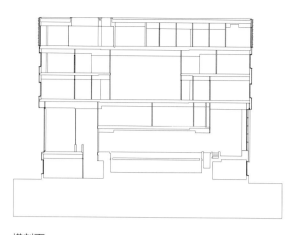
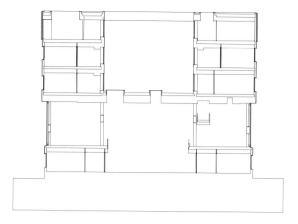

横剖面

以明亮色彩为特征的宽敞流通空间景观 | 阶梯教室 | 游泳池

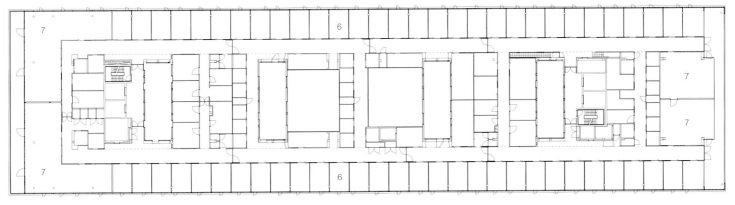

四层平面

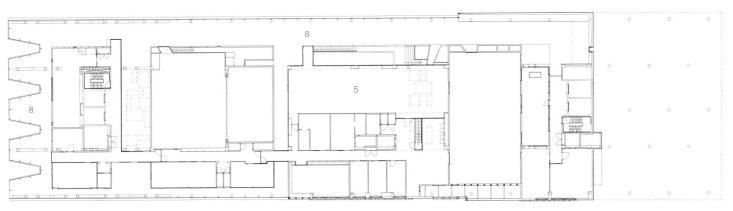

二层平面

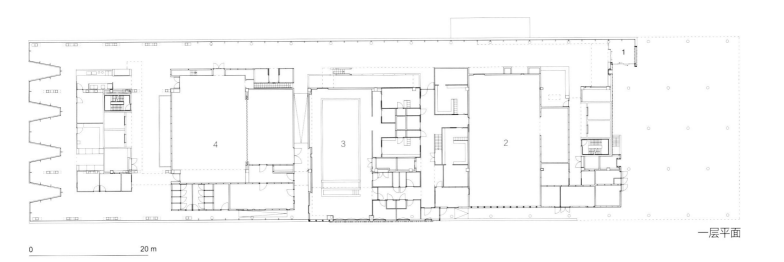

一层平面

0   20 m

1. 入口
2. 健身房
3. 游泳池
4. 电影院
5. 健身中心
6. 病房
7. 起居室
8. 空地

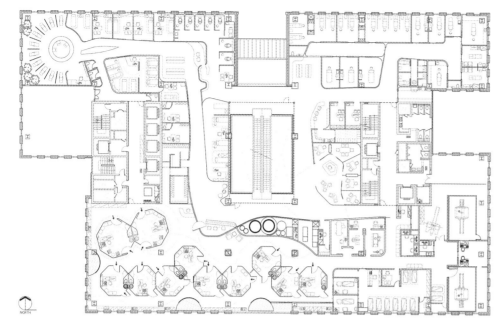

二层平面

Chaum抗衰老生活中心
Anti-Aging Life Center Chaum
韩国首尔

建筑设计	KMD Architects
业主	CHA医疗体系
完成时间	2011年
建筑面积	18580平方米

　　尽管每隔一段时间，医学领域就会出现据称能延年益寿的新疗法，但人们还是会思考：衰老是否应该被视为一种医疗状况？虽然长生不老可能不是一种选择，但抵消衰老带来的不愉悦影响的方法是可行的，尽管大多数老年问题是过去不健康生活方式的产物。而探索应对与年龄相关的医疗问题的策略是Chaum的目标之一。

　　Chaum抗衰老中心坐落在现有65000平方米的多用途建筑内，是医疗网络的一

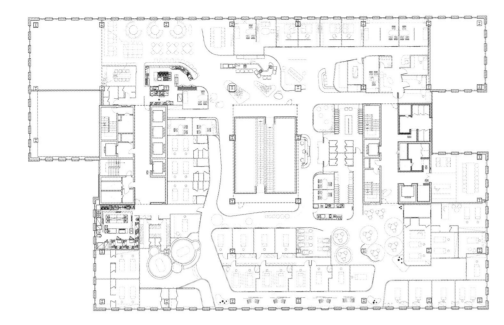

三层平面

塔上有诊所 ｜ 接待处 ｜ 二楼走廊的有机形态 ｜ 由窗帘限定的小隔间

部分。该建筑位于医学院，紧邻一座居民楼。该项目包括一个诊断中心、医疗水疗中心、健身和健康咨询中心、饮食和营养培训中心以及先进的器官存储和基因治疗中心。虽然拥有高度先进的研究专家和成像设备，但总体上Chaum给人的印象更像是一个豪华的健身俱乐部，而事实上它也是这样运作的：游客可以获得年度会员资格来使用它的服务。诊所的任务是通过预防措施帮助客户延缓衰老。现有建筑的二层和三层用于Chaum的临床医生诊断检查：首先在半透明的圆形房间里开启谈话，然后，访客被分配到一个受蜂巢启发的私人"蜂巢单元"，在整个诊断过程中，他们都待在这个舒适的私人空间里。这些细胞从镶着木板的墙壁中脱颖而出，光滑的、有图案的面板标记着它们的外部，它们在地板上相互交错。中间的空间延续了弯曲的线条，这是设计的标志性特征。上面的休息区包含了健身俱乐部，俱乐部以木制休息区和木镶板墙壁为特色，黑色天花板配以大的圆形灯，有着五星级酒店品质。拥有室内和室外游泳池的水疗中心是Chaum唯一不使用暖色材料的部分：这里的美学是圆滑的、现代的和时尚的。

中心的前厅由一个中庭连接，中庭被包裹在一个格子状的木制神龛中。每一个部分看起来干净整洁，却又温暖友好，使得建筑拥有一种有机的感觉。

附录

作者简介

科尔·瓦格纳（Cor Wagenaar） 在格罗宁根大学教授建筑与城市历史与理论。他是格罗宁根大学与代尔夫特理工大学的教授，任欧洲健康建筑协会顾问委员会主席（enah.eu）。科尔教授在格罗宁根大学创建"建筑、城市与健康中心"（www.a-u-h.eu），该中心面向全球学生提供硕士研究生课程。他出版了大量医疗建筑、城市史方向的专著。他曾与努尔·曼斯联合出版《荷兰医疗建筑》（*Healthcare Architecture in the Netherlands*）一书；还于2015年出版了《1800年以来的荷兰城镇规划：对启蒙思想与地缘政治现实的回应》（*Town Planning in the Netherlands since 1800 Responses to Enlightenment Ideas and Geopolitical Realities*）一书。

努尔·曼斯（Noor Mens） 的研究方向为建筑史和城市史。她是城市规划和医疗建筑领域的自由作家，她众多著作中的第一部是1999年与阿内·泰惠斯（Annet Tijhuis）合著的《荷兰战后医院建设的转型》（*De Architectuur van het Ziekenhuis. Transformaties in de naoorlogse ziekenhuisbouw in Nederland*）。随后努尔发表了大量精神病院、疗愈建筑、养老建筑的图书或文章。2014年，努尔于埃因霍温理工大学（Eindhoven University of Technology）攻读博士学位，她的博士课题为《战后居住区文化遗产评估方法》。完成博士学业后，她继续自己的工作室，专注于城市遗产评估与医疗建筑研究。努尔近期结合两个领域的长期积累，对AMC学术医学中心（阿姆斯特丹的一所大学综合医院）进行了建筑品质分析，该项工作为未来几年该医院的更新改造提供了理论框架。

古鲁·马尼亚（Guru Manja） 是CEAN咨询公司的联合创始人和合作人，协助医院、疗养院与精神病院的开发、医疗理念及商业模式优化。他最初是电气工程师，后来在医疗流程、安全法规、财务以及数据分析方面积累了丰富经验。古鲁·马尼亚擅长医疗运营、财务绩效、产能利用、策划与建筑布局，他协助医疗建筑供应商进行招标承包、设计管理与项目建设。

科莱特·尼梅杰（Colette Niemeijer） 是CEAN咨询公司的建筑师、联合创始人及合伙人，她为医院、疗养院与精神病院提供医疗建筑以及新的医疗概念建议。作为项目经理，她负责监督医疗建筑项目从概念发展到设计建造全流程。她擅长建筑设计、医疗流程与物流的整合优化，她还擅长总体规划、项目开发、过渡与管理。2012年获得代尔夫特理工大学建筑学博士学位，博士论文题目为《医院建筑的附加值》（*The Added Value of Architecture for Healthcare in Hospitals*）。

汤姆·库特耐特（Tom Guthknecht） 本科毕业于卡尔斯鲁厄理工大学（Technical University Karlsruhe），在北伦敦大学（University of North London）获得医疗设施规划方向的文科硕士学位。汤姆·库特耐特在斯图加特大学完成了卫生规划方向的博士学习，并在苏黎世联邦理工学院（ETH Zürich）完成了博士后研究工作。他目前在苏黎世联邦理工学院教授医疗设施规划。他拥有手术室护士的工作经验，在学习期间曾重返护理领域，以更新自己的现场护理专业知识。汤姆·库特耐特在欧洲和亚太地区各国积累了医疗设施规划领域的专业经验，他是德国建筑师协会以及瑞士工程师与建筑师学协会（SIA）的执业建筑师。他还负责高端光谱学的研究项目。他目前专注于瑞士贝尔医院（Hospital in Biel）的重组工作，并担任各种国际医疗建筑项目的顾问。汤姆·库特耐特的研究聚焦于"减少病人恐惧：成功治愈环境营造的关键"。

朱塞佩·拉坎纳（Giuseppe Lacanna） 是哈佛大学公共卫生学院的执业医疗建筑师，擅长公共健康测量。他曾是瑞典哥德堡查尔莫斯医疗建筑中心（Chalmers' Center for Healthcare Architecture）负责医疗建筑的研究员。他在代尔夫特理工大学建筑与环境学院专门从事循证设计、精益六西格玛（Lean Six Sigma）技术和用户体验设计的研究，这些研究是为了创造以病人为导向的、经济上可行的医疗环境。自2016年以来，朱塞佩·拉坎纳一直是国际建筑师公共卫生联盟组织的青年领袖小组成员。

彼得·卢斯奎尔（Peter Luscuere） 是代尔夫特理工大学的建筑设备教授，也是天津大学客座教授。他的研究兴趣为气候设计、可持续性、循环经济和热力学。作为工程咨询公司Royal Haskoning的主管，他负责公司的医疗板块，并为公司制定可持续发展的摇篮计划。2010年，他在继续学术工作的同时，成立了独立咨询公司Inspired Ambitions。彼得·卢斯奎尔开发了"超越可持续性"（Beyond Sustainability）的整体分析法，此方法对能源、水、空气、土壤等基本自然资源的可再生性进行了研究。2016年，他与杰里米·里夫金（Jeremy Rifkin）合作主持了鹿特丹海牙大都市区"未来经济路线图"（Roadmap Next Economy）中子课题——循环经济的转型路径（Transition Pathway Circular Economy）。

译者简介

仝奕，博士，现任深圳大学建筑与城市规划学院副院长，副教授，硕士生导师；哈尔滨工业大学与米兰理工大学联合培养博士。研究方向为建筑设计及其理论，致力于医疗建筑设计、装配式建筑设计、智能设计与建造等相关方向的研究、教学与实践。兼任国际建筑师协会公共健康学组（UIA-PHG）委员、国际建筑师协会公共卫生工作组成员、中国建筑学会医疗建筑分会理事、中国建筑学会计算性设计学术委员会委员等社会职务。

主持参与国家自然科学基金在内的各类课题近30项。在《建筑学报》《建筑师》《世界建筑》等国内外期刊及会议上发表论文30余篇，出版著作2部。主持参与建筑设计项目20余项，曾作为建筑师在意大利米兰Atelier 2建筑事务所工作。获各类奖励30余项，曾获2021 Ryterna模块化建筑设计全球挑战赛银奖，入选第七届深圳大学校长教学奖前十名，获深圳大学青年教师讲课比赛一等奖。主讲课程《公共建筑设计原理》入选广东省一流本科课程。曾作为深圳大学青年教师代表接受《光明日报》采访报道。作为联合策展人，先后两次在深港城市\建筑双城双年展策展参展。

图片来源

Cover Torben Ekserod
Frontispiece Erick Saillet
10 Herzog & De Meuron/Vilhelm Lauritzen
12 Wikimedia Commons
13 Rijksdienst Cultureel Erfgoed (RCE)
14 Noor Mens
15 Wikimedia Commons
16 Wikimedia Commons
17 left from: David Walsh, Lewis Jones, *The Röntgen Rays in Medical Work,* London, 1902
17 right Archiv Deutsches Röntgen-Museum
18 top Princeton University Library, Historic Maps Collection
18 bottom www.architural-review.com
25 Itten + Brechbühl AG
30–31 CEANConsulting
32 MVSA
33 RPP architects
34–36 CEANconsulting
37 Guri Dahl
39 Torben Eskerod
40 MVSA
41 Adam Mørk
42 top F. O. Kuhn, *Handbuch der Architektur. Vierter Teil: Entwerfen, Anlage und Einrichtung der Gebäude. 5. Halb-Band: Gebäude für Heil- und sonstige Wohlfahrtsanstalten. 1. Heft: Krankenhäuser,* Stuttgart, 1903
42 bottom A. Husson, *Etude sur les hopitaux considérés sous le rapport de leur construction de la distribution de leurs batiments de l'ameublement, de l'hygiène & du service des salles de malades,* Paris, 1862
43 top left London Metropolitan Archives, City of London
43 bottom left London Metropolitan Archives, City of London
43 center F. O. Kuhn, *Handbuch der Architektur. Vierter Teil: Entwerfen, Anlage und Einrichtung der Gebäude. 5. Halb-Band: Gebäude für Heil- und sonstige Wohlfahrtsanstalten. 1. Heft: Krankenhäuser,* Stuttgart 1903
43 right A. M. Murken, *Vom Armenhospital zum Großklinikum. Die Geschichte des Krankenhauses vom 18. Jahrhundert bis zur Gegenwart,* Köln, 1988
44 top left Luisenstädtischer Bildungsverein, Berlin
44 top right Institut für Geschichte der Medizin und des Krankenhauswesens, Aachen
44 bottom A. Husson, *Etude sur les hopitaux considérés sous le rapport de leur construction de la distribution de leurs batiments de l'ameublement, de l'hygiène & du service des salles de malades,* Paris, 1862
45 Bibliothèque Nationale de France, Paris
46 top left Bibliothèque Nationale de France, Paris
46 top center F. O. Kuhn, *Handbuch der Architektur. Vierter Teil: Entwerfen, Anlage und Einrichtung der Gebäude. 5. Halb-Band: Gebäude für Heil- und sonstige Wohlfahrtsanstalten. 1. Heft: Krankenhäuser,* Stuttgart, 1903
46 top right F. O. Kuhn, *Handbuch der Architektur. Vierter Teil: Entwerfen, Anlage und Einrichtung der Gebäude. 5. Halb-Band: Gebäude für*
46 bottom left F. O. Kuhn, *Handbuch der Architektur. Vierter Teil: Entwerfen, Anlage und Einrichtung der Gebäude. 5. Halb-Band: Gebäude für Heil- und sonstige Wohlfahrtsanstalten. 1. Heft: Krankenhäuser,* Stuttgart, 1903
46 bottom right F. O. Kuhn, *Handbuch der Architektur. Vierter Teil: Entwerfen, Anlage und Einrichtung der Gebäude. 5. Halb-Band: Gebäude für Heil- und sonstige Wohlfahrtsanstalten. 1. Heft: Krankenhäuser,* Stuttgart, 1903
47 top F. O. Kuhn, *Handbuch der Architektur. Vierter Teil: Entwerfen, Anlage und Einrichtung der Gebäude. 5. Halb-Band: Gebäude für Heil- und sonstige Wohlfahrtsanstalten. 1. Heft: Krankenhäuser,* Stuttgart, 1903
47 center Shorpy Historic Photo Archive & Fine-Art Prints
47 bottom Staats- und Universitätsbibliothek Hamburg
48 top left The New York Library, New York
48 top right The New York Library, New York
48 bottom P. Nelson, Cité Hospitalière de Lille, Paris, 1933
49 top *L'Architecture d'Aujourd'hui,* 1938
49 bottom left *Das Bürgerspital Basel 1240–1946,* Basel, 1946
49 center right Wikimedia Commons
49 bottom right Bruno Zevi, *Erich Mendelsohn: The Complete Works,* Basel: Birkhäuser, 1999
50 top left Het Nieuwe Instituut, Rotterdam
50 top right Het Nieuwe Instituut, Rotterdam
50 bottom Paul Vogler, Gustav Hassenpflug, *Handbuch für den neuen Krankenhausbau,* München, Berlin: Urban & Schwarzenberg, 1951
51 top Cover of brochure *Princess Margaret Hospital Swindon*
51 bottom AMC/Jan en Fridtjof Versnel
55–56 CEANconsulting
58 top left Stefan Müller-Naumann
58 top right Tom Bonner
58 bottom left Schmidt Hammer Lassen
58 bottom right Mecanoo
59 top left De Jong Gortemaker Algra/ Philip Driessen
59 top right KuiperCompagnons
59 bottom Dirk Verwoerd
60 Casa Solo Arquitectos
61 KuiperCompagnons
62 top KuiperCompagnons
62 bottom Grethe Britt Fredriksen
63 top left Narud Stokke Wiig Architects
63 top right CircleBath
63 center Adam Mørk
63 bottom left Dirk Verwoerd
63 bottom right EGM architecten
64 left Iwan Baan
64 top right Alfonso Quiroga
64 center right Schmidt Hammer Lassen
64 bottom Noor Mens
65 top Kevin Lynch, *The Image of the City,* Cambridge, 1960
65 bottom Victoria and Vani Vilas General Hospital, Bangalore
66 top left and right Studio Fuerte
66 bottom AMC/OD205/Mike Bink Fotografie
69 left HMC Architects/David Fennema